21 世纪的社区发展与规划

21 世纪的社区发展与规划

[美] 诺曼·泰勒 罗伯特·M·沃德 著

吴唯佳 等译

中国建筑工业出版社

著作权合同登记图字：01-2011-7328 号

图书在版编目（CIP）数据

21 世纪的社区发展与规划 ／（美）诺曼·泰勒，（美）罗伯特·M·沃德著；吴唯佳等译 .—北京：中国建筑工业出版社，2016.7

书名原文：Planning and Community Development：A Guide for the 21st Century

ISBN 978-7-112-19461-2

Ⅰ .① 21…　Ⅱ .①诺…②罗…③吴…　Ⅲ .①城市规划－美国　Ⅳ .①TU984.712

中国版本图书馆 CIP 数据核字（2016）第 113910 号

本书经博达著作权代理有限公司代理，美国 W.W.Norton & Company，Inc. 出版公司正式授权我社翻译、出版、发行本书中文版

责任编辑：董苏华

责任校对：王宇枢　张　颖

21 世纪的社区发展与规划

[美] 诺曼·泰勒　罗伯特·M·沃德　著

吴唯佳　等译

＊

中国建筑工业出版社出版、发行（北京西郊百万庄）

各地新华书店、建筑书店经销

北京嘉泰利德公司制版

北京中科印刷有限公司印刷

＊

开本：850×1168 毫米　1/16　印张：18¹⁄₂　字数：455 千字

2016 年 9 月第一版　2016 年 9 月第一次印刷

定价：79.00 元

ISBN 978-7-112-19461-2

（28618）

译者弁言

现代城市规划开始于 19 世纪中叶的英国和法国，至今已有一个半世纪，期间人们对城市和城市规划的认识经历了较大的发展。

19 世纪的工业革命期间，受制于当时的经济、社会发展阶段，面对建设无序、居住环境恶劣、基础设施匮乏等一系列严重问题，除了城建工程技术方面的革新外，人们还认识到城市问题的解决依赖于立法、建设管理等措施，城市规划是实施这些措施的重要条件。这种突破了市场之手信条的努力，使得对城市建设进行最低限度的规划干预成为解决城市问题的最初尝试，其中包括在确认和保护土地所有者合法权利的同时，允许城市政府对不同建设用地的开发种类、规模、强度等进行分类、控制等。对城市建设方式的进行管控成为这个时期城市规划的主要工作，改善城市物质和人居环境质量成为主要目标。1907 年英国利物浦大学设立城市规划专业课程，之后德国卡尔斯鲁尔大学等欧美国家许多大学也逐步开设相应课程，城市规划专业得到逐步发展。

随着现代城市的发展，城市规划经历了城市开发和改造、功能布局、住宅布局，规划程序、城市设计美学等模式探索，规划研究的重点放到了探讨适合现代城市功能的结构与形式，以及发挥政府干预作用、动员市场力量参与城市规划建设等方面，以寻求城市建设的有序安排和功能的高效运转，避免社会冲突扩大和环境卫生恶化等。20 世纪初之后，英国、德国、美国等国家开始进行城市规划管理的制度建设。1909 年，英国颁布《住宅与城市规划法》，对合法建设的住宅提供法律保护。1947 年颁布新的《城乡规划法》，赋予地方政府项目审批权力，对城市建设的合法性进行裁决，并具有规划批准权。之后增加了实施过程中土地征用和赔偿等内容，以限制土地投机升值。德国的城市规划法源于 19 世纪中叶普鲁士的城市警察法，以防火、安全等法规为基础，对不同地区建筑（如居住、工业等）提出法规管理要求，包括红线，区划等。20 世纪初期，城市规划立法致力于保护用于公共目的建设用地，并可以征用；要求将各类建设纳入到城市空间秩序中来。在美国，20 世纪初逐步建立了土地使用管理制度，1922 年发布《州标准区划授权法》。1926 年美国最高法院对欧几里得诉讼案的判决，确定了区划对保护公共利益所具有的合法作用。随着各国城市规划管理制度的逐步建立，城市规划的专业教育从物质形态规划逐步拓展到了城市设计、土地利用管理等多个方面，形成了所谓现代城市规划教育的基本体系。

1945 年，第二次世界大战结束，战争对城市的破坏，以及战后重建的迫切要求，都使得人们认为是一次机会，放弃问题重重、破败不堪的现有城市，利用现代城市功能的认识、规划制度和空间布局的理念，建设新的城市。战前的 1933 年，柯布西耶曾组织了从马赛到雅典船上的 CIAM 第四次会议，总结讨论当时欧洲等几十个城市的规划建设经验，探索城市规划的基本原则。由于国别经验的多样化和意见的不一致，会议没有能够做出最终决议文件。之后，临近第二次世界大战结束的1943年，柯布西耶紧急发表了以这次会议终点城市为名的《雅典宪章》小册子，以他之前的工作和对现代城市规划的理解，总结提出了包括居住、工作、游憩与交通四大功能，保护具有历史价值的建筑和地区等在内的所谓现代城市规划基本原则，期望对战后城市规划发挥指导作用。尽管在此之前的城市规划探索，远不止柯布西耶所说的这些基本原则。

现代城市规划原则，对战后重建时期最为迫切需要的规划理念产生重要影响。但这些原则的机械运用也产生了许多千篇一律的城市住区，使人们对单调的现代主义城市抱有疑虑。人们认识到城市的地方特色和生活多样性的重要。在老城原址上的快速战后重建，失去了调整私有的城市土地使用制度和拥挤的建筑密度的机会。贫困群体的住房和房地产投机成为城市规划建设的顽疾。所有这些使人们发现，城市规划不能仅限于物质环境的改善，也需要对经济社会发展需要的资源和财富分配等进行协调。城市规划逐步发展到试图利用政府项目和财政激励机制等来引导和影响城市经济社会发展，并进行干预。与战前相比，城市规划不只是要解决物质环境的有序建设问题，更是要解决或至少减缓造成这些物质环境问题以及分配的经济社会原因，国家和地方政府干预成为一种解决空间资源不足或经济社会资源匮乏，促进社会、市场自治管理效率提升的重要规划工具和政策手段。正如我的德国导师，慕尼黑工大阿尔伯斯教授在《城市规划理论与实践概论》（Stadtplanung：eine praxisorientierte Einführung）一书的前言中所说，战后的城市规划越来越成为社区政治的议题之一。

在此基础上，城市规划的方法和学科重点发生了重大调整，出现了针对城市长期发展的战略研究，针对公共财政和投资管理的空间规划、土地利用规划与管理，以及动员社区、凝聚社区合力的公共参与、沟通规划、非正式规划等新的规划思路和方法。20世纪70年代以后，环境问题崛起，人们对工业社会的生产和消费过程肆意消耗资源、制造废弃物、不负责任的对待环境行为的关注，转而探索处理与环境和谐相处的新的规划理念和方式，即使是空间组织模式，也出现了可持续发展住区等的探索，以应对不可预知或突然发生的灾害风险。在规划方法上，也出现了经济、社会、环境影响的数据模拟、情景模拟、跨学科研究等规划技术和方法等。为此，城市规划专业教育被认为需要进一步加强规划设计、政策研究、公共参与、工程技术、可持续发展以及社会公平等方面的培养，适应城市的经济、社会发展变革需要。城乡规划的教学体系从空间规划拓展到了政策战略制定、贯彻实施的制度安排，以及相应的工程技术。

早在1947年，梁思成先生就认识到城市规划教育的重要性。在他给时任清华大学校长梅贻琦的信中提出"营国筑室"等问题。在他看来，与一般的工程建设相比，建筑和城市规划对建设国家发挥的作用要更加直接，与人们生活福祉的改善更关切。这是有道理的。为此他建议清华大学营建系设立建筑学和市镇规划两个专业课程系列。在此之后，清华大学在20世纪50年代初设立市镇教研组，开始了城市规划教育。1951年起设立城市规划专门化方向，1953年正式成立城市规划教研组，招收研究生。

针对城市规划教育，吴良镛先生曾经提出：既要学习西方经验，又要走中国道路。他认为，西方城市规划发展背景不一，经验各异，我们要取其之长，摘其所要。他对有些人指责我国城市规划是物质规划时提出，基于我国城市发展起步晚，建设任务大的特点，我们既要加强对城市的政治、经济、社会研究，又不能放弃形态规划，使形态规划建立在比较切实的基础之上。此外在城市规划教育上，他还积极提倡精一通多，在扎实的基本功基础上，作新的展拓，使学生能够从精一中，吸取广泛的知识。规划专业要以城市整体利益和为城市居民创造良好的工作、生产环境为基本目标，实现城市的协调发展，在此之下，追寻社会的发展变化，学习发展新的知识，驾驭变化。对此，吴先生在20世纪60年代主持编写国内第一部城乡规划教材《城乡规划》，以综合的科学知识基础以及城市的发展规律为纲，结合城市规划建设实际需要的专项规划技术原则，围绕城市规划相关的经济问题、功能问题和建筑艺术问题的辩证关系，对新中国成立后城乡规划的实践经验进行了系统总结，成为当时重要的规划教材。

直至今天，改革开放后三十多年来，我国城镇化率已经超过50%，尽管其中15%以上属于流动的常住外来人口。三十多年来城市建设量的持续快速增长，显著改善了城乡居民的生产、生活条件。城市建设取得了重要成就，但也面临了一系列环境、资源等问题的挑战。城市规划除了要解决土地利用布局安排、社会和技术基础设施的保障供给等之外，还要关注规划过程、公众参与、发展战略、行动计划及经济社会环境效益评估等新的内容。所有这些，与总体布局、各类建设用地规划、专项规划、建筑群布局设计等为核心的传统规划相比，内容和方法上发生了很大的变化，城市规划确实需要以一个政策制度到规划实施等课程体系进行专业培养。

特别是近年来，我国面临资源环境关系日益紧张的局面，民生、环境和生态保护是城市规划需要突出关注的方面，加之人口的国情和城镇化进程中城市人口向东部沿海地区的转移，大城市人口增长迅速，迫切需要加强城市发展方式转型和增长管理的研究。城市规划方法和制度面临改革。吴先生发表的《人居环境科学导论》，对人居环境建设跨学科方法的研究，揭示了城乡规划中最为基础的综合协作的科学本质。从中可以看出，城乡规划学科发展需要：

一、进一步加强对城乡规划建设管理的规律性、科学性问题的深入研究。这些年来，国内学术界和有关部门对城乡规划建设的规律和面对的问题已开展了许多研究，提出了一些建议想法，但就实施来看，许多都难以落实，究其原因在于对一些本质性、规律性的科学问题还缺乏共识和深入研究。

二、以人居科学为导向，美丽人居和谐社会为目标，努力将规划的实践性落实到实际改善民生上来。城乡建设是国家改善和提高人民生活福祉的一项重大任务，是实实在在的基础工作。但是，近年来出现的一些为规划而规划的现象，使得规划设计越来越固化、僵化，对不同规划之间的管理层级越来越重视，对解决实际问题能力重视不够。城乡规划需要围绕城乡人居环境的优化提质，聚焦城乡人居环境实际问题，在与老百姓生产生活密切相关的人居环境改善方面进行全面系统的实验和探索。

最近，中共中央、国务院发表关于进一步加强城市规划建设管理工作的若干意见，部署了城市发展的"路线图"，其中要求，进一步强化规划的强制性，严肃追究违反规划的责任；提出城镇住房制度改革的两大方向，以政府为主保障困难群体基本住房需求，以市场为主满足居民多层次住房需求。新建住宅要推广街区制，原则上不再建设封闭住宅小区。要强化绿地服务居民日常活动的功能，使市民在居家附近能够见到绿地、亲近绿地。城市公园原则上要免费向居民开放。从中也可以看出，城市规划的国家层面战略安排，越来越趋于贴近老百姓实际需要。城市规划的认识和方法的转拓，面临进一步的发展和挑战。

清华大学是新中国成立后最早设立城市规划专业方向的高等学校，多年来城市规划专业培养安排在本科高年级和研究生阶段，本科不设专业。正是由于我国的快速城市化，城市规划学科发展的最新趋势，以及"城乡规划"在我国大规模快速城市化和经济、社会持续发展进程中的巨大带动作用，清华大学于2011年决定增设城市规划本科专业。城市规划本科以建筑学本科培养体系为基础，逐步拓展发展，充分利用清华大学包括经济管理、公共管理、社会学、环境工程等更广阔的学科资源，适应城市规划专业从以体型环境设计为核心、以工程技术方法为基础的学科范畴，向着更为复杂的数据统计、模型分析以及更为综合的政治、经济、社会、环境等公共政策制定与管理领域的学科发展最新趋势，为我国城市化的健康发展服务。为此，进一步研究城市规划专业的发展趋势和教学规律，建立以人居环境科学为基础的城市规划专业课程和教材，发展具有清华大学特色的城市规划教育体系，是清华大学城市规划本科建设的重要工程。本书的翻译，即是我们学习研究国外城市规划教材编写，更为贴近城乡规划地方实际需求的一个努力。

本书结合美国城市发展的实际情况，对美国城市规划职业教育以及城市规划的历史发展、城市总体规划编制、专项规划和法律法规、政策项目等规划实施工具等进行了介绍。为配合教材帮助学生加深实际认识，本书还专门设计、提供了一个假想的案例城市，建设了相应的虚拟城市数据案例库，根据规划制定过程，设计了相应的练习题目和内容，在规划教学的理论与实践相结合等方面，进行了独特的探索。

本书的最大特色在于将教材的编写重点放在了社区层面，强调了城市规划说到底就是处理和解决社区地方性议题的重要性。对中国读者来说，书名与其说是社区发展与规划不如说是城市发展与规划更能容易理解，这是不同国情造成的。正如作者在导论中所说，社区规划是指城市、小城镇、乡镇、自治镇区等行政辖区等单元层面上所做的规划。特别是在战后，尤其是20世纪70年代，美国城镇建设成为地方政治的主要议题，联邦政府将用于发展的联邦基金与社区规划捆绑在一起，要求获得联邦基金支持的社区必须先要制定社区发展的综合规划。20世纪80年代里根政府上台，政府对住房和城市规划建设的干预退居到后台，让位于市场机制，私人开发团体和社区建设力量走到了台前。尽管如此，社区规划或多或少仍然是提升城乡空间秩序和质量的重要保障和条件。发挥规划和政府基金项目的引导作用，使城市规划建设和公共基础设施建设的投资收益更能够在社区发展中表现出来，让社区居民体会得到，看得见，摸得着，是制定和实施规划的基本要求。本书在介绍规划的技术性方法之外，结合美国国家管理的府际关系、地方分权、财政政策管理等特点，围绕规划的策略性，介绍了城市规划和政府项目、财政支持项目、环境保护影响评估及其政策设计等在调动市场和社区居民力量的参与方面能够发挥的实际作用。本书叙述这方面的美国经验，诸如中心区复兴、商业区改善、主街计划、住宅经济学等促进城市经济发展的方法措施，区划条例、分区管制清单、土地征用权、激励性区划、契约性区划、地役权保护、开发权购买和开发权转移等管治措施，以及资产改善计划与预算、融资、与社区规划关系等改善地方财政能力等做法，也很有借鉴意义，值得我们学习。

本书作者为美国的两位著名城市规划专业教育工作者，其中作者之一诺曼·泰勒是东密歇根大学城市和区域规划项目的前主任，曾执教于密歇根大学和宾夕法尼亚州立大学，致力于密歇根州地方规划协会理事会、历史遗产保护网络、建筑师协会等学术组织的社会活动。另一位作者罗伯特·沃德是美国内政部室外娱乐局游憩资源规划专家，以及美国农业部土壤科学家，在东密歇根大学地理系、地质系，以及城市和区域规划本科和研究生学位课程任教。

本书曾作为研究生专业外语翻译训练教材，其中第 1、2 章由吴唯佳翻译完成，其余部分的教学分工为：第 3 章由杨汀翻译，第 4、5 章由王鹏翻译，第 6、7、8 章由赵文宁翻译，第 9、10、11 章由李宇昂翻译，第 12、13、14 章由秦李虎翻译，第 15、16 章及附录由伍毅敏翻译。

本书正文翻译完成后，赵文宁、王吉力协助完成了附录文献索引的核对工作，郭磊贤进行了全文的最终校核统稿，在此一并感谢。

吴唯佳

2016 年 3 月 2 日于清华园

目　录

第三部分
总体规划的实施

致　谢

我们感谢以下为本书作出巨大贡献的专家们：首先是为本书提供他们所在工作领域的实践案例和经验的 Devany Donigan（规划私人利益部分）、来自美国注册规划师协会的 John Enos AICP（场地规划综述）、Eugene Jaworski（环境规划）、Richard Norton（区划）、Angela Peecher（海军码头）、Denise Pike（巴尔的摩内港）、Jeffery Purdy（基于形态的区划）、来自美国注册规划师协会的 James Schafer，AICP（地方规划政策）以及 David Schneider（资产改善项目）。无论如何，任何有关这方的信息错误皆由本书作者承担，与这些专家无关。

另外，许多同学和专家也阅读了本书初稿，帮助我们完善了研究方法，并润饰和改进了本书的一些具体内容。为此我们感谢以下为本书贡献他们宝贵时间的人士：Adam Cook、Michael Davidson、Susan Lackey、Tracy Mullins 以及 James Murray。

我们还要特别感谢为本书的文字编辑作出重要贡献的下述三位人士：东密歇根大学规划项目的毕业生 Anne Sullivan 从使用者角度为本书提供了宝贵建议，并帮助明确了一些主要议题；专业编辑 Karen Levine 认真阅读了本书所有内容，并提出了宝贵的建议；W·W·诺顿出版社的 Nancy Green 仔细审定了本书的最终稿件，使本书读起来更流畅、更容易理解。

在历届东密歇根大学规划本科生和研究生的帮助下，我们重新思考、完善并修订了本书的内容以及它的辅助手册——江城（Rivertown）模拟材料。他们使用本书后，指出了适用和不适用的地方。如今，他们中的许多人已经成为遍及美国或国外大城市或地方社区的职业规划师，其他一些人也成为地方政府管理、土地法律、投资、工程和资源管理等领域的实践专家。

最后，我们要感谢我们的妻子 Ilene Tyler 和 Judy Ward 的不懈支持和鼓励。她们每天不厌其烦地倾听我们的想法，给出了新鲜的建议和反馈，付出了无比的耐心和巨大的鼓励，直至本书能够取得成功。在此我们对她们二位表示衷心的感谢。

导　论

鉴于"如果不做规划，就准备好失败"的道理，本书概述了美国社区如何与应该怎样进行规划。本书集中在规划的社区层面，展现了规划的实际运用成果和方法，以强调规划的地方性议题。本书试图为那些职业的区划规划师、规划系学生、地方官员以及那些有兴趣去更好地理解当前地方规划如何操作，过去又如何运作的人士提供帮助。规划是一个拥有多个视角，众多专业的领域。虽然本书以"规划入门书"这样的理念进行宽口径写作，但也能为那些已经拥有一定规划经验和专门知识人士提供足够深度的参考。

总体说来，本书连接了规划的专门课题和实践。读者可以从中了解那些关于规划政策、项目计划、技术校核等方面的一般性讨论，在叙述这些规划技术之后，本书还提供了一些实践案例研究和练习以帮助理解。例如，关于区划影响的讨论，本书在引出关于区划条例的核心内容及相关管理的详细描述之后，还安排了一个练习，读者可以利用本书提供的区划条例案例。通过这种方式，讨论的主题便从一般走向具体应用，从概念走向实际。

本书讨论了规划方面的广泛议题。它分为三个部分，第一部分是对社区规划研究领域的一般概述；第二部分介绍了总体规划和一个好的社区规划所需要的基础工具；第三部分包括总体规划的实施工具。下面对各章内容作一简单介绍。

本书前三章介绍了美国社区规划的实践。第1章是关于规划职业的一般介绍，概述了规划的职业教育、规划实践者的职业生涯、需要的资质和专业标准以及服务于私人投资领域的规划师的角色。第2章介绍了规划的多种概念性方法，介绍了美国和其他地方的规划巨匠们所作的重大贡献，介绍了规划的"传统"方法与"策略型"方法之间的差别。第3章介绍了美国在联邦、州、区域和地方层次上的不同规划，以强调社区规划过程中的公共角色。

第4章检视了指导社区发展的总体规划的详细内容，描述了规划的重要意义，以及它的不同要素。第5章叙述了设计过程，这是当前越来越重要的规划的一个方面。结合一些好的设计原则和案例，从历史展望角度，叙述了当代设计的方法。并提供了读者可以用来设计一个理想城镇的规划练习。第6章讨论了城市化地区规划的重要议题，

图 0.1　规划师之手

介绍了美国城镇的发展进程，介绍了城镇规划的编制和技术。第 7 章集中在住宅和社区发展方面，概述了 20 世纪对住宅有效供给产生了巨大影响的政府项目。本章同时也介绍了当前私人投资的住宅产业，包括可支付住宅的经济性方面的内容。第 8 章讨论了政府在历史保护方面的作用，历史街区的法规构建，以及历史保护的经济性方面内容。第 9 章展望了规划师在地方经济发展中的重要角色，对规划师的专业素质来说，这个领域是非常综合的，但又极为重要。第 10 章包含了交通规划方面的问题，这个领域对城市和城市外围地区之间的发展极为重要。从历史概述中引出了当前交通规划的主要问题。另外本章也介绍了交通规划机构广泛运用的交通模型系统。第 11 章在政府管理的完整层次上讨论了环境问题、项目和政策，包括重要的可持续发展问题、环境评估程序和棕地开发等内容。第 12 章专门介绍了乡村和城乡过渡地区的规划问题，特别强调了与这些地区有关的课题，包括增长管理、耕地保护以及开敞空间等。

第 13 章介绍了土地使用管制和法规的历史发展，据此讨论了当前的规划体系和区划是如何形成的。第 14 章详细介绍了规划中最为重要的实施工具，即区划条例。在讨论了常规的区划之后，介绍了区划和法规的两种替代方法。第 15 章，讨论了场地规划的重要性，指出场地规划的评估程序是规划师肩负的重要公共责任。第 16 章是本书的最后一章，讨论了改善投资预算与社区规划之间的密切关系。

本书认识到地方、州和联邦层次上的规划具有共性，以此为基础进行写作。虽然本书聚焦于社区，但也提供全美的信息。一些地方、区域或州在实践中采用的规划形式与另外一些地方不同，所以读者需要理解不同的议题细节在不同社区中

图 0.2　江城市中心草图

也有差别。大城市对农业地区或交通地区的需求也不一样。东部沿海社区与西部城市社区的视角和重点也不相同。基于这个理由，本书采用了全美层面上的一些案例。

我们选择了一些规划师之间经常使用的专业术语。需要特别指出的是，社区规划是指城市、小城镇、村庄、棕地、乡镇、自治镇区、教区以及其他行政辖区单元层面上所做的规划。类似地，"市议会"是指各类民选机构，包括城市议会、小城镇议会、村议会、乡镇委员会等。总体规划（comprehensive plan）是指一些社区采用的规划总图（master plan 或 general plan），这些术语在目的和意义上应该认为是相似的。

为了鼓励读者与本书提供的信息进行互动，我们编造了一个贯穿全书的虚拟中西部社区江城（Rivertown）作为连续的案例教学材料，模拟了一个典型的美国小城市（有关江城的彩色地图参见附录 D）。

江城练习以简化形式模拟了地方决策者在处理社区事务，决定不同战略时采用的决策过程。为了达到这个目的，读者应尽可能设身处地地将自己看作一位承担处理社区规划事务的入门级规划师。练习表现了处理问题的矛盾性，例如如何修改资金预算，审查场地规划，合理应对新建成人书店的问题。通过处理这些问题，读者得以操练在实际中将会遇到的那些难题，并从中培养对问题的洞察力。

江城的人口、环境等背景信息详见附录 A，包括了简单的社区历史，介绍了当地的人、片区和当前面临的问题等。其他附录包括了必要的地图、图纸、城市总体规划和区划条例等。其他的额外信息则有策略地安排在全书与每个练习有关的部分。

第一部分
规划概述

第1章　规划实践

规划职业

规划从事的不只是一份简单的工作或者一种谋生方式。它是一项事业，承担为所有城市市民改善社区和场所质量的责任。调查表明，规划是最容易令人产生成就感的事业之一。这种满足感部分源于这样一种感觉，即一个人每天的工作都能够对所在的城市产生影响，并且随着时间的流逝能够改善社区居民的生活。《美国新闻与世界报道》指出，规划是一个"为多才多艺的人所提供的多姿多彩的工作"。[1]《财经》杂志则基于薪酬、涨幅和工作整体满意度等方面，将规划选为"最好的工作之一"。[2]美国劳工统计局指出，未来十年，城市和区域规划方面的就业增长将会远高于一般行业的平均水平，尤其是技术服务部门的私营企业中对城市和区域规划的就业需求更高。[3]网络杂志《快公司》将城市规划列为"下一个十年的十大最佳绿色职业"之一，并认为它是"探寻降低美国碳足迹的关键职业"。[4]《绿色职业指南》指出，越来越多的政府正在转向城市规划，来使他们的城市社区绿色化："城市规划师的职业前景非常看好。"[5]

在最理想状态下，规划兼具了有时被称为3C的三个方面特点：综合（comprehensive）、协调（coordinating）以及持续（continuing）。规划之所以是综合的，是因为规划师的角色就是要在总体层面上来研究发展事项。规划之所以是协调的，是因为一个规划部门的主要任务就是要设法发挥各个团体，即社区和开发者的优势，来促进发展的进程。最后，规划之所以是持续的，是因为职业规划师都经受了从长期远景来看待地方决策的训练。没有其他的市政机构能够以相同的方式为社区履行所有这三项功能。总体规划是规划师的主要工具。总体规划规定了一个社区短期内，以及更重要的是长期内拥有的资源、发展目标和具体项目。通过规划图和文本，总体规划详细地确立了发展的多个方面，以展望社区的未来愿景，并给它带来增长、目的感、方向、可持续性和更广阔的正面意象。

图1.1　规划师们正在讨论城市总体规划

14 什么是规划？

术语定义

术语"规划"因其运用于城市市区和范围更大的区域而难以界定。规划教育家约翰·弗里德曼（John Friedmann）提出："规划试图将科学和技术知识与公共领域的行动联系起来。"建筑规划师安德烈斯·杜安尼和伊丽莎白·普拉特-齐贝克（Andres Duany and Elizabeth Plater-Zyberk）将它描述为"回应人的欲望和需求的建成环境概念表达"。[6]《大英百科全书》给了城市规划一个更加完整的描述，将其定义为"对于空间使用的设计和规范，注重城市环境的物质形态、经济功能和社会影响，以及其间不同活动的区位"。[7]

经济学家安·马库森（Ann Markusen）提出，一个规划从业者的活动应当包括四个基本特征。[8]首先，规划师应当受到战略思维的知识训练，能够预判未来，注重后代发展的可持续性。其次，他们应当持有秉公行事的理念，也就是说，能够关注公共领域的发展，包括那些不能够通过市场手段获得的空间。再次，一个规划师的哲学应当意识到集体行动的重要性，鼓励普通民众参与和表达诉求，确保更大的公平。最后，应当关注场地质量以及"美好生活"的多重意义。其中包括材料和环境的宜人性。最终，每一个规划从业者都必须依靠他的视野、经历和价值体系来形成自己从事公共领域规划和行动的方法。

因为存在诸如财务规划师、军事规划师、日程规划师甚至婚庆规划师等多种类型的规划师，我们需要一个适当的修饰语来描述本书使用的规划一词。那它应该是什么呢？因为规划远远超出了城市范围的限制，"城市规划师"这一术语就如同"都市规划师"或"城镇规划师"一样，范围太过局限。"土地利用规划师"这一术语侧重于物质层面的规划，没有将应当包括的社会、经济及政治层面包含进来。职业的专业化可以定义他们在行业内部的角色，例如交通规划师、环境规划师或社区发展规划师，但这样的术语只代表了一门领域广阔的学科的某个方面。职业描述往往采用一种通用的方法，将职位简单地描述为一级规划师、二级规划师、高级规划师或者在在岗年限、职务等基础上增加一些变化。最常用到的通用术语也许是"城市和区域规划师"，因为它表明了城市与周边乡村地区的关系。

尽管有这么多可能的术语，我们还是选择了"社区规划师"作为最合适的术语加以使用，因为它代表了地方层面的公共与私人部门规划师的功能。地方上的政府正是本书主要关注的内容。区域层面、州层面和联邦层面的规划更加具有政策导向性，从而与居民个人的联系比较少。相反，"社区"层面的规划具有项目导向性，并且最为直接地与公民相接触。因为这是一本关于社区规划的书，所以"社区规划师"这一术语最为合适。

辨别"好的规划"

社区在没有规划的情况下也能成长、发展。然而在好的规划之下，它们能够成长和发展得更好。它们将会更加实用和美丽。规划师以及其他许多人常常会使用"好的规划"这一短语，但往往并没有给予这个短语以具体意义。因此，思考什么是一个好的规划，意义重大。

许多人认为，好的规划主要基于物质形态和布局。这是一个合理的起始点，一个物质层面的规划能够优化客户和社区的需求。然而，规划应当超越物质层面的设计而扩展到其他两个重要方面。社区中的社会需求应当被满足，因为规划直接影响到个人以及家庭。类似地，规划应当专注于与地方经济发展的相关问题。对于一个好的规划来说，物质形态、社会需求和经济发展都很重要。例如，假设一个旨在服务社区老龄人口的新建医疗设施提议被提了出来，那么这个提议中的规划，应该满足区位和土地利用条件，比如产权、分区、公共设施、交通服务以及其他物质因素；这个提议中的规划也应当意识到这类设施的社会效应，包括它与现行和需要执行的计划、政策，以及与其他机构的关系。此外，经济方面的考虑也应当成为规划的一个部分，包括项目的财务可行性，它给周边地区带来的经济影响，以及私人和公共部门在提供潜在的资金和支持过程中扮演的角色等。一个好的规划，包含了所有来自这些方面的考虑，以及与相关领域之间的平衡。

15　　好的规划包含了好的领导力。规划师身处一个独特的位置，他们扮演了核心的角色，可以获取相关信息以影响决策者。一个社区面临许多问题，规划师可以将面对的挑战看作是问题也可以看作是机遇。当社区面临困难时，一些规划师往往躲在幕后，更多关心偏袒某个问题以及表达某个观点是否会影响他们的职业安全。美国规划协会（APA）的执行董事及首席执行官保罗·法默（Paul Farmer）对此说："假如你说你是规划总监，你就应当站出来并且承担主要责任。"他接着说："最近有个规划总监告诉我，他的策略是坐下来，试着看能否渡过难关。他害怕一个最微不足道的失足也许会使他丢掉工作。我对此的反应是直截了当地告诉他：'离开这个位置，让那些能够给我们社区提供应有指引的人来接管。'" 9

成功的技巧

　　一个选择规划作为职业的人，一定能为与普通大众一起工作感到高兴。规划师的日常工作要求与公众、行政官员，以及其他专业人士打交道，需要具有从一系列资源中挖掘多样化信息的能力。规划师要拥有作为演说者、倾听者和作家的强大沟通技能，他们的许多时间都是花在使用这些技巧上，以便能更有效地为社区服务。

　　风度与优雅是必不可少的。规划师要拥有在公共场合演讲的技能，是因为他们经常被要求在专业会议和公众集会上汇报或发表讲话，这些讲话的表意清晰非常关键。言辞简洁往往能够受到赞赏。听一位笨拙地依赖要点卡片的规划师，结结巴巴在公众会议上演讲是非常难受的。如果在提问与回答环节，一个规划师如果不能即兴回答来自一个不怀好意的听众刻意刁难的问题时，则会加重会场的紧张气氛。对某些人来说，演讲似乎是一种自然流露的艺术形式，但对其他人而言，必须通过练习才能提升演讲能力。有效果的演讲，既需要有相关专题的知识储备，也需要有在公共场合进行专题讨论的自信。

　　规划师的另一个重要性格特征便是以全部的注意力来倾听。规划师需要能够理解并且快速地判断某人正在询问什么，或是想要说什么；应当遏制过早进行预测的想法，然后打断他人说话的诱惑。听完他人说话的全部内容，显得更有礼貌，也能确保更加准确地理解他人讲话的内容。批判性的倾听，结合反思性的思考，能够保持规划朝着成功的方向前进。通过倾听，规划师能够比通过演说了解到更多信息。

　　规划从业者必须拥有很强的写作与图解能力，因为他需要不断通过做报告来与人交流。在过去，地图、表格，以及示意图都是用手工制图技术来进行准备。今天，规划师应当能够娴熟地运用计算机图形软件，用演示文稿软件来制作汇报，以

图 1.2　公众会议中的规划介绍，康涅狄格州丹伯里

及用地理信息系统（GIS）来生成地图。而这仅仅是许多规划师认为在他们的技能组合中非常有用的多种图形程序中的两个。规划师运用图形软件的能力应当超越绘制计算机图形，还应拓展到其他方面，比如用于会议和书面材料的整理中。

创造性地解决问题应当在规划从业者的特征列表中占据重要地位。一个频繁变化和增长的社区所作出的决定和决策需要有创新的解决方案支持。规划师必须胜任这项任务，因为灵活思考对衡量争论和评估替代方案会起到关键作用。解决方案也许不总是直接从冷冰冰的理性分析中得来；有时候，在综合了各种信息的同时选择一个新的创造性视角，对找到解决方案是十分重要的。具有创新能力的规划师可以作出有意义、积极且能对他的社区产生显著影响的贡献。

规划师应当通过终生学习来在专业领域中获得持续进步。一旦他们完成了正式的专业教育就应当参与到包括会议和特殊训练的职业活动中去。规划师在能够成功地运用新的概念和法规之前，需要首先理解、分析，有时甚至要辩论这些概念和法规。

规划师的认证

由美国规划协会（APA）管理的美国注册规划师学会（AICP）为获得 AICP 证书的规划从业者创立了一套道德和职业行为准则。该准则为注册规划师提供了"理想原则"来指导他们工作。它为规划师创立了行为规范来管理自己，也为 AICP 道德委员会建立了调查违反准则的投诉程序。准则强调，规划师的主要义务是服务公众利益。作为一个更高位阶的公共物品，充满了来自政府官员和开发商、特殊利益团体、社区工作倡导者，甚至他们雇主的政治机构代言人之间的利益竞争。了解这些，对那些必须处在相对敏感领域的规划师非常有用。利益的潜在冲突应当给予细致的考虑。这个准则是一个帮助规划师在工作中实行公正判断和决断的向导。这类要求同样适用于公共、私人和非盈利部门的专业认证。

许多组织倾向于雇用拥有 AICP 证书，以及能证明其达到专业知识和技能水平头衔的规划师。有一些雇主甚至将证书作为雇用的先决条件。然而 AICP 证书并不是从事规划师职业的法定条件。不同于法律实践，需要通过州司法考试；或者医疗实践，需要通过州医学委员会考试；从法律上来讲，规划师职业并不需要 AICP 证书。尽管如此，没有证书的规划师也应当同等信守道德行为准则所推崇的道义。

致力于获得 AICP 认证的规划师必须是 APA 的成员，拥有规定的最少年限的工作经验（例如，两年的工作经验和一个公认的规划研究生学位，三年的工作经验以及一个公认的本科生学位，或者其他等级的非公认学位），并且通过展示其规划的技术、理论、历史和伦理知识的考试。职业认证的好处是多方面的，包括财务上。APA 在 2008 年所做的调查表明，注册规划师比非注册规划师平均每年多挣 18000 美元。

无论注册与否，规划师都有他们职业上的责任，并且时常通过志愿者工作、教育计划来回馈这种责任，或者以其他方式来促进构建一个更强大的社区。最后，规划师还有一个对于他们自己的责任，即以良好的品行来从事工作，并在工作中不断地积累知识和增强专业技能。

报酬与专业化

APA 定期在全美各地进行职业规划师薪金调查。收集到的数据是对该领域从业者可能获得报酬的最佳样本。APA 在 2008 年的调查获得了接近 13000 个全职从业者的回复。[10] 调查发现年收入的中位数为 70000 美元，该数值在过去几年中一直以高于核心通货膨胀率的速率在持续增长。有些州以及华盛顿哥伦比亚特区从业者收入中位数大大高于全美平均水平，其中，华盛顿哥伦比亚特区 95500 美元；加利福尼亚州 86400 美元，以及新泽西州 83000 美元。根据这项调查，典型的（中位数）规划师为 43 岁并且在规划领域工作了 14 年。大多数被调查的规划师认为他们已经专业化了，执业的两个最常见领域是社区发展与重建（51%），土地利用或规范执行（44%）。其他常见的执业领域是交通规划、环境与自然资源规划、城市设计和经济规划与发展。调查发现，67% 的规划师在公共机构工作，25% 在私人咨询公司，其余的则扮演更加多样的角色。

私人部门的规划师

规划从业者在公共部门或者私人部门工作，二者都要求有一个相似的技术背景，但他们的专业技能将用在不同任务之中。公共部门规划师通常要在社区机构工作，重点从事它们代表的公共事务。本书的侧重点是社区规划，所以讨论的大部分内容都是与从公共部门观点出发的规划有关。

相反，私人部门规划师通常与开发商紧密合作。开发商在掌握土地后，对所控土地的土地利用既有既得利益，也有经济动机；很自然地会要求规划咨询顾问，设计出能够最大化挖掘土地潜力，增加收入，达到预期收益的总平面图。

私人部门的规划咨询顾问，可能是专才，也可能是通才。一个专才规划师通常专职于规划的某些关键领域，例如交通规划、住区规划或城市设计。相反，通才规划师游刃有余地掌握更全面的总体技能，可以从事更多种类的规划项目，但常常需要专才在某些方面提供帮助。

私人部门规划师常常与社区客户（城市、镇、村庄）打交道。这些客户雇用他们为筹备总体规划，以及/或者诸如社区分区条例的修正案这类规划事务上提供建议。与公共部门规划师相比，

私人咨询顾问虽然与官员和普通民众之间交流有限，但却能够频繁参加股东大会、公众会议、发布会等进行交流。考虑到这些原因，对于所有规划师来说，某些个人特点对规划是否有效非常重要。这些特点包括政治经验和快速建立关系的能力，询问相关问题，恰当地理解评论和关注点，以及快速地思考和回应。

当一个城市政府意识到它有一个项目需要一个外部顾问时，会启动一个叫作证书竞标建议申请（RFQ/P）的竞标程序。证书竞标（RFQ）程序注重咨询顾问是否拥有能够处理市政府所需事务的资格证书。这通常并不要求咨询顾问提出包含针对划定服务的费用。建议申请竞标 RFP 程序则更加详细。提交的投标需要咨询顾问的资格证书，通常还需要详尽的工作范围、费用以及描述能在何时以何种方式完成工作的信息。作为备

图 1.3　规划专业学生在现场与地方官员讨论他们的项目

选方案，咨询顾问（个人或公司）也许会提供一个针对市政府所需特定服务的，基于每周、每月或每年聘用费的工作时间表。

许多私人部门的规划师也是建筑、景观建筑、工程，或者结构领域的从业者。土地开发需要来自上述每一个学科的知识和专业技能，因此不同专业背景的从业人员常常工作在一起。规划师必须熟知每一门学科的技能和作用，以便在规划中以合作伙伴的身份进行有效交流。

规划师的教育

大多数规划师是在大学完成他们的规划专业学位课程后进入职业领域的，另一些人则是从公共管理、环境研究、经济发展或类似学科进入规划的职业领域。很少有其他职业能够像规划这样跨学科，因为它同时需要理科和社会经济的工作知识来帮助规划师通过实施去成功地指导规划。

在全美各地有着许多授予学位和不授予学位的规划课程。那些符合严格标准的课程可以获得国家规划评审委员会（PAB）的认证。这是一个由三个组织联合发起的复核委员会：美国注册规划师学会（AICP），规划院校联盟（ACSP），以及美国规划协会（APA）。认证确保了课程项目拥有广泛的课程内容，并且满足学术自治、资源和社区活动等最低要求。在美国各地大约有 70 个经过认证的课程项目，其中大部分是研究生课程。ACSP 保存有提供规划专业认证学位课程的学校名单。[11]另外，许多未被认证但是可以提供有关规划技能的重要教育和训练的课程项目也是可以考虑申请学习。

认证的课程涵盖了大范围的学科方向，可以分为四大类：专业实践、综合土地利用规划、城市规划理论及规划技术。在不考虑个人对某一特定领域的兴趣，以及计划将来从事的专业分工，每一类这些经过认证的课程都可以提供成为一个全面的专业人才所需的知识背景以及基本技能。作为将实践

经历融合到学术研究中的一种方式，学生们被鼓励去参加实习。某些学位课程将实习作为课程的一个环节；要求学生能够可靠地完成一项实习，其他的则将实习推荐为一个自选项目。对于学生的调查研究已经表明，许多学生都感到他们的实习是整个学术期间的一个亮点。通过这些经历，那些学生实习过的公司或机构，以及其他赏识毕业生实习经验的组织常常会发出工作邀请。

规划师对规划专业学生的个人建议 [12]

作为一名完成了某大学规划课程的私人规划从业者，我愿意给即将走上工作岗位的规划学生提一些"智慧箴言"。

寻找多种多样的实习机会。在规划所当一名实习生进行工作可以成为一段很不错的经历。想象一下为一个房地产开发商工作，或者从事乡村、乡镇或者小城市的短期实习项目。如果需要，可以通过参加当地的规划委员会会议，以及市议会/镇委员会会议来为你自己创造一个实习职位。你参加这些会议的目的是要学习和留意帮助公务员从事特殊项目的机会。安排时间与市长、城市管理者、监管者或者其他人进行会面来讨论他们的需求，以及商量你如何能提供帮助。

利用好你的校友网络。即使没有成百个，也可能会有几十个工作在多种类型的公共与私人部门机构的规划毕业生愿意帮助你得到第一份就业机会。你简历上每一个"真实世界"的经历都会使你在毕业后更加容易被聘用。

写一份学术论文。通过写作进行交流的能力对于你将来成为一名成功的社区规划师至关重要。研究并准备一份达到发表要求的规划相关专题的研究论文，不管它是否属于你所读学位的要求。一份简练并且文笔优美的论文（甚至有一个更加简练的摘要）可以成为你呈献给

未来雇主的招聘材料中具有价值的一个部分。如果你在某个特定领域比较薄弱（分区、环境分析、经济发展、历史保护），研究、写作并咨询该领域的指导教师就成为最有效率的学习方法之一。

体验生活。如果你有条件，花上一个月、一个学期、一个暑假或者一年离开学校，去游览意大利，或者协助加纳的社区提升项目，或者参加宾夕法尼亚州葛底斯堡的历史保护项目等。换句话说，就是在任何你可能达到的情况下，扩展你对这个世界的理解（人、地方、市场、文化、环境）。你的经历将会使你的简历看起来很不错，并可能会影响你的人生发展方向，影响几年后你即将到来的职业生涯。

参与。参加你所在州的年度规划会议，并提供志愿服务。如果可能，参加美国规划协会的国家会议。许多你的课程专业规划师都会参加这些会议。判断他们是谁，了解他们的兴趣，并寻找机会与他们交谈。

规划专业的诞生

许多规划史学家将 1909 年作为规划专业的历史开端。那一年，由人口过剩委员会发起的首个关于城市规划的全美性会议在纽约召开。虽然在那个年代，没有人能声称自己是一个全职的规划从业者，但建筑师、景观设计师、工程师以及其他一些人员参加了会议。该会议从此成为规划师的年度盛会，并且一直持续到今天，成为 APA 的年会。

19 1909 年的首次会议是一个意义重大的事件，但这一时间点也与其他重要的规划活动相关联。例如，芝加哥商人协会委托丹尼尔·伯纳姆（Daniel Burnham）为他们的城市制订规划。当年 7 月 4 日，伯纳姆发表了美国城市规划史上最值得重视的文献之一——芝加哥规划。

1909 年，美国出现了最早的规划委员会。其中一个位于芝加哥，与伯纳姆的规划有关。另一个是位于底特律的城市规划和发展委员会。威斯康星州成为全美第一个通过允许其城市进行规划的权力授予法的州（权力授予法允许社区采取特定的行动，否则将不被允许）。洛杉矶规定了土地用途，这从根本上产生了对于大面积未开发土地的分区管制。城市规划的第一门课程是在哈佛学院景观建筑系进行讲授的。甚至在海外，1909 年也是具有重大意义的。英国通过了它的城镇规划法，它授权地方政府为未来的发展制定规划。基于这么多的里程碑，可以说规划成为一种专业，始于 1909 年。

在随后几十年里，规划继续在全美范围内扮演着一个引领城市增长的关键角色。规划师承担了为许多大型公共空间进行设计的责任。他们对交通系统、公园与游乐区域、公共娱乐场所，以及有序的、以人为本的社区进行了具有创造力和前瞻性的规划。那是一个规划梦想家的时代。

1929 年的大萧条给城市规划带来了另一个现实。地方政府再也无力修建与城市美化运动相关的大型公共空间了。城市规划师需要将注意力聚焦在关键的城市问题上，比如可支付的住房、良好的教育设施、运转良好的公用设施，以及其他类似的实用需求。一种新的规划方法，城市效率或城市实用运动（city efficient/city functional movement）由此诞生了（参见第 14 章更多的关于城市有效运动的区划，以及土地利用管控的历史介绍）。区划条例是在这一时期产生的最早的规划工具。但这场运动同样关注于有效的交通、公用设施、公共设施，以及其他在实用和经济上的考虑。它代表着"一种想法的开端，即美国的城市也许会被不断进步的人类知识、国家监管机制和公共福利政策所规范。"[13]

这场萧条改变了这个国家在许多方面的看法。总统富兰克林·罗斯福用规划师来帮助国家经济的恢复，诞生出许多重要的联邦规划项目。田纳西河流域管理局（TVA）是联邦政府区域规划机构的一个早期案例。TVA 为许多乡村地区提供电力，并充当一个经济发展机构的重要角色。联邦政府制定了非常具有创造力的政策和项目，给失业者提供工作，带来了许多民生改善项目。成立于 1933 年的国家计划委员会，努力使这些项目协调一致。典型的项目包括高速公路与街道建设，供水与排水系统，以及休闲娱乐设施等。规划师雷克斯福德·盖伊·特格韦尔（Rexford Guy Tugwell）分管罗斯福移民定居局，该机构赞助过一系列"绿带"城的规划与发展。这些城市经过设计，使得住在中心城区贫民窟里的穷人，能够搬到有花园、公园和其他卫生设施的新城镇去居住。

美国城市在整个大萧条以及第二次世界大战时期被极大地忽视。在战后，规划行业得到了更多的关注与发展，涌现出许多项目和资金用于更新城市地区和开发建设新的城市远郊发展区。20世纪 50 年代和 60 年代，规划师扮演着核心角色，尤其是在 70 年代，那时用于发展的联邦基金与社区规划绑定在一起，要求社区制订一个综合的总体规划。在那些年代里，大学的规划课程数量翻了两番还多，每年新毕业的合格规划师的数量也从接近 100 人增长到了 1500 人。对规划行业以及城市重建项目来说，这是一个充满活力的伟大时期。它在总统林顿·约翰逊提出的全方位伟大社会的计划下达到高潮。其中的初步行动之一便是在 1965 年成立了用于协调联邦城市政策的住房和城市发展部。规划成为全美社区发展的一个关键角色。

1980 年，罗纳德·里根当选总统预示了联邦政策的一个转变。"里根经济学"是一个基于对于自由市场的依赖的政治哲学。它的基本点是让政府尽可能多地远离人们的生活。在这个时期，一系列的倡议限制了联邦政府在规划方面的努力。

美国住房和城市发展部被最大限度从其城市重建的功能中剥离出来，并在本质上成为一个住房管理的部门。在内政部长詹姆斯·瓦特管理下，作为弥补预算赤字的手段，联邦土地与财产被大量出售。在这个时期内，规划在其他事务面前被放到了一个次要位置。结果是，规划师陷入官僚管理的模式，主要负责检查和批准由私人发展团体制订的规划。很少有规划师提出想法，或者制订有远见的规划。

规划现状地位的变化，是过去几十年发展的一种反映。它在创建和提升城乡物质环境秩序方面的角色仍然十分关键。然而，随着社会的其他部分在我们的社区规划中扮演了越来越重要的角色，许多规划师已经从他们传统的领导位置上退了下来，成为普通的机构工作人员，而非一个世纪以前他们曾经扮演过的梦想家的角色。正如规划师里昂纳多·巴斯克斯（Leonardo Vazquez）所写到的，"这个行业面临的最大挑战之一，就是要强调克服'无力的舒适'。许多人抱怨他们缺乏改变现状的力量，但实际上，正是这样使得他们的生活更容易。当你力量不够的时候，你不用承担责任。"他继续写道，"答案是，规划师在知识的广度以及为城市发展平衡各方观点的能力上，不同于其他行业。规划师具有形成对于城市增长和发展的基本原则和前景展望的能力。规划师具有的最大力量不是在于人口预测或成本 - 收益分析，而是在于影响城市增长中所有参与者的心灵和智慧。"[14]

总结

规划是专注于提升社区和居民空间品质的一项事业，它包括对于社区生活的物质、社会以及经济方面的提升。这个领域是跨学科的领域。好的规划需要有广泛意义上的个人和群体之间的合作。

规划师需要熟练掌握听、说、写等方面良好

的沟通技能。很大程度上，专业技能是通过大学学位课程和实习经历获得的。美国规划协会为规划师提供专业的支持和资源。美国注册规划师学会鼓励从业者坚守学科的专业标准，并为知识和技能上达到专业水平的规划师提供认证程序。报酬因地理位置，专业化分工，以及在公共部门或私人部门工作的差异而不同。

大部分的从业者在公共部门工作。这些从业者直接与社区领导人和官员交流。在私人部门里工作的从业者，他们的参与活动不同于那些在公共部门里工作的规划师。虽然私人顾问也会与市政当局一起工作，但他们将自己的工作延伸到了土地开发商执行的项目上。

规划这一行业的历史也就只有一个世纪那么长。在 1909 年，许多具有重大意义的事件形成了这一新学科的基础。20 世纪早期的城市美化运动强调城市的物质形态。大萧条之后，它被城市效率法则所取代。这些法则与主要的规划实施工具——区划条例联系在一起，直接牵涉到了规划的实用性方面。第二次世界大战之后，规划活动的新增领域集中在老城市的再开发以及新城市和郊区的发展上面。20 世纪 80 年代，联邦新经济政策的直接结果，使得规划的范围变得非常局限。在 21 世纪的前十年，新制定的政策被用于应对经济衰退，规划为经济复苏而服务。历经上述不同的变化阶段，规划仍然保留了自己影响社区积极变化的角色。

第2章　规划的概念方法

重要的规划概念方法

　　纵观历史，在城市与社区规划研究领域，无数先人已经形成了多种理念。本章中，我们研究了大量著名学者以及蕴含在他们观点中的城市与区域规划理念。

　　所选定的这些历史人物与当今我们理解的规划意义上的规划师大相径庭。他们并非是一个定义明确的职业学术组织成员，因为他们大多生活在几个世纪之前，而规划作为一门职业直到20世纪才出现。这些人的相同之处在于他们对城市的美学、功能与活力的追求，每个人都从不同的角度来强调这些品质。在规划中，他们有些注重规划的实体设计（physical design），有些则更多地考虑到社会方面的因素，并通过其敏锐的洞察力、创新力以及理解力对规划作出了重要的贡献。对这种多样性的认识，可以帮助及今天的规划师们形成一种优化的决策框架，以运用到自己职业实践之中。

教皇西克斯图斯五世：罗马重建中方尖碑的应用

　　公元5世纪时，历史上最为伟大的帝国首都罗马惨遭袭击掠夺。数个外侵部落将宏伟之城粉碎成瓦砾，城市人口也从帝国鼎盛时期的百万余人骤减到15000—20000人。截止到教皇西克斯图斯五世统治的16世纪，黄金时期拥挤庞大的罗马已沦落为空城，城界范围内的建筑也满目疮痍。一些遗留下的罗马天主教教堂则是这个盛极一时的城市文化残存的仅有凭证。

　　在五年（1585—1590年）的在位期内，教皇西克斯图斯五世决心重建罗马城，使之成为天主教会的中心。他认识到城市重建的迫切需求，并深知这个过程即使穷尽其一生也无法完成。他并没有提出一套细致宏伟的重建计划方案，相反只提出了一个简单的概念。他将现存的教堂作为限定城市宏伟蓝图的秩序原则，在城市中的重要位置布置方尖碑（独立的柱子）以作为视觉的焦点，指导整体战略性的布局。它引导了宗教信仰者们从一个教堂出来，走向另一个教堂；为公共空间之间的联系，提供了更好的视觉秩序。

　　罗马主要城门波波洛门是运用方尖碑最为杰出的一个实例。门前广场以竖起的方尖碑为中心，为到访游客提供视觉焦点和方向定位，并成为周

图2.1　波波洛广场，罗马

图 2.2 朗方的华盛顿哥伦比亚特区规划，1791 年

边建筑与街道的控制中心。与之相似，罗马圣彼得教堂宏伟的前广场在其演变过程中，方尖碑的竖立是第一步，最终使得历经几世纪完成的圣彼得广场成为世界上最为伟大的城市公共空间之一。

一个强有力的初始想法，对后来的长期影响不应被低估。教皇西克斯图斯五世的规划概念，在城市持续几个世纪的重建过程中，一直作为罗马城市规划师的指导与准则。正如埃德蒙·培根（Edmund Bacon）所说："任何真正伟大的作品都内具深远的力量，能够影响随后周边地区的发展，并常常以出乎最初创造者意料的方式发生。创造者的想法是被传承还是被毁灭往往取决于紧随其后的第二个人。"[1]

皮埃尔·朗方：华盛顿哥伦比亚特区林荫道的象征性价值

18 世纪末期，国家首都开始构想哥伦比亚特区时，包括乔治·华盛顿和托马斯·杰斐逊在内的许多人士就城市蓝图提出了建议。然而，最终在 1791 年，年轻的美籍法裔皮埃尔·朗方（Pierre L' Enfant）的建议被采纳，他是华盛顿总统的一位朋友。

朗方的规划在设计与美学的范畴里提出了大胆的设想，以宽阔的街道，大型的广场，纵横交错的街道模式，纪念性的雕塑作为基本元素，具有强烈的欧洲巴洛克风格特点。这项规划最为突出的特色在于一条林荫大道，从美国的国会大厦一直延伸至与之相交,坐落着当时称作总统府(现更名为"白宫")的草坪。它象征性地代表着国会与总统之间权力的制衡。交叉路口终端修建了华盛顿纪念碑,与罗马教皇西克斯图斯五世所修建的方尖碑类似,它高耸直立,强调突出了这个十字路口。

由于周边土地的销售政策,哥伦比亚特区当局将朗方计划搁置一旁,并将其解雇;基于房地产投资,采取了更为寻常的规划方式。直到一个世纪之后,在1902年,朗方规划(出现于参议院委员麦克米伦报告中)才最终成为这座城市重建计划的基石。在原计划基础上,修建了林肯纪念堂作为这条林荫大道西侧的终点,杰斐逊纪念堂成为华盛纪念碑南面的视觉焦点,使得最初的规划方案更具说服力。朗方规划的最初理念通过加建与修改得到优化,最终造就了与美国首都相称的宏大城市尺度,也使规划自身得到了应有的认可。

奥斯曼:林荫大道与巴黎改造规划

巴黎一直是法国文化的核心代表,但在19世纪,它还只是一座肮脏、污浊、充满绝望的城市。1853年,乔治-欧仁·奥斯曼(Georges-Eugène Hanssmann)男爵作为最佳人选,受拿破仑三世委托,制订一系列开创性的计划来美化城市,弥补不足。奥斯曼带有强烈的目的性,拆除了城市中大量狭窄拥挤、易于迷路、带有强烈的中世纪色彩的街道,全然不顾现有街坊格局,将其切碎,改造成宽广的林荫大道,来连接城市主要节点。其中有些节点现已存在,有些则是奥斯曼重新创建出来,成为众多街道的终点。比如,歌剧院大街就是从旧有城市肌理中重新开辟出来的大街,它连接城市最重要的博物馆卢浮宫与新建的巴黎歌剧院,是一条美丽的林荫大道。

奥斯曼独裁的都市计划与绝对的控制力,有效地遏制了当时掌控巴黎的政要与地主的利益。他同时还负责了许多城市改造提升项目:包括建

图2.3　歌剧院大街,巴黎

设新的供水设施,污水管道,排水系统,桥梁以及一系列公共建筑。他的改造计划符合美学原则并且实用。然而他对城市规划最为重大与持久的改变,在于他对巴黎享有盛名的林荫大道的建设,它们作为城市的联络通道,为城市不同地区之间提供了快捷高效的交通联系体系。同时,将城市重要的广场、纪念物与建筑物连接一起,为整个城市提供了更好的方位感。

丹尼尔·伯纳姆:城市美化运动

丹尼尔·伯纳姆是美国历史上最为重要、最具影响,但同时也是最有争议的城市规划师。他强烈的个性启发了许多政要的想象力,并引导他们发现,城市规划对一个成功的城市具有不可或缺的作用。在芝加哥建筑师威廉·勒巴伦·詹尼(William LeBaron Jenney)手下实习受训,伯纳姆的声望足以让他担任一个拥有建筑师、规划师与景观设计师的杰出团队的领袖,该团队于1893年规划了芝加哥的哥伦比亚世界博览会,并设计了其中许多建筑。

博览会规划中,建筑围绕一个巨型水池展

开，两侧均设入口，其一通向展览会的铁路站点，另一则通过海滨长廊连接，服务摆渡过密歇根湖的到访者。伯纳姆对古典建筑的利用与围绕巨型水池的大尺度建筑，展现了一致的纪念性风格；加上对展览会结构及行政大楼的关注，最终为这项宏伟的规划赋予生命。伯纳姆团队以哥伦布世界博览会为依托的规划与建筑设计开创了城市美化运动，激发了美国许多城市利用城市建筑、公园、街道和相关基础设施项目来改善城市的公共形象。

图 2.4 巨型水池端头的行政大楼，哥伦布世界博览会，芝加哥，1893 年

弗雷德里克·劳·奥姆斯特德：开放空间规划与中央公园

弗雷德里克·劳·奥姆斯特德（Frederick Law Olmsted）曾为许多重要的城市公园设计出谋划策，然而，他最为著名的设计则是与卡尔沃特·沃克斯（Calvert Vaux）合作的纽约中央公园。基于"城市主要由人的居所构成，而窄面宽、直角的房屋是造价最低，最为方便居住的形式"[2]的想法，城市委员会于 1811 年提出了严格的方格网街坊格局构想。奥姆斯特德时期的曼哈顿正是这样的格局。他和沃克斯所做的公园设计为曼哈顿的方格网街坊中嵌入了一个尺度超前、宏伟而舒适的城市公共空间。这个公园长 2.5 英里有余，公园最终布局类似于英式花园，拥有巨大的场地，茂密的林区，水池，精心设计的景观步道，一个动物园和温室以及大型的公共围合空间，提供了美丽的自然景观。当时，城市中的大部分居民都住在过于拥挤、鲜有阳光与新鲜空气的居民楼内。怀有社区意识与平等主义理想的奥姆斯特德，最早提出了要为所有城市居民提供与保留开放空间，就是我们现在通常所说的公园。之后，奥姆斯特德继续设计漂亮美观的城市公园，范围遍布整个国家，包括 1869 年为伊利诺伊州滨河新城（第 5 章中将提到）所做的规划，之前提到的芝加哥哥伦比亚博览会景观设计以及其他许多社区设计。

图 2.5 中央公园，纽约市

沃尔特·伯里·格里芬：堪培拉，为生长而规划的新城

沃尔特·伯里·格里芬（Walter Barley Griffin）（1876—1937 年）在美国设计过 350 余座建筑，但他最为世人熟知的作品是澳大利亚堪培拉市的规划。1912 年，当时完全是无名小卒的格里芬参加了一个为澳大利亚新首都规划而举办的国际竞赛。在他作为一个学生在研究中发现，无论是写作物中还是出版物中，当代城市规划研究实际上还处于空白一片。在没有任何出版资料参考情况下，格里芬从更早的案例中获取了灵感。他将

自己对堪培拉的设想建立在对克里斯托弗·雷恩（Christopher Wren）17 世纪的伦敦规划、以及朗方 18 世纪的华盛顿哥伦比亚特区规划的学习基础上。最终，格里芬的设计在 137 份提交的作品中脱颖而出。

他与众不同的参赛作品，诠释着这样的城市格局：沿着一条新辟的城市河流，用城市中心和购物中心节点连接国会大厦和政府行政区，在遥远的安斯利山可鸟瞰中心轴线以及周边乡村。格里芬深受巴洛克规划模式的影响，宽阔的林荫大道，突出的轴线，以及控制性的空间节点强烈地昭示着这一点。方案运用的成功理念在大、小城市尺度上都很奏效。

格里芬方案的天才之处在于他的理念，即一个城市在成长的每个阶段，都可以作为一个完整的城市环境运转。尽管设计的出发点是保证自给自足，但每一个区域都有自己的中心，在城市扩张时，这些区域在组合形成更大的整体时仍能保证良好的功能。城市的最初阶段由国会大厦，商业区和居住区组成。当城市生长时，其与周边新

的节点之间的联系随之建立起来。不同的城市部分之间通过林荫大道连接。

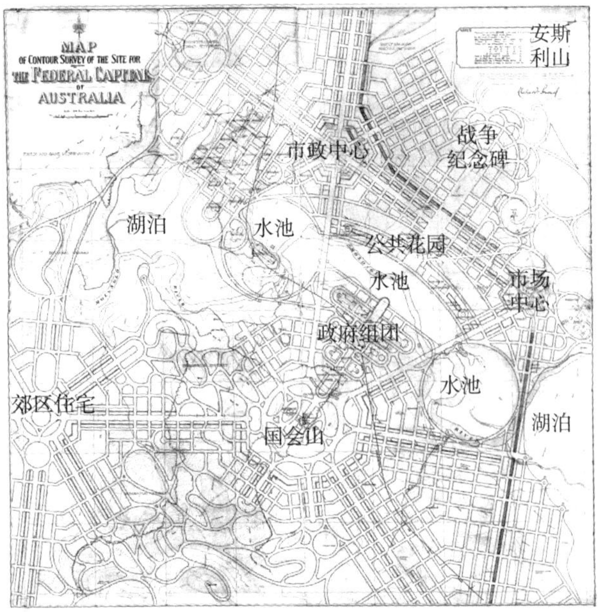

格里芬的方案最初因为过于庞杂而受到诟病，设计元素之间距离过于遥远。对此，他解释称这是为了长期的计划而设想。但迫于第一次世界大战期间的经济压力与最终的舆论压力，规划不得不缩减规模。直到 20 世纪 60 年代，他的想法才有效地表达出来，规划的核心元素最终采纳实施，包括湖区的建设以及国会山上新国会大厦的设计落成。

埃比尼泽·霍华德：大都市增长与田园城市

在规划史上，不具备规划实践背景的个人往往会出乎意料地提出重要的规划概念，埃比尼泽·霍华德（Ebenezer Howard）的新城理论便是其中之一。在 19 世纪末，身为普通法庭书记员的霍华德提出了规划历史上最具影响力的概念之一。人们几乎可以想象，在史上最为拥挤、肮脏与规划乏力的伦敦市中心区，霍华德坐在办公室的窗前思考着让文明的英国市民更好生活的方式。

基本概念很简单：将城市生活的优势——高效的工作、优质的服务、充足的社会机遇，资本的流转——与乡村生活的优势——干净的环境、闲适的节奏、低价的租金和充足的土地——结合起来。正如霍华德 1898 年在《明日：一条通向真正改革的和平之路》[3] 一书中所述，他预见到"田园城市"理念的发展，主要想法在于在伦敦城外郊区建立卫星城，由城市居民自己管理，城市人口限定在 40000 人之内，混合有各类经济和社会阶层。城市周围为绿带所环绕，城市中心包含绿色开放空间。而城市的生长则会在新的据点以同样地方式进行。

当时，霍华德在大都市周边建立"田园城市"的想法十分独特。英国政府迫切需要解决伦敦的城市问题，进而接受了他的方法，莱奇沃思

图 2.6　沃尔特·伯里·格里芬的堪培拉规划，澳大利亚，1912 年

和韦林便是在霍华德生前建立起来的。第二次世界大战之后，更多的卫星城在英国建立起来，也证实了该理念自身强大的生命力。相似的卫星城同样在美国出现，尤其是新泽西新城拉德本、马里兰州以及宾夕法尼亚州匹兹堡查塔姆村。霍华德理念如此成功，以至于我们今天看待它觉得就应该如此。美国许多郊区地区效仿"田园城市"，但不幸的是这些模仿品大多数都失败了。但由这位法庭书记员在他的书中所提出的最初想法，依旧是城市规划史上重要的里程碑。

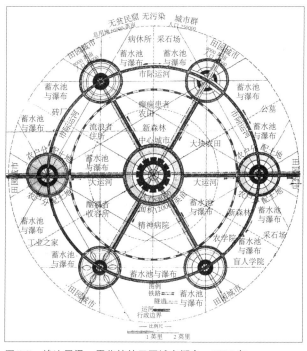

图 2.7　埃比尼泽·霍华德的田园城市概念，1898 年

图 2.8　勒·柯布西耶，现代城市概念，1922 年

勒·柯布西耶：现代城市概念和密度的价值

夏尔－爱德华·让纳雷（Charles-Edouard Jeanneret），即我们所熟知的勒·柯布西耶（Le Corbusier），是一位瑞士裔的法国建筑师、雕塑家与规划师。他的"现代城市"规划理念，代表了20世纪早期的欧洲在人口密度增长情况下，基于社会、自然与经济价值所设想的一种理想的城市生活模式。勒·柯布西耶致力于提升大型工业城市的居民生活条件。他看到现代主义时代的黎明中孕育着"居住机器"的理念，住在其中的居民依据他们社会地位与从事职业的不同，构成庞大的社会容器。[4]

勒·柯布西耶这样描述他的理想城市："空气清澈纯净，几乎没有噪声。什么，你看不到城市楼宇在哪里？透过这些迷人的阿拉伯式花纹的树枝看向天空，这些广阔空间中的玻璃塔楼高耸入云，甚于世上任何塔楼。这些半透的棱柱体仿佛飘在空气之中，与地面没有接驳之处——在夏日的阳光中闪耀，在冬日灰色的天空下发出柔和的光，在日暮降临时魔法般地闪闪发光。"[5]

勒·柯布西耶的想法影响了世界各地的大型城市项目的规划设计。在许多实例中，旧有的低层建筑被拆除，取而代之的是高耸的玻璃塔楼，形成了远高于城市街道之上的建筑空间。他对巴黎城市中心的改造计划，提出拆除城市的大部分历史核心，建设高耸入云的高层玻璃建筑，竖立在地面绿色景观之上。这样的项目肯定了新的建造技术与工艺，包括钢结构，高层电梯和玻璃幕墙的潜力，但是它们完全忽略了现存城市景观的内在价值。

弗兰克·劳埃德·赖特：广亩城市和分散主义

在美国20世纪30年代经济大萧条时期，即使是像弗兰克·劳埃德·赖特（Frank Lloyd

Wright）这样著名的建筑师也很少能接到项目，专业人士需要为自身能力找到其他的生存方式。赖特决定利用他空闲的时间与精力研究一种新而独特的城市规划方法，并在其中融合杰斐逊派的民主思想，及其对个体价值的强调。再没有谁能像赖特的"广亩城市"一样，与勒·柯布西耶的"现代城市"更能形成鲜明对照了。它甚至很难被称作一个城市计划，因为它对分散主义的强调很大程度上地否认了现代城市生活的理念。

赖特的基本构想为：每个居民家庭都至少拥有 1 英亩的土地，具有充足的空间来构建家庭小花园，驯养小动物。这种与土地的紧密关系旨在创造一群可以自给自足，而非依靠强大中央政府来支撑的高效运转的城市居民。广亩城市依靠崭新的交通系统，包括高速公路以及私人飞行器，政府事务将通过电话、高效的交通系统和通信系统来执行。在家工作将成为一种常态。

尽管这在当时看来不切实际且难以实施，但是之后的郊区地区还是成为赖特构想的一种版本，虽然很大程度并无有意识的规划。郊区居民们以低密度的土地利用方式蔓延发展，依靠州际公路进行日常通勤，运用电子通信方式进行沟通。赖特比后来的规划师们更清晰地看到了这种包含反城市情感的趋势。然而，在 20 世纪余下的时间里，

他相对说来更加晦涩复杂的受控分散化理念则在很大程度被忽略掉了。

罗伯特·摩斯：通过行政控制与筹措资金重建纽约

美国历史上最有野心的建设者之一就是罗伯特·摩斯（Robert Moses），他的事业从 20 世纪 20 年代直到 60 年代，跨越了几十年，规划项目涵盖范围极广，包含长岛区的琼斯海滩发展计划，区域林荫道系统建设，史上最大的两座桥梁建设，大量的城市公园和建筑项目，为表演艺术而建造的林肯中心，1964 年世界博览会等。尽管摩斯没有接受过专业的规划训练，但他对纽约这座全美最大城市的规划掌控却是空前绝后的。

摩斯的首要职位是公园委员会委员，此外还有许多其他职位，而他的成功很大程度上也是他将权力与资金带入自身职位的结果。摩斯发展了庞大的资源系统，手下拥有 80000 余人为他工作，并一度掌控了所有流入城市的联邦发展资金。尽管摩斯从未拥有过政府席位，但他对其管理下的桥梁建设税收的掌控，使得他拥有金钱、权力以及专业经验，并可以用来建设遍布纽约的公共事业。在他作为城市政府任命的市长和行政部门委托人的 40 年间，将纽约从一个布满简易房与移民者的拥挤、肮脏的城市转变成了一个现代化、商业化导向的大都市。

从对摩斯的事业研究中我们可以学到很多。[6]摩斯并非是一个腐败的行政官员，但他掌控的巨大权力使他没有耐心去应付那些反对他意见与计划的人。他并不认为那些对整个城市有益，但会影响当地居民的项目是灾难性的，比如，他的跨布朗克斯的高速公路项目缓解了当地城市严重的交通拥堵问题，但是需要拆除大量公寓楼，甚至毁掉一个完整的成熟社区。辩证来看，他伤害了上千人的利益，却帮助到了数以百计的人。对于自身规划策略的评价，摩斯说道：

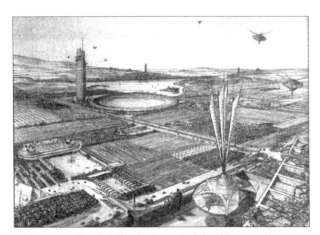

图 2.9 弗兰克·劳埃德·赖特，广亩城市透视，1932 年

"你无法在不打碎鸡蛋的情况下做出煎蛋饼。"[7]在奥斯曼之后，他比任何人都更能体现通过权力运作来实现规划成功的观点。依据他的哲学，没有能力将想法付诸实践的规划师，并非有效或者成功的。

埃德蒙·培根：向历史学习

规划师埃德蒙·培根的《城市设计》仍然是城市规划史上最具影响力的书籍之一。该书完成于培根作为费城规划委员会执行理事的任期内，初衷在于教育城市规划委员会会员们学习优秀的规划技能，并为其在城市中心区所做的规划获取支持。培根在书中阐释了全球范围内历史上的规划方法的优势，包括古希腊的雅典卫城、巴洛克时期的罗马、奥斯曼改造的巴黎、伦敦以及其他的欧洲城市、北京的紫禁城以及现代的巴西首都，巴西利亚，而后，他才将注意力转向费城，认为相似的理念仍然可以很好地应用于他们自己城市的当代规划之中。

培根的突出贡献在于使人们认识到，重要的城市规划概念在历经数世纪发展后，仍然可以成为当代规划师们的重要设计工具，好的规划并非是某个特定时代的产物，它在多种文化的许多重要历史时期中均有体现。1964年，《时代》周刊的一篇封面文章肯定了他的重要作用，十年之后，建筑评论家苏珊娜·史蒂文斯（Suzanne Sterens）写道："培根在战后数十年为费城留下了不可磨灭的痕迹。作为1949—1970年间费城城市规划委员会的行政理事，他通过一系列与罗马西克斯图斯五世相似的策略让一个衰败的中心城市恢复了生机。"[8]

练习1 比特摩尔庄园的再开发

最近，江城买下了比特摩尔庄园，一块紧邻比特摩尔大街三座历史建筑的地产，其中包括比特摩尔宅邸。（关于江城的更多信息请看附录A。）丹尼尔·伯纳姆是城市的规划主管，他认定此处

具备重要的发展潜力，并预料它可以发展为中心区域，成为社区复兴的关键地区。你是他的助理规划师，他需要你为场地提出一个发展构想，并通过它赋予城市一个强烈的形象。

之前的章节提供了多种可以效仿的方法：比如，教皇西克斯图斯五世使用突出的竖向元素作为视觉焦点；朗方察觉到一个成功规划的林荫道在城市中的价值；而奥姆斯特德设计了乡村花园般的公园作为消遣娱乐的场所；奥斯曼运用林荫道与广场来连接不同地区；伯纳姆强调优美的建筑对特殊场所的营造；霍华德与格里芬的规划思想强调未来的生长；勒·柯布西耶认为应提高城市密度，而赖特则提倡低密度发展；罗伯特·摩斯关注实践的方法与高效的功能。你可以从上述规划概念与方法获得灵感，如果以上方法没有适中的，你可以发展其他的概念。

你的特殊任务是要给丹尼尔先生撰写一份阐

图2.10 比特摩尔庄园场地现状，比特摩尔大街，江城

述这块场地设计理念的便函，并解释你为什么认为这是合适的方法。记住在考虑规划时，你可能需要注意以下一些重要的问题。

1. 你用什么样的标准来比选不同的备选方案？（备选方案的发展是规划过程中的重要部分。我们将在第4章进行更深入的讨论。）

2. 城市买下这块地产，与将它留给私人拥有相比，有哪些优势与劣势？（土地私人所有的价值将在第9章中讨论。）

3. 每一项建议草案，将会为城市带来怎样的相关花费？（公共项目的资金，将会在第16章予以介绍。）

其他规划概念

前文介绍的一些个体人物发展的规划理念，已经成为实体规划理念中的经典部分，同样地，他们代表了规划专业几个世纪以来的演变过程。在最近几十年，一些人将规划概念进一步拓展，更多的将社会因素融入实体规划过程之中。通过对它们的简单回顾，了解其中所阐释的一些重要人物的想法及影响。

爱丽丝·康斯·奥斯汀：女性的视角

曾经有一些批判性的看法，认为土地利用的规划构想与实施，过多地考虑了为工商业界服务，而没有充分地重视女性问题，诸如直接的个人家庭需求以及社区活力提升等。当然这与规划专业发展早期鲜有具有影响力的女性有关。然而，爱丽丝·康斯·奥斯汀（Alice Constance Austin）作为20世纪初期的建筑师与规划师，致力于低成本住宅问题、薪资性别平等问题、社会保障与福利制度和普及性医疗保健等。她的大多数想法体现在她最显要的项目——1916年拉诺鬼镇的规划中。这是一个坐落于加利福尼亚帕姆代尔的理想社会主义社区，构想拥有超过10000人口。奥斯汀描述它是一个由六个扇面组成的环形城市，以居住区组团围绕着城市中心，其间以宏伟的大道相互连接。

城市具备完整的社区规划，有居住、学校、教堂、商场以及餐馆等。然而，奥斯汀最重要的一项创新在于"无厨房住房"的发展。一个大型的社区中心食堂将饭食备好，通过地下隧道的小型铁路系统送达每家每户，借此，将家庭主妇们从每天包办饮食的重担中解脱出来。这个铁路系统同样运载人、日常用品、盥洗衣物等，大大减轻了个人日常购物、清洗及熨烫工作。最终，有900个居民在拉诺鬼镇定居，但由于资金与水源缺乏，社区最终转移落户到路易斯安那州。奥斯汀在她1935年的著作《下一步：如何在减少废物、创造节约的情况下追求规划的美学、舒适、和平》中，客观评价了自己规划想法的潜力与问题。

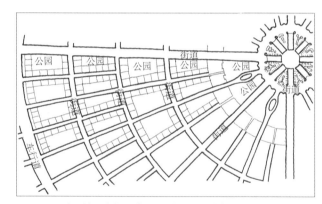

图 2.11 爱丽丝·康斯·奥斯汀的拉诺鬼镇规划，1916 年

简·雅各布斯：为邻里而规划

20世纪60年代，通过制定政策谋求新发展的规划师和市政官员们总是会遭到居民的强烈反对，他们认为大型城市项目破坏了旧有的完整邻里关系。罗伯特·摩斯指导建设的纽约跨布朗克斯高速公路项目便是争论之一。摩斯提议横跨曼哈顿下城建设一条高速公路，这条高速公路破坏了所经社区的完整。此时，住在这里的一位家庭

主妇兼作家，简·雅各布斯（Jane Jacobs）成为社区激进派运动者。她里程碑式的著作——《美国大城市的死与生》[9]批判了像摩斯这样忽略平民利益、推动大型发展项目的人。她公开声明："这本书是对现今城市规划与重建的抨击……同样，它在很大程度上，也是对新型规划与重建原则的尝试，它不同于、甚至可以说是完全相悖于建筑与规划院校所教的任何内容，也全然不是周日增刊与女性杂志上所能看到的那些。"[10]

城市规划师们忽略街道上真实发生的事情，仅用数据和地图制定规划的行为，受到雅各布斯极具说服力的批判。她认为那些被市政官员划为重建区的城市社区，实际上具有很强的生命力，不应仅仅通过规划评估文件或是报道就将其定性。雅各布提到了"街道眼"——它监视着街道上所发生的事情，远比规划师、警察或是其他官员们更能理解这其中的活力。她认为城市规划不应仅是实体规划，同时也要考虑到社会及文化因素。随着她著作的出版，"倡导式规划"的概念也应运而生，它承认并倡导市民作为规划过程中不可或缺的成员。

诺曼·克鲁姆霍尔茨：克利夫兰市的平等规划

在简·雅各布斯及其他持相似观点人士的影响下，人们逐渐认识到，规划决策权力落在了当权者手里。大众利益很大程度上没有在规划决策过程中得到很好的关照。20世纪70年代，俄亥俄州克利夫兰市城市规划部门主管，诺曼·克鲁姆霍尔茨（Norman Krumholz），提出了被称作"平等规划"的理念，在纠正这种不平等的规划现象中迈出了巨大步伐。他努力地改变传统政策项目中不平等的做法，帮助城市中最贫穷的居民，平衡资金与利益分配。克鲁姆霍尔茨并不认为这会引起富人与穷人之间的矛盾，而是对自身信仰的表达：人与人之间的社会、经济、政治关系平等

是社会公平持久的必要条件。[11]他写道："一般意义上的规划师们对自身基本定位是，为上级领导提供建议选择或是为这些建议选择找到最高效的实施工具，但前提是假定这些上级领导在民主进程中代表了人民的利益。"[12]相反，平等思想的规划师们认为现存的民主政权对社会系统中底层群众利益持有偏见，结果导致他们创造了一种利益向下分配的体系。克鲁姆霍尔茨冒着政治风险拟了四条实行平等规划的理由："（1）克利夫兰市目前的紧急现状条件；（2）我们城市发展过程中固有的不平等与剥削天性；（3）当地政府无力解决问题；（4）我们专业规划实践的伦理概念。"[13]克鲁姆霍尔茨在多变的社会条件下为规划的角色提出了一个新的视角，他的克利夫兰市计划也被美国职业规划师协会称作"规划史的里程碑"。

詹姆斯·罗斯：计划"让人民生活更好"

詹姆斯·罗斯（James Rouse）是20世纪60年代著名的购物中心开发商，他决定扩展他的活动范围，建造一个崭新的城镇。1964年，罗斯宣称自己要建一座新城，他私下里在华盛顿哥伦比亚特区与巴尔的摩之间战略位置上的马里兰州霍华德县买下了总计14000英亩的140宗农田。

罗斯对该项目持有特殊的看法。他希望新城可以超越实体规划本身，更多地强调以人为本。"城市唯一合理的目标在于让它的人民生活得更好……文明社会的首要任务与挑战是让美国城市成为更适合人民居住的地方。"[14]他组建了一个含有14个具有不同专业背景人士的特殊小组，取名"工作组"，团队中包括规划师、建筑师、工程师，同时还有教师、部长官员、精神病学专家和社会学家等，他们持续半年，每月两次，每次两天，充分而广泛地讨论规划新城的相关重大问题。

哥伦比亚镇的规划团队最终一致认定，新城计划的焦点不应是中心区、工业区、商业区或者开放空间，虽然他们承认这些元素在城市规划中

的重要性。他们将社区中的小学建设作为重点。哥伦比亚计划也因此始于小学的选址规划并在此基础上发展。

哥伦比亚中心区最终以罗斯又一个购物中心的形式建立起来，这看起来更像是在初始计划上的新增想法。在最近社区举办的专家研讨会上，也即邀请各方专家为新城规划设计提供个人想法的论坛上，提出了一个新的城镇中心计划。超过1000位参与者重新定义了他们心目中的城市中心，一个密集、多样且步行化的城镇中心。

2009年止，哥伦比亚镇拥有超过10万居民、5500名商人及63000从业者。2006年，在《金钱》杂志评选的美国最适宜居住的城市中，哥伦比亚排名第四。

传统与策略型的规划方法

以上我们介绍的这些人物看法，代表了规划大家庭在实践中运用的不同方法。尽管他们大多数都不是规划师，但他们的观点确实表明了规划随着历史的演进过程。就如故事中显现的那样，规划是一种拥有多种方法指导实践的广阔学科体系。而今天，可以说规划大体上有两种基础的方法：传统型与策略型。

传统的规划方法，同样也被称作理性主义或规范主义，以客观、长远的视角看待地区、社区与区域，基于可靠的数据、分析、结论等来制定规划与政策。能很好地代表这种方法的是丹尼尔·伯纳姆以及他于1909年所做的芝加哥规划。传统的观点假定世界是客观、可知、相对静止并且与确定的公理并存。因此，我们可以理解社区并合理地预测未来。[15]

传统型规划通常如以下程序循序渐进开展工作：（1）发现问题；（2）确认资金与限制条件；（3）决定目标，（4）提出备选方案；（5）评估备选方案并选择最佳方案；（6）实施规划；

（7）定期地评估优化（见第4章）。这种方法的合理性在于根据合法性而建立的自信。

然而，传统的规划方法并没有充分地认识到，社区决策过程并非总是界限清晰的，它时常是混杂的。在20世纪60年代，社会动荡不安，美国被种族冲突，社会剥削，反战情绪所困扰，加之新技术的冲击，环境与历史遗产关注度的提升，使得许多规划师意识到传统的规划方法，无法很好地适应美国社会，一场新的运动就此发生。运动的领导者宣称，好的规划应当更加清楚地认识政治体制和社会问题，以保持长久的生命力。

策略型规划则更多地在日复一日的决策过程中与公众打成一片，其中以诺曼·克鲁姆霍尔茨主管的克利夫兰市规划为代表。与传统规划相比，策略规划的综合性要薄弱许多，但是更多关注短期需要解决的问题。传统规划聚焦于指导决策，策略规划更关注于决策实施。它已被冠以许多其他的名字，各自都有特定的含义——行动导向型规划，谈判式规划，协作式规划，互动式规划等。鉴于对潜在规划决策者的重视，策略规划师工作时常常会问，对象是谁，要做什么，为什么要做，在哪儿，什么时间以及花费多少等问题。一位评论家曾说过，这是一种"做好准备－开火－目标"的策略，因为有这样一种趋势，地方决策者们通常发送舆论探测气球，以观测公共舆情是否接受这些决策。[16]

对于策略规划需要提出这样的问题：规划师这一角色是应该始终保持绝对的客观，还是应该遵从自己的判断。托尔·萨格尔（Tore Sager）认为："规划师的现代角色不再只是技术性和分析性角色。这个角色还包括了诸如易化、谈判、斡旋等多种形式的冲突管理。"[17]约翰·福雷斯特（John Forester）解释道，"规划师不但需要提供实际情况，而且需要给出评估实际情况的方法；他们不仅活跃着，也指导着人们的想象力；他们不仅报告着，也培养着人们的欣赏水准和良好判断力；他们不仅锻炼自己的能力，也赋予他人以权力。"[18]

面向社区的问题是复杂的。所有社区问题，在规划的初始阶段都难以决定如何解决；有些问题必须通过沟通和妥协才得以解决。正像克鲁姆霍尔茨意识到的那样："许多学生怀揣着这样一种信念步入了规划专业，那就是公共政策是在规则的、理性的决策环境中进行的抉择，规划师的工作为这一抉择提供了决策环境。但事实并不是这样。制定公共决策的过程通常是不尽合理、混乱和高度政治化的。"[19]策略规划依赖的是在市政厅和社区内组建的联合体，构建公众参与的规划程序，赢得关键领导人的支持。

	传统方法	策略方法
基本工具	总体规划	交流沟通和政治游说
时限	长期的	短期的（例如：政治竞选活动）
过程	按部就班	完成可行的部分
目标	合理的、专业化愿景	民主的、有代表性的过程
评价	过于理想化	过于实际

图 2.12 传统与策略型规划方法对比

总结

了解历史，了解世界，可以从中发掘许多重要的规划理念。有关规划的知识领域发轫于当代规划师对学科历史基础的了解，对长达一个世纪中那些开创性人物在规划创新、实践和完善所创造规划传统的了解。许多重要的规划理念是由那些并不是职业规划师的个人提出的，这些人物了解完善他们城市和社区质量的必要性。他们的想法来源于个别局部和特殊的项目，扩展后就成为完整新社区的创新。

尽管规划或多或少总被认为与体型环境开发有关，但是它已经扩展到经济、社会领域。规划师必须了解决策如何做出，进而如何影响社区。规划越来越重视那些处在规划程序之外的少数族裔、没有地位的普通市民、群众团体，进而也越来越包容。

规划师应该认识到有两类的基本规划方法，传统方法和策略方法。传统方法使用理性的目标决策程序。它们掌握的基本工具是总体规划，用以引导社区调整或增长的未来。然而，策略方法发生在社区制定总体规划的工作环境之中，作为规划程序的不可或缺的部分，它更多的关注短期政策计划以及利益团体的直接关切。经历丰富的规划师总是设法在他们的职业实践中，将这两类方法整合起来。

第3章 联邦、州、区域和地方
层次上的规划职责范围

在联邦、州、区域和地方层次上，规划采取不同的形式。从历史上看，美国的政府权力是由联邦授权的。在此原则下，基于美国宪法，未授予国家政府也未禁止各州行使的权力则由各州或人民保留。下面的章节梳理了美国的宪政基础与我们的社区规划有怎样的关系，并且指出在不同规划层次上权力和活动的范围。

联邦层次上的规划

人们或许会有理由问道，会有国家规划这样的事情吗？答案：是的，但它不同于州或地方层次上的规划。联邦政府从来无法轻易地对社区规划进行直接干预。联邦机构始终需要游离于干涉地方规划的程序之外。国家层面上的重要规划政策和计划项目，对地方层次的管理具有影响；但是一般说来，不会直接针对特定社区的规划。

以最早始于第二次世界大战后的联邦规划中的州际高速公路体系为例，尽管1954年和1956年国家高速公路法并没有针对特别的城市，州际高速公路体系对地方社区的发展还是产生了巨大影响。同样，国家住房计划只是在一般意义上规定了在什么地方，以及如何建设新的住宅，但该计划还是极大地刺激了郊区蔓延，进而直接影响了现有社区的增长。

其他一些计划安排，也显示出联邦政府利用与地方政府的关系，通过资金安排，间接影响项目的选择、开发、实施。例如，美国联邦的社区开发综合补助计划，为扶助社区改善安排了专项联邦基金。但是，这些基金安排落户到什么地方，则由地方机构进行决策。国家公园服务处规定了联邦层次的历史保护政策，但是它将历史地区的管理和决策交给地方委员会。这类或者其他例子都表明，联邦政府在社区规划中拥有非常重要，但又只是间接参与的作用。

联邦政府还有另外一种影响地方社区的决策方式。例如，联邦政府掌握了邮局布局选址的权力。在过去，邮局一般布置在城市或城镇中心地区。作为居民的聚集地点，不仅用来收发信件，同时也是邻里们非正式的见面地点。无论如何，最近几年政府开始将大型邮局设置在城市中心以外的地方。结果是，顾客们觉得去邮局非常不方便，进而将重要的社区活动从城市核心区转移出去，使得城镇中心的活力迅速下降。

对地方层次的消极控制是一种典型的美国现象。在其他诸多国家，国家政府通过国家规划机关，以及直接参与地方市政项目等两个方面，在规划的各个层次上都发挥了积极的角色。例如，加拿大规划主管部门在发展规划方面握有更多的权力，并且一般在政府和社区中有着鲜明的姿态。加拿大的情况是规划在前，开发商在后。相反，美国规划部门倾向于不对开发项目作出决定，而是对开发商提出的项目建议请求作出回应。原因或许是美国社会更注重个人决策："生命、自由、追求幸福；"加拿大则更强调政府的强大角色，他们的口号是："和平、秩序、善政。"

1970 年，来自华盛顿州的民主党参议员亨利·杰克逊提出名为《土地与水资源规划法》的联邦立法法案，包含了要求 50 个州提供他们拥有资源的清单条款，包括水、土壤、海岸 / 江河；主要设施，如机场和发电厂；公用设施，诸如污水 / 供水管线、道路以及其他基础设施；考古场地、历史特色和其他特殊事项。法案要求每一个州将他们的清单送交华盛顿哥伦比亚特区，以便将这些信息整合作为联邦规划的基础。这个法案没有能够在国会得到通过。20 世纪 70—80 年代，也出现了一些试图为联邦规划创造资源的类似法案，一直未能获得成功。

另外还有其他一些类似的基本办法。无论如何，作为土地所有者的联邦政府，通过不同的补助金计划和联邦授权等，拥有重要的，有时甚至是更为直接的规划影响。我们将在下面简要讨论这类情况。

作为土地所有者的联邦政府

根据美国农业部经济研究服务处提供的资料，联邦政府及其机构拥有超过 1/4 国土面积的土地。从而使得联邦政府成为美国的最大土地所有者[1]，因此，怎么高估联邦政府在美国土地使用中角色的重要性都是不为过的。

全美超过 1/8 土地掌握在国家土地管理局（BLM）或者美国森林服务处手中。国家土地管理局是美国内政部的下属机构，管理了 2.64 亿英亩土地，主要位于西部 12 个州，这些土地包括一望无际的沙漠、高原沙漠灌木，也有冰雪覆盖的高山及海岸地区，以及其他适合人类户外活动的地区；国家土地管理局管辖的更大部分土地是分布在全美各地的矿产储藏区，这些资源价值巨大。近年来，人们对这些土地户外休闲功能作用的认识不断得到强化。国家土地管理局的工作也开始

图 3.1　德纳里国家公园，阿拉斯加州

从传统的租赁放牧、采矿、伐木作业权利管理转向更为广阔的管理领域。

国家土地管理局对土地管理的决策受到多部法律的指导，其中最重要的是 1976 年颁布的《联邦土地政策和管理法》。这部法律规定了出售公共土地的导则。另外一些土地则由国家公园管理处、国家森林管理处，以及体育垂钓和野外动物局等进行管理。包括美国国家森林管理处、国家公园管理处、联邦建设处、军事设施等部门在内的各类联邦所有土地将对其所在的社区规划产生影响。对于绝大部分这类土地的使用，包括开发、再开发或资源处置等，地方社区几乎没有，或者没有实际意义的发言权。尽管地方政府在这些设施的规划中拥有很少的参与权，他们还是可以通过规定的程序与联邦总务部门进行沟通。这些部门负责采购或者出售办公空间和其他联邦房地产。

联邦补助金

联邦政府对地方社区的最大影响之一是联邦补助金计划。一些计划直接支持地方规划的工作，支付地方部门的专家咨询需求。20 世纪 50—70 年代的 701 条款计划，向地方规划支付的直接费用超过十亿美元。这项法律安排，取得了众多规划研究成果，但也引发许多批评，认为社区编制规划根本不是出于他们的自身需

要，而是简单地为了满足基金项目的要求。这导致了 701 条款在 1981 年的终止。从此之后，很少再有联邦政府支持地方社区规划的项目计划，尽管联邦资金仍然持续地补贴包括住房、交通、再开发、环境治理等在内的上百项特别项目。其中最有价值的或许是设置于 1974 年由美国住房和城市发展部管理的社区开发整体补助款（CDBG）计划。这项计划涉及每年 45 亿美元，为 1600 个社区和州的项目决策进行垫付。这项基金针对中低收入的家庭（更多有关整体补助款项目的情况参见第 7 章）。

联邦授权

联邦政府经常制定州和地方政府必须执行的立法授权。但是，许多这类授权并没有配套实施的资金安排。而这类将支付资金的负担从联邦转向州和地方政府的政策安排越来越多。一项没有配套资金的授权立法安排的例子是 1991 年颁布的《美国残障人法案》，它明确规定那些没有为残障人士提供易于到达和便利性的公共场所违反了公民权利。这就意味着所有建筑必须为那些使用轮椅的人士设置坡道、电梯、较大的洗手间和其他设施，或者为那些视觉和听力障碍和有其他障碍的人士设置相应的设施条件。这项安排使得新建建筑的建设成本急剧上升，也提高了旧建筑改造的成本。尽管这项法律是合理的立法安排，但是联邦政府基本上没有安排基金用于支持财产所有者来实施这类的政策转变，地方政府也没有安排资金设立相应项目用于评估和检查实施情况。1995 年的《未备基金的授权改革法》试图阻止没有准备基金的授权泛滥，但没有获得成功。美国最高法院曾经判决这类未备基金的联邦授权为非法，但是这类状况仍在持续，主要原因是联邦政府通过各州的税收与支出权力控制了各州政府。这样一来，州和地方政府担心会失去联邦政府的青睐。

州和区域规划

正如本章引言指出，州政府拥有从事规划的政府权力。州政府拥有土地使用规划的权力，但也可以启用授权立法，放弃这个权力。大多数州政府遵循联邦不干涉方法的模式，将这类权力授权给地方政府。但是，既然由州政府授权，州政府也可以收回。

州层次上的规划可以采取不同的形式。例如，特拉华州的州规划协调局负责参与协调重要的州、县和地方规划的制订。协调局负责协调州规划机构对重要的土地使用建议，特别是地方政府提呈的评估，管理研究和分析、发布关于土地使用的有关信息，为州有关机构和地方政府提供空间数据和地理信息数据（GIS）分析的相关信息。[2]

缅因州规划局（SPO）是州的一个职能部门。它为缅因州各地方的社区，企业部门和居民提供规划支持、政策制定、项目管理和技术帮助。更进一步，它为主管领导提供开发和实施的政策咨询，通过信息分析咨询来协助立法机关，提供地方和区域的财政和技术支持。缅因州规划局的职能范围包括土地使用规划、土地保护、执行法规的训练和认证、人口与经济、能源、洪泛区管理、海岸计划、社区服务委员会、废弃物管理和循环利用等。

一些州仅承担很少的规划责任，诸如负责针对特定问题和需求的规划，例如俄克拉何马州全域综合交通规划。大平原区的不少州正在急切制订针对未来的用水需求规划。一些州还制订了经济发展规划和自然资源规划等。

另一些州，如密歇根州，并没有设置州规划局或类似机构，而是通过立法来实施、规范土地使用、经济发展、环境政策和其他类似活动。密歇根州规划协会是一个由专业和非专业规划师组成的会员组织，也是全美各州中最大的一个规划组织，通过他们积极的政策分析、协调和院外游说，提供了一般的州规划所需的诸多协调努力。

37

其他一些州与区域机构共享管理责任。纽约州的伊利运河建设以及从缅因州到佐治亚州的阿巴拉契亚山道的设计和开发就是区域规划的典型案例。其他的区域项目计划包括田纳西流域管理局，它是一个成立于1933年的公共合作机构，拥有足够的操作灵活性，提供田纳西流域的各种开发活动。另一项类似的区域项目是1941年建成的哥伦比亚盆地大坝，它利用哥伦比亚河提供灌溉、发电并对太平洋西北地区的洪水进行控制。但是区域规划最好的案例之一，则是没有政府官方介入的区域规划协会（RPA）。该协会成立于1922年，主要针对纽约大都市区、新泽西州与康涅狄格州的部分地区，1929年颁布的标志性规划仍旧指导着该区域的发展。20世纪60年代以及1996年颁布的一些规划法案涉及土地使用、交通系统、开敞空间保护、经济发展与社会问题多个方面。作为一个规划机构，区域规划协会保持着对其理念与有效结果的影响力。

一些组织只是在特定的领域内采用区域规划。五大湖盆地委员会由环五大湖的8个州共同构成。成立委员会的目的在于保护五大湖珍贵的可用淡水资源，进而促进该区域有组织的全面整体发展。这项活动由于国际联合委员会（IJC）的加入而不断壮大。国际联合委员会是美国与加拿大为保护五大湖与圣劳伦斯河共同成立的组织，是1909年美加两国达成的国际边界水域条约的产物。最初成立国际联合委员会主要是为了解决双方关于水资源利用方面的分歧。由于当地码头与娱乐业的商业活动主要依托于往来的商业船舶，受其直接影响，五大湖盆地委员会在涉及湖泊稳定性方面的争端问题时，总会采取积极主动的态度。例如国际联合委员会提议将五大湖的水源引入到大平原区的干旱土地。

尽管许多区域性的机构主要关注环境问题，也有一些机构注重其他规划方面的问题。1965年，阿巴拉契亚规划委员会（现为阿巴拉契亚委员会）成立，旨在解决西弗吉尼亚州与其他12个州部分区域的贫困问题并提升其经济发展水平。在20世纪80年代，这个组织曾经历解散的威胁，但它在1994年制定了全新的战略政策。政策的主要目的在于加强阿巴拉契亚地区的商业吸引力与维持力，加强大众的工作技能培训与道路、水资源及排水系统的创建和改善。这项计划现在仍被作为联邦-州-地方各层级合作规划的典范。

区域规划是解决税收结构不平等问题的一种方式。在许多老旧的城市中，中心区居住的弱势群体仍然是低收入人群，同时承担着高税收压力，急需公共服务。尽管一些区域治理采取明确的手段来减轻这种不平等的现状，但是生活在城市远郊的较富裕人群不愿为与其无关的问题贡献自己占有的资源，因此区域税收项目通常无法能够成功完成。基于税收共享的政策要求，大都市区的政府拿出一定份额的基本税收用以共享。其目的在于尽量减少市政当局之间因税收带来的竞争，鼓励更多的均衡发展项目。税收共享计划减少了政府提供更高价格的公共津贴的资金需求，例如通过减少征税以促进发展。尽管整个区域的财政增加是微乎其微的，但是再分配的政策减少了需要承担更多社会需求的城市中心区与相对富裕的郊区之间的不平等现象。

聚焦明尼苏达州区域税收共享计划

明尼苏达州有着区域规划的历史传统。1967年，州立法机关成立了大都市区议会以协调明尼阿波利斯、圣保罗与邻近7个县的规划与开发。经过几年，议会合并了一些部门，其工作范围涉及交通、运输系统与废物控制等领域。议会的四个基本目标是协调规划与基础设施投入的关系、土地使用与住房问题的合作运营、提升区域的交通系统以及保护重要的生态涵养地与生态资源。议会的主要资金来源于州与联邦的拨款以及使用者上缴的费用。

38

明尼阿波利斯 – 圣保罗大都市区区域规划中最有趣的部分之一，就是1971年《明尼苏达财政差异法》的颁布和持续使用。许多大都市区中，不同的市政当局拥有的可支配税收差距悬殊。财政差异并不是由于不同个体行政管辖权的错误造成，而是更大的开发模式的结果。明尼苏达《财政差异计划》促使区域税收共享方案的实施。这项计划涉及了186个城市，48个学区和60个其他类型的税收机关。从行为社会科学与教育委员会公布的情况来看，"每年七县地区的政府均要计算各自地区的工业、商业财产价值的变化，然后将40%的增加值投入到地区资金'蓄水池'中。每个政府再从这个'蓄水池'中获得资金，得到资金的多少与社区人口呈正相关，与本身的财政能力呈负相关，由人均财产的市场价格决定（如财政能力较弱的大城市会收到更多的拨款）。"[3]这项方案成功地减少了区域内税率不均等现象。在2000年，28%的商业税及工业税均已在管辖范围内共享。[4]

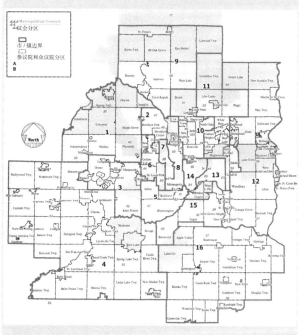

图3.2　明尼苏达大都市区的行政区划

在许多地方，涉及不同州的区域规划似乎不受欢迎，因为地方社区对于自身区域的认同感十分强烈，并希望自己掌握自治权。无论是官方部门还是地方私人机构均不愿向周边的城镇退让或与其共享管理权。他们关心离他们距离较远的大尺度区域规划。地方选举出的官员同样也担心共享治理权会削弱他们的地位与政治权力。这样一来，区域层面规划的效力就会大打折扣，通常是以咨询的方式存在。然而，为了抑制城市无限制的蔓延，国家范围内对于更大区域的规划需求不断增加。而且，区域范围内经济发展的研究方法也为相邻城市呈现了美好的潜在投资与发展蓝图。

政府委员会（COGs）

区域政府委员会是为其成员提供区域规划服务的部门。美国境内39000个社区中有超过35000个社区由政府委员会提供服务。[5]成员包括县、市、村、乡镇、教区、自治市镇、中级学区、社区大学以及公共大学。机构的资金来源于联邦与州的拨款、合约以及成员所缴纳的费用。成员自愿加入，但是需要缴纳政府议会所需费用。

政府委员会通过加强跨越行政边界的计划以支持地方政府的规划方案，例如交通、环境、社区与经济发展、教育、法律实施。第一个区域委员会是在20世纪60年代建立的，该区域委员会是共同达成合作意向的广泛组织，同时为他们的客户社区提供多样的服务与财政管理。区域委员会通常通过圆桌会议的形式解决邻里社区之间的冲突与纠纷。他们从中调解并帮助解决问题，在关注各方利益基础上，当局与地方部门共同作出政策决断。

亚拉巴马区域首席政府委员会（TARCOG）就是政府委员会的一个范例。成立于1968年北亚拉巴马州的亚拉巴马区域首席政府委员会，其成员包括来自五个区域的地方官员。亚拉巴马区域首席政府委员会规划局帮助社区编制总体规划。他们从地方利益出发引导富有远见与战略性的规划研究。议会的"亚拉巴马,你的城镇"计划已经为地方政府提供了大量的项目,包括案例研究以及涉及多方团体问题的解决方案,从而帮助居民更好地为自己社区的规划决议作出判断。

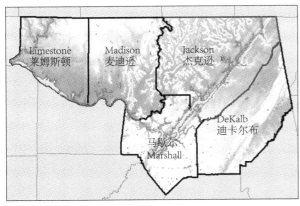

图3.3 亚拉巴马州区域首席政府委员会

大都市区规划组织(MPOs)

1962年,国会通过了批准成立大都市区规划组织(MPOs)的法案,使地方政府部门对于联邦交通运输资金在其管辖范围内的使用拥有了更大的控制权。法案规定人口超过50000人的都市区才可以建立大都市区规划组织。国会设置大都市区规划组织的目的在于确保交通系统的支出建立在持续(continuing)、协调(cooperative)及综合(comprehensive)("3C")

的规划程序之上。如今美国境内已有400多个大都市区规划组织。

通常,一个区域内的政府议会经常广泛地参与到地区的交通规划之中,因而也被当作大都市区规划组织。州域范围内的交通机构有时候也很难完全支持大都市区规划组织提出的交通体系,因为大都市区规划组织认为许多责任与资金均是应由州内机构承担。然而,作为不同的联邦交通法案中的一部分,从1991年《联合运输地面交通效率法(ISTEA)》开始,交通建设资金就已确定由大都市区规划组织进行管理,所以州交通局失去了管辖权,必须要与大都市区规划组织在多方面进行协商。

区域联合政府

一些区域已经尝试建立联合政府,使区域内的城市、县、镇区功能处在统一的管理之中。建立联合政府的区域包括佛罗里达州的迈阿密-戴德县、肯塔基州的路易斯维尔-杰斐逊县;密歇根州的大急流城-肯特县;佛罗里达州的杰克逊维尔-杜瓦尔县;波特兰的俄亥俄州联合政府以及印第安纳州的印第安纳波利斯-马里恩县。

聚焦印第安纳波利斯"联合政府"

1970年印第安纳州的印第安纳波利斯与周边的马里恩县成立了联合的区域政府。以"联合政府"而闻名于世,这是美国最成功的联合政府之一,而且印第安纳波利斯大都市区的政府以及参加联合的市县议会也得到了显著的经济增长与发展。

印第安纳州参议员,同时也是印第安纳波利斯的前任市长理查德·鲁格带领社区的领导与官员共同创造了公共管理的新方法。根据协议,印第安纳波利斯拓展了其边界,将马里恩县全部纳入其中,共同组成了全美第十二大城市。位于众多不同部门下的公共行政与服务部门进行合并，使得办事效率大大提高，同时也方便了公众。重组后的政府单元允许城市保持了原来可能会流失的联邦基金，因为这些城市在组建联合政府是流失了部分城市人口（一些社区选择不加入联合政府，仍然保留自己的市长、委员会以及董事会等，但是必须上交地方税）。

图3.4 印第安纳波利斯市中心

在联合政府的统一管理下，市长既是城市也是县的首席执行官。五个部门：资产评估管理部（物质基础设施）、大都市发展部（法规实施、规划与区划、再开发与历史保护）、公共工程部、公共安全部（警局、消防局、应急管理、动物控制）以及公园与娱乐部都有其自己的主管。学区保持独立，机场与县图书馆的权属保持独立。

由印第安纳波利斯与周边县的政府及商会领导组成的印第安纳合作协会也为联合政府关于区域经济发展提供协助。这种合作提升了大都市区的中心地理位置，而美国与加拿大75%的人口生活在一天（24小时）到达行驶范围的大都市区中。印第安纳波利斯是美国唯一一个有四条州际高速公路横穿或途径的城市，也是全美拥有最多可支付住宅的城市之一。

地方层次上的规划

在大多数社区中，规划工作均是由市议会、规划委员会与规划局共同参与和负责。为了解他们的各自职能，有必要对每个个体在规划过程中参与程度作一简要概述。

市议会

事实上社区内的所有公共政策都要经过市议会的审议。市议会通过立法、管理与财政权力对整个城市职能部门进行领导。

市议会制定政策，其他的机构部门遵守政策。另外，它还要管理地方税收、制定法规和决议、监督执行预算以及管理公共服务，而且还要负责仪式性任务。

市议会由各社区选出的代表组成。在中小城镇中，委员会通常有5—9人构成。议会成员通常没有相关的工作经历，尽管一些在地方政府部门工作的成员会有相关工作经验。因为他们直接对选举他们的选区负责，他们的行为主要基于政策的权宜而非政策的一致性。

市议会成员可以通过选区（地区）或者不分区选出。选举的方式影响了委员会作为一个团体如何行使职能，以及议员个体如何采取行动。在

图3.5 城市议会会议，杉曼密斯，华盛顿州

市政府中，选区推选的委员会成员通常视野较狭窄。相反，不分选区的议会成员代表整个城市，因此有着超越选区的视野。个别社区的委员会由选区选举与不分选区选举的代表共同组成。

通常，行政长官（例如市长、乡镇主管或县长）会主持议会会议，他由普选或由议会成员投票选举产生。有所不同的是，主席则从议会成员中选举产生。城市治理工作可能由"强势市长"或"弱势市长"领导。"强势市长"在管理上具有类似于首席执行官一样的突出地位，常常配有城市经理和职员来为其行政管理职能提供服务。而且"强势市长"有权不经议会同意直接任命或免除相关职务，否决议会通过的法规。而"弱势市长"很大程度上则是一个仪式性的角色，与议会一同行使立法权与执行权。"弱势市长"既没有否决权，也无权要求议会批准任命。"弱势市长"对于小城镇而言是十分常见的。

规划委员会

在 19 世纪末期与 20 世纪初期，许多社区的开发程序受到了来自政府官员的施压。政府头目为迎合私人喜好而定期发出合同邀约，从而增加他们再次当选的机会。规划委员会的出现就是针对这种现象；因其脱离于政治体制之外，他们能减少贪污受贿的现象。

在 20 世纪 40 年代期间，规划委员会握有与制定预算与道路系统规划相关的重要权力。到了50 年代，规划委员会又与许多住房项目计划捆绑在一起。在犹他州的里佛代尔，关于地方规划委员会有这样的描述，"成立地方市民的规划委员会的主要原因在于规划实在太重要了，以至于完全不能将它交给城市行政官员。规划委员会代表的就是政府服务的市民的价值观与愿望。"[6]

规划委员会的成员通常由民选政府机构委派。州可以通过立法来规定委员会的数量与相关条款。大多数委员会是由不同背景的人员所构成的，例如律师、房产中介、机修工人、建筑师、承包商、售货员、社区领导、退休人员以及其他的地方居民。理想情况是他们均来自社区的不同地理位置，代表了不同群体意见。作为法律规定的审议程序的一部分，规划委员会成员以论坛的形式同公众一起讨论。在整个规划过程中，规划委员会主要承担监督员的工作，同时还要反映公众的利益诉求。

然而，在近几十年中，规划委员会的工作效率受到了质疑；与议会成员一样，规划委员会的成员同样也受制于政治压力。在许多情况下，规划委员会的方案当与政府偏好相左时，委员会的想法就会被清除。而且，有批评指出，这种存在于城市议会与规划局官僚体制之外的夹心层是没有必要的。然而，许多社区仍然将规划委员会作为直接反映他们发展诉求的窗口，规划委员会在政策决定中仍然具有不可替代的作用。

在一些社区中，规划委员会掌握了与规划相关的最终决策权；在其他社区，他们则为政府议会或委员会提供建议。在指导或审议规划局工作方向和优先重点时，规划委员会成员的工作是最有效率的，但他们并不深入到微观管理工作中。在一些人眼里，他们也许只是充当一个"调解人"，以加快土地使用方案的变更，研究规划是否能够尽可能的顺利实施，同时必须确保方案质量在技术上达标。在另一些人眼里，他们也许是"改革者"，利用其身份带领城市为达到理想目标而支持某个方案，或阻碍某个不是理想的方案。[7]

规划委员会主要承担以下五个主要职能：

1. 完成法律规定的审议议程。许多州与城市均需要委员会成员审议一定规模或尺度的所有开发项目。作为授权程序的一个部分，规划委员会必须提供无论是批准还是建议的官方审议结果。

2. 审议由规划工作人员制定的技术标准。规划局工作人员提供与准则、条例以及采纳的规划等有关的信息，但规划委员会成员要从社区利益的角度，提出他们对此的定义与解释。

3. 作为规划工作人员、申请者与市民之间的仲裁者。有时候，开发商呈现的一份符合当地标准的开发方案却被相关市民以各种各样的原因反驳。因其符合标准，规划局就负有义务提请批准，而没有任何理由不这样做。但是，规划委员会成员更加关心市民的利益，需要对利益冲突进行仲裁。委员会成员必须认识到，他们否决一个符合所有申请条件的工程，将负有法律偿付责任。但是委员会成员可以选择与申请者讨论项目的方式，以尽可能减小项目对于居民关切的住所方面的影响。这种平息冲突的程序也是规划委员会所有工作的重要一部分。

4. 根据地方政府的实际情况调整审议过程。规划委员会成员应该认识到，规划工作在很大程度上与地方政治情况密不可分。通过积极参与社区生活，委员会成员可以通过私底下的游说来解决利益争端。

5. 评价规划局长。规划局长要对所有规划工作人员的工作负责，规划委员会则需要对审议与评价规划局长负有责任。

规划局

规划局主要为地方官员、被任命的规划委员会成员、相关部门以及居民提供技术领域的建议，以帮助他们更好地了解社区总体规划、区划条例

图3.6 普莱瑟县规划局的信息接待台，塔霍湖城，加利福尼亚州

以及与社区发展相关的其他文件。25000人以上的城市需要配备规划工作人员。小型社区一般只有一到两个规划师。在没有设置规划局时，规划相关的活动均由与之签订契约的私人规划咨询机构承担。如果政府机构需要特别的经验或者法律帮助时，规模较大的规划局也可能雇用咨询机构。

规划局长监管规划局所有成员。规划局长不仅需要协调机构内部工作，还需要有关于规划的广博知识，可以为工作人员委派任务并实现有效的交流。规划工作人员可以是规划方面的通才，或是某一领域的专家，例如场地规划审查、经济发展、地图绘制、拨款准备、数据管理以及规划预测或其他方面。规划工作人员需要与社区领导和居民互动，获取与提供信息、回答问题以及为居民宣讲规划工作。这类工作的结果需要以撰写书面报告和建议的方式呈现。

根据社区自身的优先顺序，规划局涉及非常广泛的活动。一些规划科室有可能属于包含有环境专家、建筑质检员、法规执行人员以及土木工程师等在内的更大规模管理部门的一个部分。在这种情况下，规划局也许会有一个更具包含性的名字，如社区发展与规划局或规划与环境局。

规划工作人员需要承担五个基本职责；这些活动通常需要与其他部门互动完成：

1. 维护或更新总体规划，并与城市规划研究工作相协调。总体规划指导着社区的成长与发展。需要不断引入公文档案，同时需要在一定规则基础上维护与更新。如果使用合理，就可以引导社区截然不同的各方利益朝向同一个方向发展。

2. 为规划委员会提供规划相关建议。规划委员会需要有好的信息来源，以对交给他们审查、推荐、批准的规划和开发方案作出理性的判断。而规划部门的工作人员就是提供这些信息的最合适人选，因为他们了解总体规划的准则评估、法规、政策、目标以及其他对指导新开发项目有帮助的信息。

43

3. 为社区的民选官员和公众提供规划信息。规划工作人员为规划委员会成员、政府议会成员、其他机构以及大众提供信息。这些规划局的文件、档案以及资源应该包括规划文本与政策、相关立法、人口、底图、地理信息系统（GIS）文件与数据库、历史与现今的开发提议以及与社区成长与发展模式相关的其他材料。

4. 编制资产改善计划与预算。社区最重要的文件之一就是资产改善计划，因为它为未来的开发提供财政支持。5—7年的预算首先需要考虑公共资金支出，而社区的私人投资也与公共支出密切相关。社区预算分配可以发挥潜在的杠杆作用，对私人投资总额发挥影响；私人投资是公私合作的一个部分。

5. 促进各部门间的合作协调。规划局在市政府领导下协调开发活动。与选举产生的政府机构相比，规划局承担了视野更广、目光更长远的规划决策监管职能，因为政府机构制定的决策通常只关心选举周期内2—4年任务框架。规划局要促进各部门之间的合作，协调就社区开发决策而言所需要的信息。

地方规划的政治学

规划师需要认识到，理解政治环境中的地方政治和职能是他们工作中必不可少的一个部分。规划师麦文·韦伯曾经这样形容这个职业，"从科学上与技术上来说，没有绝对正确的答案，只有在政治上相对合适的解答。"[8] 对于许多人来说，"政治学"是一个带有鄙视意味的肮脏词汇。这个词的含义很广，但是这里被定义为一种为了获得或维护权利达成共识的过程。在美国，政治事务总是无法避免进行集体决策，包括规划方面的决定。基于这里讨论的目的，根本说来需要建立三条基本原则。第一，在规划与政治领域的相互作用中，所有行动必须合法。第二，政治既不是积极的也不是消极的；它只是达成共识和获得权力的过程。个人如何行使自己的政治权力可能是积极或是消极的，但是这不会使其成为政治，不管它是积极还是消极的。第三，在同一句话中使用"规划"、"政治"与"权力"等这些字眼都没有问题。对于规划过程来说，它们都是重要的，准确地定义它们并发掘它们的内涵十分重要。

图 3.7 村庄政治，保罗·列昂·杰泽特雕刻，1820 年

均衡协调的规划方法

美国社会的一个基石就是对政府工作由来已久的不信任。这种不信任已经成为宪法精髓的一个部分，同时也是独立宣言的指导性原则。土地所有权、转让权以及使用权都是美国立国时同等重要的议题。在这种背景下，规划体系就是要找到保护个人自由与作为集合的整体之间相平衡的办法。之所以要做规划是有多种原因，但最基本的是要平衡不断成长与发展的经济问题（就业、税收基础、经济活力）与社会、环境的相关议题（生活质量、自然资源的保存与保护）。规划的目标就在于通过规划程序使这种平衡达到最优。

图 3.8 规划的平衡

在有限的个人权利下，市民希望通过约束和限制公共利益来保护土地的所有权与使用权。在这种关系下，规划可以被理解为一种检查政治程序是否进行以及它是否真正超出限度的方法，同时也是平衡短期政治决策重点的方式。因为这个原因，研究规划与政治在程序上如何关联、区别和冲突就十分重要了。这两类规划和政治的事务均需要以下几种类型的典型参与者，其中包括：

规划师	银行/金融政策制定者
规划委员会	公共管理者
选举产生的政府官员	律师/法律专业人士
区划上诉委员会	媒体
房地产经纪人	开发商
特殊利益群体	设计师
其他社区	自治委员会
其他地方政府	一般意义上的大众

这些参与者都是相互独立的并只为自己服务，在政治与规划过程中确保工作内容有利于自己，至少不会危害自身。他们掌握的权力也千差万别，而且也不一定会在规划与政治过程中使用。规划师在这个过程中十分重要，但是他们也仅是众多利益群体中的一部分。

当谈及政治与规划的相互作用时，有三个关键的、截然不同的视角会用来解释为什么规划工作充斥着矛盾与冲突的原因：时间表、妥协与公共利益。通常在2—4年的选举周期中，通过选举产生的政府官员需要在短时间内展示出他们的决策已经

政治决策时间范围
（20年内大量的短期决策）

2—4年　2—4年　2—4年　2—4年　2—4年

传统规划决策时间范围
（20年内一系列的长期决策）

10年　　　　　10年

图3.9 规划决策与政治决策期限对比

产生的成果，如果想再次当选，通常要在1—3年中就要完成。但这种短期的时间安排绝不能满足短期决策对社区发展产生影响的长期评判需要。

与短期的政治时间表相对比，传统规划通常是一项明确的长期任务。规划师通常制定未来10、15甚至20年的规划。规划师关心的是影响未来社区长期发展和所有选民的当下决策实施。这就意味着政府制定的短期决策与规划师对于政策影响的长期评价之间的严重脱节。从而产生了规划师与选举产生的政府官员之间的矛盾。这也成为一个社区需要规划的正当理由。

选举产生的政府官员需要妥协。在城市规划界流行这样一则故事：在一次讨论有争议规划方案的听证会后，一位睿智的老资格政治家惩罚了一个年轻的规划师。在一晚的嘈杂声与群众的批评声中，人们偷听到这位政治家说了这样的一句话"绝不、绝不、绝不要把一个政治家冷落一旁。"民选官员在回应社区决策时要求非常灵活，因为他们代表了选民们不同的愿景。他们很少碰到非黑即白的简单的决策议题，他们总是要努力寻找一些合理的中间地带来解决问题。

规划师与选举产生的政府官员都希望服务于公共利益。但问题是：公共利益到底是什么？如何决定？上述提到民选官员倾向于通过选民的回应来作为判定公共利益的基础，通过选民的迅速反馈才能判定他们到底需要什么。然而规划师通常采用一些方法来了解公共意见：公共听证会、讨论组、调查、委员会以及规划项目。带来的结果就是规划师与选举产生的政府官员经常彼此刺激，简单来说，就是产生矛盾。

要做的究竟是什么？民选官员关键要做的就是利用规划程序来扩展他们决策的视野，这一视野包括了所有选民以及对当前决策对于社区结构影响的评价。与之对应的是规划师需要认识到，在试图引导民选官员重视长期规划目标的时候，要为他们提供一系列的规划策略，

45

并给予他们所需要的弹性。实现规划目标的手段不是单一的；仅仅通过政治的程序同样也能实现最终目标。

影响制造者

在许多社区中，最具影响力的人物并不总是那些指定的决策制订者。有些时候，那些最具影响力的人物通常没有官方头衔，但对于公众却具有不可小觑的控制力，社会学家弗洛伊德·亨特（Floyd Hunter）曾描述关于社区决策的真正权力问题。亨特在研究佐治亚州亚特兰大的社会动力时，发现处在社会顶层结构的是个小规模的稳定社会团体。尽管这些团体的决策角色一般不会被公众所知，但那些作出决策的个体，不管是个人或集体，都对社区中已做或未做的事务负有责任。这个具有影响力的团体被认为由重要的企业主、管理人员与企业律师所构成。他们居住在同一片邻里社区，属于相同的社团，在彼此的委员会中讨论，同时非常了解彼此。克拉伦斯·斯通在亚特兰大的研究表明，政治结构的运转在帮助团结企业利益的同时，弱化并分裂了邻里团体。"使亚特兰大管理更加有效的办法不是采用更加正式的政府管理机制，而是加强市政厅与企业核心人员之间的非正式合作。这种非正式合作以及它的运作方式构建了城市的政体，通过这些制度安排，形成了作出重要政策决议的方法。"[9] 其他人的研究也支持这一发现。表象之下的非正式联盟最为关注的是增长与发展问题。

即便这些人的影响可能很广，大城市也可能存在多个影响制造者金字塔结构。每个团体关注的议题会千差万别，但每个团体都拥有一群精选而出的天生政治掮客。

规划程序中的公众角色

公众参与是地方政府决策程序中一个强制组成部分，公共听证会会为地方官员提供信息，以便能够作出公平和非正式的决策。听证会不应该用来劝导公众信服或者单纯证明一个行动的正确。这就意味着在某个议题的决策之前，公众可以对此发表意见。正如最高法院法官路易斯·布莱迪思曾经关于公众法律的评议所述，"因为治理不是一门明确的科学，那些有关规划的弊端和补救方法的公共意见便是最值得重视的方面之一了。"[10]

听证会必须提前广而告之，在采取最终行动 46

图 3.10　宾夕法尼亚州雷丁地方复兴局关于公共听证会的通知，2010 年

之前，必须尽量允许社区有机会向地方官员反映他们的想法。"开放会议"法案中的主体部分规定了公众可以调查政府的工作内容，而政府工作禁止蓄意逃离公众视线。这就意味着政府不能闭门作出决定。为了这些目标，在任何情况下召集公众讨论公共事务均被称为开放会议。也有一些例外，像慈善组织的会议。而且公共组织可以参加闭门的行政会

议，来讨论议题并对之采取行动，例如对于公共安全的威胁、对于岌岌可危的犯罪问题的调查与控告、关于个别公司及相关记录的问题、房地产的买卖问题以及其他被特别允许的话题。从法律上来说，没有经过开放会议程序的地方政府决策是可以被质疑的，而且可能会被法庭推翻，因此谨慎的规划师需要仔细阅读本州的《开放会议法》。传统上公众参与是一个在公开场合召集举办的会议，但是通过使用诸如电子邮件、网络等新技术，也为听取市民意见提供了多种途径。

正如《开放会议法》那样，《信息自由法（FOIA）》允许市民查询政府工作记录与信息，从而加强了政府的透明性。尽管政府机构也许更加习惯他们的行为不是全部向公众开放，但自从殖民时代的共同法律开始就规定了开放政府的义务，而且近几十年有大幅增加的趋势。除非涉及国家安全的内容，联邦政府的所有机构均需要开放工作记录。各州对于开放工作记录的法律也有相似的条款，同时也有免于开放的内容清单。

社区能动性

社区居民最为关心的是与生活质量相关的议题，尤其是可能对居住区产生影响的变化。尽管在决策程序中居民没有直接的日常角色，但他们的参与可以通过两种方式产生效果：在大型开发项目的听证会上表达他们的观点，以及选举尊重他们的意见、回应他们要求的地方政府官员。居民在社区规划决策中，以数量上的绝对优势占有举足轻重的地位。正如简·雅各布斯写道，"有意义的变化不是来自强大的影响力与大量的金钱，而是来自各处众多微小的改变。"[11]

密歇根州大急流城的社会活动家芭芭拉·勒洛夫斯（Barbara Roelofs）对居民如何有效表达自己的观点以及如何在地方政府的政治环境中取得成功都提出了自己的建议。[12] 她说，就社区层面而言，第一要绝对坚信你的观点完全正确，因为

你的信心会影响你的行为，同时会逐步增加自己以及与你交流的人的信心。第二，做足功课；要比你的对手了解得更多。第三，在决策制定过程中保证在场。确保你记录的讨论过程清楚，使用录音设备或笔记均可。第四，学会计算反对者的数量，了解哪些人站在支持提案的一方。第五，提高个人的说服劝说技能，绝对不要被他人的答复、甚至威胁所吓倒。最后，要愿意与地方政府官员交朋友，要在适当的情况下学会妥协。其他的策略包括学会宣传你的优势、为自己的组织阵线配备律师，因为他们最懂得如何在政府决策的困境漩涡中使用策略巧计，这也是政治决策的一个部分。她强调，使用这些策略必须诚实，不诚实的行为会断送你自己。

社区调查

对于社区规划师来说，获取公众消息的最普通和最好的方式就是进行调查。调查可以由居民、商人、地方官员或其他人（包括所有形式的消息反馈者）进行组织管理，以获得更加广泛的看法。调查可以获得有关公众态度和意见的重要信息，尤其是可以获得从其他任何来源都无法获得的原始（未经加工的）信息与数据。这些都有助于制定更加有效的政策。

调查类型。通过邮件调研有一定的优势。因为这种方式不需要调研人员面对面地进行交流，从而会降低成本。邮件调查允许被调研者自己掌控时间。在发给受访者的邮件包中包含有有价值的背景材料，在他们开始完成调查之前，帮助受访者了解相关背景。问题的措辞对于获得准确的信息十分重要。缺点是，相较于其他调研方式，邮件调查的回复率一般说来比较低，使调查陷入无应答偏差之中。

电话调查是传统上探询不同人口类型最有效的民意调查方式。电话调查通常由训练有素的调查者通过拟定的提问大纲进行提问。问题大纲可以针

图 3.11　进行电话调查

们却在形式上更加灵活，可以带有图标甚至声音。网络调查问卷可以很方便地进行更新，或者按照需要进行更改，而且还可以由调查者进行快速修订。调查表明，相较于邮件调查，网络调查收到的回复更加可靠，但是回复率也并不高。[13]

有效调查的基本原则。调查问卷应该在开头位置简明介绍调查的发起者以及实行者的情况，收集到的信息将如何使用，而且要告知被访者他们的有关看法将会得到保密。第一个问题通常是最关键的，因为第一个问题会决定被访者是否愿意继续完成调查。问卷中一个好的问题也许是这样的："你认为社区中是否为您的家人提供了足够的娱乐实施？请选择您的满意程度：——非常满意；——基本满意；——基本不满意；——非常不满意。"

一个有效的调查通常具有以下几个特征：

清晰。避免问题存在双重含义。如果关于娱乐设施的调查问卷中问道，"你是否在社区中发现了令人不愉快的非机动车？——是；——否"，"非机动车"这个词可以指自行车或者摩托车。进行预先调查可以检测问题是否存在歧义。不要提出假设性的问题，例如"如果这样或那样，你会如何……？"这些假设性问题会得到不确定的回答。不要将两个问题混在一起。例如"你会使用城市中的服务设施或者去其他地方进行娱乐消遣吗？"这个问题不能只回答是与否，被访者会两个都回答或一个也不回答。避免使用行业用语或不常见的词汇。避免引导性的提问、冗长的单词、命令式的陈述以及可以回答"不知道"的问题。要设计成询问被访者意见的问题，而不是询问事实的问题。不要问"市中心的公园晚上是否危险？"而是"您认为市中心的公园晚上是否危险？"

简洁。问卷的问题应尽可能简洁明了。例如，"城市中许多人都拥有娱乐性质的交通工具。了解居民的持有情况以及使用情况对于城市来说非常有用。您的家庭中有多少人拥有娱乐性交通工具

对某种特殊类型的被访者；如果被访者符合某类特殊人群定位，调查者可以询问更加深入的问题。拥有大规模电话数量的公司可以进行电脑化采访服务以区别多种群体与组织。然而，随着移动电话逐渐取代固定电话，给居民家里打电话不如原来那么容易打通，被访者的身份信息也会被隐藏。

最有效的获取信息的调查方式就是面对面的交谈。尽管这类调查常常是成本较高且耗费时间，训练有素的面对面访问者通常会挖掘出十分深入的问题，而且访问方式也比邮件与电话更加灵活。如果某个被访群体的反映是明确需要的，则可以组织一次集中于这个团体的面对面的访谈。

网上调研逐步兴起，但是也同样存在着弊端。电子邮件与网络调查通常都是汇集信息最有效的方式，但是它需要硬件和软件的支持，同样，它也需要被访者具有使用电脑的能力。如果你拥有被访群体的电子邮件地址，电子邮件调查很容易开展，成本很低，只需要简单的组织即可。然而针对不同的被访者需要准备不同样式的调查形式。电子邮件调查通常能够在经常回复电子邮件的人群（例如办公室工作人员）中有效实施。而网络调查虽然需要更多的专业知识与经验来开展，他

呢？"最好应简化为"您的家庭中有多少人拥有娱乐性交通工具？"

综合。避免问题存在双重意味。如果不是包含了所有的可能选项，多选题通常会造成迷惑。例如"您什么时间经常使用社区的娱乐设施？春天；夏天；暖季；冷季。"更好的问题应该是"您经常使用社区公园与娱乐设施的季节是？（可以多选）春天；夏天；秋天；冬天。"

练习 2　江城市中心购物者的预调查

江城的商人发现市中心并没有吸引足够的购物者以维持商业区的经济活力。你的任务就是要准备这次调查。

以城市居民为随机样本组织一个有效的中心区购物调查。调查不得超过 8 个问题；根据管理的试点要求，对 8 位假定的江城居民进行预测试，要求以他们的观点来回答问题。答案可以是虚构的，但是要能反映出调查对实际场景是否有效等重要信息。在调查之后，询问测试者：问题内容清晰与否？关于调查询问的信息你还有什么要问的问题？

基于这些反馈，修订调查的内容，准备一个关于调查问题相对有效性的简明报告。

利用互联网的规划与交流

信息是我们社会中最有价值的东西。通过印刷等打印件格式来输入大量不断收集的数据是城市的一个关键瓶颈。在一个普通的城市，成千上万的物件（土地地块、人口、建筑、管道、树木、消防栓等）需要通过无数的术语（物件信息、形状、位置、瞬时变化等）进行描述。许多数据都是纸质记录，这不仅制作过程昂贵、耗费时间，而且很难存放。

将纸质信息转换到电子信息系统，规划师就能获得更快、更高效的信息评估能力。那些能及时收集、分析并综合评价信息的规划师在解决问题方面也会更有优势。电子办公会大大降低任务

难度，然而，它也必须满足规划与城市治理的有用条件。硬件、软件以及连通性必须具备，同时它的费用也必须是低廉的。在线的信息技术必须标准化，以便所有电脑及操作系统都可运用，从而大大增强公共服务效率。管理的程序和协议至关重要，这样使用者易于查询信息，甚至是对电脑知之甚少的居民也容易查到信息。

推广使用网络的一个重要甚至是关键的结果，就是使得社区更加信任政府职能部门的在线资源。许多资源是可用的，更多的社区也会在网站上展示描述性的信息。然而，有许多在网络上提供的信息却不被地方政府与居民所使用。地方政府不愿依赖互联网的一部分原因在于信息格式太多，而且需要一段较长的时间来学习如何使用，因此迫切需要创造一个更加标准、互动关联以及实用友好的交互界面的网络应用程序。

在决策程序中，网络成为激发更广泛的公众参与的重要工具，为公共讨论带去了更多的责任感。在线交流扩大了参与与理解的范围。开放系统应该包括涵盖各种类型图纸的意向展示，用以展示多种选择的影响。数码照片与三维模型会展示实施前后的图景，提供过去历史事件的说明以及未来景象的三维展示。在所有社区都应该实施鼓励使用者学习和提高信息使用能力的项目。

图 3.12　使用互联网进行城市工作

49

总结

所有层面的政府无论是直接还是间接都涉及了社区规划。纵观历史，国家治理的权力首先被赋予州政府，久而久之，州政府将一定的权力和责任进一步给予了联邦与地方两个层级。州政府是土地的主要所有者，拥有法定权力来控制土地的使用。然而，州政府由于过于庞大而无法管理地方规划，又将他们的许多责任分配给了地方政府。

联邦政府在规划方面也有一席之地，因为它是土地的主要所有者之一，对于自然资源、经济发展基金、基础设施建设（如州际高速公路）等工程负有制定广泛的政策和项目的主要责任。在过去，人们经常反对联邦政府试图制订在全美范围内有重要影响力的规划，因为人们会质疑这种努力之下的政治动机。

区域政府，例如联合政府等，包含了多个市、县及市政当局，经常在教育、咨询、协作等方面发挥作用，但它通常很少有制定法律规章的权力。

大多数的社区规划都是在地方政府层面完成的。地方规划的制订与管制（如区划）的职责以立法的形式从州层面转移到地方层面。由选举产生和委任的地方官员所采取的行动为他们的选民所关注，要求对不合适的行动与政策进行核对和检查。

在地方层面，规划的职责通常落实在市政议会、规划委员会以及规划局或规划工作人员之间。市政议会承担提出公众政策，进行领导、管理以及财政权限的工作。社区规划委员会在规划程序中代表公众意见。规划委员会的工作人员或顾问要对所制定的总体规划负责，同时要协调总体规划与地方层面的规划行动。

政治行动在规划工作中也是十分重要的，规划师需要认识到政策制定的影响。公众在规划过程中同样必不可少。通过与社区居民互动方式进而使规划师深刻理解他们所做工作的重要贡献。

公众需要完全参与到规划程序之中。最重要的参与方式就是社区调查。由于网络技术的应用，与选民交流的过程有了许多创新的手段。

50

第二部分
总体规划的要素

第 4 章   总体规划

总体规划综述

规划建设一个优秀，甚至伟大的社区是一个长期的过程，会涉及许多人和组织机构。社区并不是一下子就能建立起来的，如今一些发展良好的城市，过去也可能位于最差的行列中。这些城市的变化得益于一个长期试验、反复修正的持续规划过程。在这一过程中，衰败的区域被拆除或者置换，好的区域被加强，城市进而在物质、社会、经济等层面逐渐步入良性轨道。正如法学教授、房地产研究的权威人士查尔斯·哈尔（Charles Haar）所指出的，总体规划是一种"非永久性的宪法"，应该随着社区的变化不断地进行修正。它既被看作是一个过程，也被看作是一个结果。[1] 从这一角度出发，才能正确认识总体规划的有效性。

总体规划的首要任务是指导土地使用，但是它的具体内容可以扩展到社区生活的许多方面。一个经过适当准备并能够贯彻执行的总体规划，其内容要内在一致，其中的任何一部分都应该是对其他部分的补充和增强。它具有多种作用，包括为城市指明正确的发展方向及合理的发展规模和形式；为地方政府提供日常工作指南，以指导城市发展进程，并被用来检验变革的持久影响。例如，交通部门可以将规划的预期增长作为基础，制订社区交通系统规划；或者，开发商和建造商可以遵循规划的目标，提出具体的建设计划。另外，总体规划也是相关活动的指南，如区划条例、土地细分法规、社区资本改善计划等。最后，总体规划还可以帮助当地居民，更好地理解计划提出的变革，参与到相关进程之中。规划局、规划委员会、市长或政府主管、市议会应该始终以总体规划为指导，并保证规划能得到良好的贯彻实施。

总体规划制定完成后，市议会决定是通过还是只是接受它。一旦获得通过，就意味着这一规划以及相关政策获得法律效力。如果审核结果是接受，则表示这一规划不具有法律约束作用，而仅仅是得到承认，必须判定其内容是否需要其他政策文件加以支持。在许多州，总体规划是进行土地管理的基础，区划条例、历史街区保护条例、基础设施更新计划、城市增长管理计划等，都要

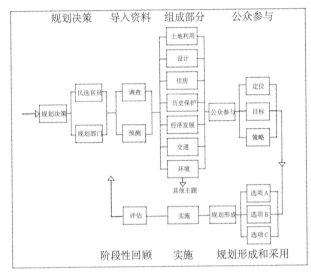

图 4.1   总体规划的编制过程

符合总体规划。就算某个社区的总体规划并不具备土地使用的法律约束作用，法院还是能把它作为判例的依据，因此，其内容同样具有法律含义。

总体规划有多种形式。许多社区的总体规划是一个文件，其中包含描述各种要素的一系列内容。还有一些总体规划包括多个文件，每一个文件详细研究一个专题，如住房、交通等。这种系列专题的方式，意味着规划内容不需要面面俱到、也不需要被全盘接受；只是当需要哪一部分专题时，就对这一部分内容进行单独核准。总体规划也可以进一步包括分区（或者小地区）规划内容；这些地区或者街区位于同一个社区内，用来强调地理的特殊要求。这类分区规划在街区差别较大的大型司法管辖区中具有重要的指导作用。

总体规划编制

编制总体规划往往使用的是传统或理性的规划程序，其具体步骤如图4.1所示。这一程序从决定制订规划开始，到规划实施和评估结束。

制订或修改规划的决定，需要得到社区选举产生的政府官员和规划师的支持。尽管一个总体规划的期限可能是20年，但通常每5到10年会因为预算拨款而需要对规划进行定期更新。总体规划的制订及更新、修改主要由社区规划局或者相关部门负责。社区立法机关应该支持这项工作，并为其提供人力资源、咨询顾问的帮助。

现状分析

在规划未来发展之前，社区必须了解自身的现状情况。要想作出明智的选择，官员需要对社区的优势、劣势有一个清楚的认识，这一般被称之为绘制资产地图（asset mapping）。规划师有责任去完成现存资源和基础设施情况的收集整理工作，以作为后续规划的基础。他们需要绘制出资产的地理分布状况以及未来有潜力的发展区域。其中一些数据，如土壤类型、等高线等一般不会随时间变化而变化，但许多重要的数据，如人口、交通、土地使用等可能会发生显著变化，特别是在社区快速发展的时期。

信息收集有多种渠道。为避免浪费时间，首先要分清哪些数据是必需的。对于这些从各种渠道收集上来的数据，一定要判断它的有效性（data fishing），并提取与规划密切关联的内容。否则，不仅会浪费工作人员的时间，而且可能导致得出不正确的结论。对一些必需的数据，如果不能直接获得，可以用相关信息进行替代。

社区一般需要的数据资料包括人口、就业、住房（类型和数量）和居住用地情况、土地使用和增长情况、交通系统、给水排水设施、学校和图书馆（尽管他们可能属于自治机构）、历史街区以及警察、消防、医院、急救服务等。

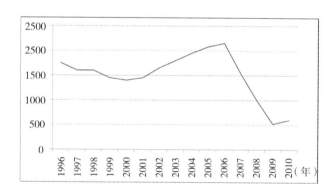

图4.2　获得许可并开工建设的新房量（单位：千套）

那么，如何使用这些数据呢？举一个例子，假设你要对你所在社区销售的房价与全美趋势做一个比较，你可以首先分析一下美国联邦统计局关于全美新房价格和存量的统计数据，然后通过销售顾问的研究报告收集当地的房屋销售数据。除此之外，你还可以咨询当地或者州图书馆、州立机构和大学。需要记住的是，并不是所有数据都是可靠的，所以你要检验其准确性。一个好的判断方法就是看它是否在两个不同的资料中出现过，也就是说只要其中一个不是以另一个为依据，就可以认为它是准确的。确定了数据的可靠性，就可以对国家、州之间的信息进行比较，进而判断你的社区发展是优于、还是劣于国家平均水平。接下来，你就可以采取相应的行动。

最后，当准备进行数据展示时，一定要用便于大众理解的通用格式。将数据转化成图表是很有帮助的。要保证进行比较的数据的单位一致，如果一个数据的时间轴是每两年一格，那么其他数据也要保证同样的时间间隔。

人口统计数据

人口统计数据包括人口的特征和统计。它对于规划师来说十分重要，因为它反映了一个社区的人口增量、减量、密度、分布、流动性、年龄、性别以及其他有用的信息。人口数据分析可以揭示过去一段时间的人口变化，并帮助规划师预测和制订未来的人口发展计划。人口统计数据对于编制总体规划、制定配套政策、进行民意调查以及其他规划相关工作都具有重要作用。尽管人口数据分析基于多种数据形式，但始终遵循四项基本原则。

原则 1：只统计出生人口。人口统计学家通过生育数据来判断人口的相对增长。如果知道了某一年的出生量，就可以准确地判断出 5 年后有多少儿童进入幼儿园（不考虑其他因素，如家庭迁移）。妇女的生育率与其他的统计分类直接相关。

原则 2：某些人拥有更多的孩子。美国长期以来一直存在着家庭规模越来越小的趋势。20—35 岁之间的妇女数量是判断人口增长的最好指标。在战后的 20 世纪 50 年代，平均生育率是每位妇女 3.8 个婴儿，如何为这些年轻家庭提供资源、服务成为棘手的问题。到了 2009 年，平均出生率降为 2.0（不同种族之间的数据不同），

意味着每个家庭的服务需求显著减少。下面这个例子可以说明这一变化和规划政策之间的关系：如果一个社区的人口不断增加，同时家庭规模不断减小，那么对于住房及相关服务的需求将会显著提高，规划就需要考虑采取相应的应对措施。

原则 3：某些人活得更久。在美国，一个重要的人口变化趋势是老年人数量的增加。到 2030 年，65 岁及以上的老年人口比例可能会从 2000 年的 1/8 上升到 1/5。随着婴儿潮一代出生的人到了退休年龄，规划以及相关政策就需要转变重心，考虑如何满足这一庞大特殊阶层人群的需求。他们中许多人需要的是温暖的过冬居所和便捷的医疗服务。其中最年长的部分，也就是 85 岁及以上的人口增长最快。美国的老龄化被称之为"我们这个时代最重要的趋势"。[2]

原则 4：某些人的迁移更加频繁。美国的人口是流动的。居民与他们出生地之间的联系并不像从前那么强。每十年间由于经济、气候、社会类型、交通等因素的变化而导致的人口迁移，以及这些迁移的形式是相关总体规划需要包含的内容。这一内容不仅包括人口的迁入量、迁出量，也包括组群的种类、年龄、社会经济类型。例如，20—35 岁之间的个体最有可能迁移，而 55 岁以上的人则迁移频率相对较低。

过去的两个世纪中，从乡村到城市的人口迁

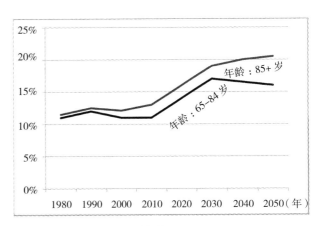

图 4.3 老年人群体的预测增长情况

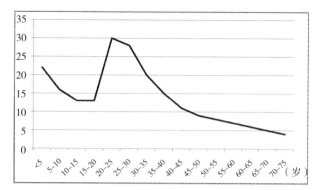

图 4.4 按年龄阶段划分的年人口迁移率，2004—2005 年

移是最独特的人口转换过程之一。在 20 世纪的美国，最显著的人口增长发生在郊区。中心城区大体上保持人口规模不变（尽管不同城市之间区别很大）。非城市地区的人口数量在这个世纪的多数时间都在减少，尤其是在 1960 年以后。

在美国，城市和近郊区人口的总和在持续增

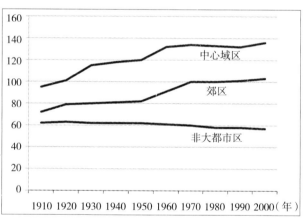

图 4.5 美国的城市人口增长（单位：百万人）

长，1800 年时还不足总人口数的 10%，到 2009 年则超过了 80%。这一城乡人口迁移过程很大程度上是推力和拉力共同作用的结果。由于农业现代化，人力被大型拖拉机、联合收割机以及其他一些能够进行大规模作业的设备所取代，乡村家庭被推出了农场。而拉力体现在城市可以提供的经济发展机会。在这里，工人们会获得更多样化的工作机会，同时还有良好的教育机会、医疗护理条件以及丰富的文化资源。

使用统计数据

按宪法规定，美国商务部下属的人口统计局负责每十年公布一次美国人口和住房的实际情况。在人口普查日，统计局记录人口的数量、居住地点以及相关的住房和经济信息。在同一时间询问每位居民同样的问题，以使数据比较可以相对简单和有效。每次普查询问的问题可能有所不同。例如，某一特定群体基于他们的特殊利益，可能要求增设一些问题。有时，不再切合需要的问题将会被剔除，如每千人的电话数。

统计局每年有超过 80 亿美元的预算用于收集和发布大量的统计数据。地方规划师很少使用所负责社区范围以外的数据，尽管标准大都市统计区的数据已经提供了社区外围大区域的相关信息，而这些信息对于在联合政府（COG，Coalition of Organized Governments）中工作的规划师来说尤其重要。

统计局也会为规划师提供一些其他的有用信息，如商业贸易和服务业、农业、建筑业、金融业、制造业和矿产行业、交通运输业等方面的数据。这些丰富的原始数据可以用来预测地方、区域，乃至全美的发展趋势，为更有效地规划未来提供途径。

十年一度的人口普查是重新划定政治边界的主要工具。以人口信息为依据，州委员会及两党委员会重新确定各自的选举、选民边界以达到平衡国会选区的目的。规划师的工作不能独立于他所在的政治环境，这些变化相应地会对社区的相关决定产生很大影响。有时，选区划分变成一个极具政治性的程序，执政党为获取政治优势，甚至会为一党私利而在边界上弄虚作假，这一程序称为选区划分不公。

普查区。普查区是一种为了便于统计而确定的边界区域，通常包括大约 3000—6000 个特征相似的人。为便于区分，每个普查区都有各自的编号。交通干线或者重要的地理要素，如河流和主要街道，通常会作为片区的边界。对于城乡规划师来说，

57

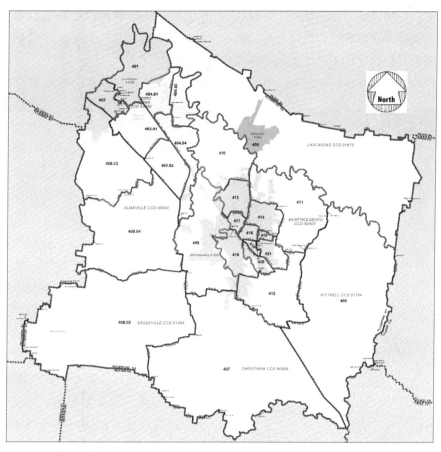

图 4.6　田纳西州拉塞福县的人口普查区

普查区数据是典型的最有用的定量信息。

规划师可以从普查区的人口数据中根据性别、年龄等分类提取出不同组群。例如，如果规划师认为一个新的地方工业会导致超过 9000 人（普查区最大规模），他会提醒地方政府官员去建议将受到影响的普查区分解为两个部分，以便容纳新增人口规模。这一普查区 xx 将会被重新编号为普查区 xx.01 和普查区 xx.02。以某种形式保留原有普查区边界，使我们可以将之后的数据与数十年前的数据进行比较。在一些乡村区域，普查区边界可能就是镇区边界，但如果毗邻的镇区人口稀少，那么其中的两三个镇区会被合并为一个普查区。

公共部门及其工作人员并不是普查区数据的唯一使用者。例如，大多数企业家或者销售公司也会使用这些数据，辅之交通地图、竞争对手企业的位置等信息，来确定大型商场、购物中心等的最佳选址。

拓扑集成地理编码和参照（TIGER topologically integrated geographic encoding and referencing）/线文件（Line files）。这是由统计局开发的一个电子数据库，提供道路、水系、湖泊、法定的或统计的边界等地理信息。TIGER 文件是对全美开放的，并提供了多用途的统一格式。一个 TIGER 数据库包括很多信息，比如经纬度、命名和类型（如路名）、大多数街道的地址以及其他相关信息。最近的版本是 2004 年第 2 版。

数据库的文件并不是地图图像，而是描述地理信息的电子数据。统计局利用这些文件勾勒出数十年来的统计信息，并确保没有数据重复。这些地图、文件和数据也被许多地方政府、机构、部门所使用。尽管数据是公开的，使用者必须使用 GIS 软件来导入拓扑集成地理编码和参照/线文件的信息。

图 4.7　综合了统计局 TIGER 道路文件和地块层面信息的拓扑集成地理编码和参照/线文件范例（来自南加州里奇兰县）

预测

预测对于总体规划具有十分重要的作用。在这一过程中，现状分析非常重要，有助于对情况变化，尤其是对近期发展过程中的变化，作出理性判断。预测可以分为三个时间范围：

· 长期：4 年以上（多数地方决策者的选举周期）；

· 短期：1 年以内；

· 中期：介于长期和短期之间：1 年以上、4 年以下。

最常用的预测方法包括趋势分析、群组预测（cohort survival forecasting）、住房需求预测、小区域预测。

趋势分析。趋势分析是指通过观察历史发展趋势来预测未来的方法。其思路基础是事物的变化率通常会保持相对恒定，至少在新的发展趋势出现之前会如此。例如，人口数量在过去的几十年一直保持着稳定的增长。如图所示，假设未来的增长率不变，运用趋势分析法，我们就可以得出 2020 年的人口预期数量。

然而，趋势分析也有其局限性，因为未来发展并不一定遵循以往的规律。当发生巨大变化时，发展就到达了一个拐点，增长率或变化率会迅速转变。而导致事物偏离既有发展轨道的因素是多种多样的。例如，当一个主要的企业或单位在社区中落户以后，工作岗位和住房需求的数量都会大幅上涨。新科技进步同样会影响增长率。例如，空调的发展，使得阳光地带如亚利桑那州菲尼克斯等地的居民，即使是在炎热季节，也能过上舒适的生活。促使了这一地区的增长率大大超出全美平均水平。

趋势分析使用的是综合数据——整体收集的，而不是被分散成多个部分的数据。这种数据是笼统的，可能难以得出当前发展背后的原因。要想得到更准确的预测结果，需要将数据按要素进行细分。这种把人口信息按不同种类进行划分的非综合性数据，在群组预测中的作用很大。

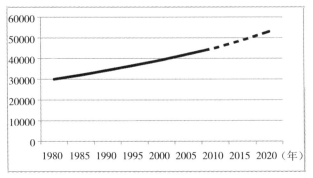

图 4.8　一个假想社区的人口增长趋势分析

群组预测。正如本文所述,人口变化是由出生、死亡、迁入、迁出以及这四个过程共同作用的结果。以群组为单位进行研究,可以判断出哪一个过程对社区人口增长的影响最大。通过将数据按年龄和性别进行细分,群组预测可以对人口变化进行更为详细的分析。同样是大幅增长,在奉子成婚的年轻人与空巢的中年人这两个群体中的意义是截然不同的。因此,社区应该根据不同群体的情况对相关规划进行调整,以提供适应的服务。群组预测方法尤其适用于大型社区。在这些地方,可以很容易得到足够精度的统计数据。而在较小规模的社区,趋势分析法可能更加有效。

住房需求预测。住房建设是总体规划中非常重要的一部分内容。要估测未来的住房需求,只需将每年预计增长的人口数除以每个家庭的平均人口规模。例如,如果未来五年人口的预期增长是 60000 人,每个家庭的平均人口是 3 个,社区需要 20000 个居住单元。如果存量住宅是 19000 个单元,未来五年需要新建 1000 个单元。但这种方法是粗略的,更精确的计算需要考虑存量住宅的损失。另外,还需要考虑所需住房的类型(如是小型公寓还是大型独户住房)、地方居民购买或者租用的能力以及空置率,因为并不是所有住房单元都一直有人居住。

小区域预测(SAF)。小区域预测是一种政策规划模型,用来评价较小区域内政府政策与开发预期以及它们与支出和收入之间的关系。未来的开发与资金的需求不同,政策也就不同。每种情况都要通过相应的预测模型来导出评价方法。这种将未来开发情景和政策生成相结合的过程促进了公共管理人员对规划工作的参与。

图 4.9 所示的模型列举出了很多基于政府政策的开发情景。政策 A 描述的是这样一种情景:地方政府通过提供发展所需的基础设施、精简许可审批程序、保持低廉的开发费用等措施来积极鼓励开发的规模与效率。[3]政策 B 假设社区会保持现有的增长趋势,因而通过以往的情况来预测未来的发展。政策 C 鼓励依托县、区域、州政府制定的相关计划进行对外发展。政策 D 由于认识到了地方对环境保护的强烈意愿,因而限制进一步的发展。

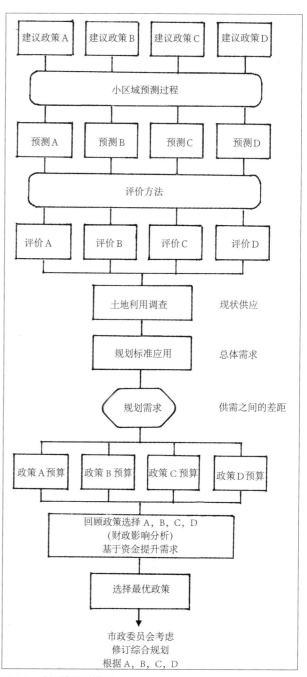

图 4.9 小区域预测模型

变量	经过检验的数据		来源 / 注释
		2009 年	
住宅类型			
联排住宅			
单元数量		57407	2009 年住宅单元
家庭规模（住人单元）		3.27	FIC，12/10/2008
学龄儿童 / 新家庭		0.87	2008 年学校普查
长期空置率		4.8%	表 A-8
长期房产升值（剔除通货膨胀）		2011 年起 0.5%	FIC，7/13/2009
房产价值（新单元）		$ 545186	表 A-10
独立住宅			
单元数量		31328	2009 年住宅单元
家庭规模（住人单元）		2.75	FIC，12/10/2008
学龄儿童 / 新家庭		0.51	2008 年学校普查
长期空置率		5.6%	表 A-8
长期房产升值（剔除通货膨胀）		2011 年起 0.5%	FIC，7/13/2009
房产价值（新单元）		$ 402307	表 A-10

图 4.10　弗吉尼亚州劳登县 2009 年住房预测总结[5]

以上每一种政策都需要使用软件并结合国家、区域的经济现状与预期情况进行分析处理。[4]在电脑模型中输入社区的现状信息以后，模型就会得出四种政策各自的预测结果。同时，针对这四种发展情景会得出相应的评价。将现有的土地使用情况与规划标准中建议的土地规模进行对比，就确定了社区的规划需求。例如，假设规划标准建议每 1000 人要配备 10 英亩的娱乐设施用地，如果政策 A 预测总人口有 8000 人，社区就需要 80 英亩的娱乐设施用地来满足要求。如果社区现有 65 英亩的娱乐设施用地，它要相应地提供剩下的 15 英亩用地。如果当地的未开发土地 / 毛地（undeveloped land）价格是每公顷 20000 美元，社区需要准备出额外的 300000 美元资金预算来购买土地。然而，如果社区选择政策 D，也就是低强度发展或不发展，它就不需要规划出额外的娱乐设施用地。小区域预测使得市议会可以调整现有政策以满足政策评价与预算编制的要求。

按情景预测			
年份	低	中	高
*代表现状数据			
2000*	6134	6134	6134
2001*	4172	4172	4172
2002*	5976	5976	5976
2003*	6657	6657	6657
2004*	6593	6593	6593
2005*	5065	5065	5065
2006*	3061	3061	3061
2007*	2739	2739	2739
2008*	2391	2391	2391
2009	1650	1800	2200
2010	1700	2000	2300
2011	1900	2250	2600
2012	2000	2400	2800
2013	2400	2700	3100
2014	2500	2815	3200
2015	2900	2910	3300
2016	2900	3240	3700
2017	2900	3245	3700
2018	3300	3500	4000
2019	3300	3500	4000
2020	3300	3500	4000
2021	3100	3260	3700
2022	2900	3065	3500
2023	2900	3010	3400
2024	2400	2610	2900
2025	2000	2185	2300

图 4.11　弗吉尼亚州劳登县（Loudon County）住房增长预测的另一种形式，预测结果显示 2018—2020 年将迎来增长的最高点[6]

此类评估依托特别地区相关组织所制定的规划标准。这些标准涉及水资源利用、废水处理、消防及治安、学校、图书馆和其他的基本社区服务。标准还能对购物区中的商业活动类型和规模进行引导。不同的组织会有不同的标准，所以在进行预测时需通过多种来源建立相关模型。

在 2009 年，由弗吉尼亚州劳登县进行的住宅分析与预测是基于一系列获得批准的假定条件。从这些条件出发，劳登县的规划师将住宅规划标准应用于人口增长计划，进而预测满足未来需要的住宅单元数量。这些预测使得当地官员做出了适当的规划决定、满足了县域的增长预期。

统计

基于调查的统计数据可以进行更大规模的人口数量预测。用来进行预测的统计数据在解释不同团体的趋势时可以非常准确。统计方法可以用于不同方法的推测，包括：是/否假设测试（例如，增长控制方法是否会遏制蔓延？）；数学评估（有多少旅客在感恩节周末使用大城市机场？）；对未来预测（在2015年会有多少学生进入当地高中就读？）；数学关联（更多的市区停车位是否会导致更高的零售额？）；或关系模型（多少由东北向西南的移民主要是由于天气、就业，或者其他原因导致？）

统计数据可以用来研究多种现象的成因。方法之一便是考察特定因素（独立变量）对其他因素（从属变量）的影响。例如，在一项关于交通运输的研究中，我们可以对在一条高速公路上增加限制性的高容量车道（HOV）是否会减少拥堵进行评估。独立变量包括高速路在设置限制性车道前后的状况（时期、天气、一周中所设的时间等），这些因素要保持恒定。从属变量，即交通拥堵等级，用来计量自变量所产生的影响。这项分析有助于未来的决策。

高效的数据收集方法：
来自江城的启示

作为江城社区的规划师，你被城市管理委员会委托预测居民所拥有的休闲交通工具的数量。这种类型的交通工具包括自行车、摩托车、沙滩车、雪橇和船。这一信息将同时被河滨镇所用，用来决定需要建立什么类型的娱乐设施，以及使用这些设施的普遍性。城市共有超过2000个居住单元（包括高校地区）。为了收集数据信息，需要10名实习生分别拜访200户居民，如果某户家中无人则须再次拜访。实习生的酬金为一小时10美元，并假设平均拜访每户居民并进行调查所需时间为30分钟，则调研总预算约为10000美元。

规划师需向规划管理者，即规划主管，伯纳姆·丹尼尔申请基金。可是主管认为耗资太大，并提出了"推理统计"的解决方案，既通过一个随机样本推断出最终结果。运用这种方法，一个城镇的人口样本便可代表整体人口情况。通过随机抽取居民列表中的居民，仅调查250户居民便可对整体状况进行评估。这种方法将总预算减少至2500美元，满足了丹尼尔先生的要求。

随机样本调查会准确吗？答案是否定的。但是对于制定一个正确的决策呢？或许足够了。推理统计的误差量级是可以确定的，比如：有95%的可能性将每户居民拥有休闲车数量的预测误差控制在10%以内。所以，通过运用有效的统计学方法，就可以以较低的成本获得充足的信息。

总体规划的内容

总体规划一般由多项内容组成，包括土地使用、交通运输、经济增长以及总体规划编制过程图中所示的其他内容（图4.1）。下面概括介绍总体规划中包含的主要内容，并在之后的章节中详细介绍。[7]

土地使用

社区规划中土地使用是最重要的内容，同

时也是授权的强制性内容。它为其他所有要素提供了基本的地理基础，并明确了这些要素的空间分布。其具体内容包括公共及私人土地的空间位置及其使用强度、土地的自然特征以及规划的市政服务设施如排水、给水、学校和交通运输等的确定。

土地使用分类一般包括：

居住用地	农业用地
商业及办公用地	矿业用地
工业用地	林地
混合用地	空地
公立及私立教育机构用地	地表水域
娱乐设施用地	湿地

规划师通常使用一套标准的颜色系统，在地图上绘制各类土地使用类型。在附录 D 中，将介绍密歇根州伊普西兰蒂土地使用规划中颜色系统的例子。

标准颜色分类系统

低密度住宅用地	黄色
中等密度住宅用地	浅橙色
高密度住宅用地	橙色
商业用地	红色
工业用地	紫色
公共设施用地	蓝色
开敞空间	绿色

设计

设计是将美学因素与规划相结合的过程，强调创造性和创新性的解决方法。它包括对公共领域的仔细规划，进而来完善私人用地部分的开发建设。好的社区设计能将发展与保护和谐地联系起来，从而平衡两者之间的关系。

住房

提供足够的住房是每一个社区的基本需求。总体规划中有关住房的部分对与地方居民来说有着特别的意义，因为它直接影响了每一位居民的生活和财产。住房规划一般包含房屋类型、建设费用和潜在的增长量等信息。社区可以利用现有住房存量数据及人口数据来对未来的住房需求进行预测。例如，关心经济适用房有效性的社区，可以在总体规划中对这一点需求特别给予强调，通过增加相应规定来确保充足的、与就业机会数量水平相当的经济适用房和过渡性住房单元的供应，来满足不同人群的需要。

历史遗产保护

最近几十年，对历史遗产的保护越来越受到重视。国家史迹名录（National Register of Historic Places）认定了具有国家意义的历史建筑。地方社区可以通过建立历史街区对历史资源进行保护。但很多社区即便划定了此类街区，其保护工作也没有纳入他们的总体规划之中。既然历史建筑和历史街区对社区遗产、文化和经济发展极其重要，规划师有责任将规划与保护工作更好地结合起来。

图 4.12　位于佛罗里达州迈尔斯堡的托马斯·爱迪生过冬住宅，已录入国家史迹名录

经济发展

很多社区都将经济增长作为考量未来发展的关键要素。众多经济战略都用来帮助实现地方经济发展目标，但它们大多注重于商业、税收和就业方面。为了实现更高的效率，财政支出应当在最低成本基础上追求最大投资潜力。同时，为取得最好的结果，地方经济发展研究应包含对全州甚至全美的政策和计划的分析。

交通运输

对于任何一个社区的居民生活来说，交通运输系统都是不可分割的一个部分，因为交通运输与土地使用有着紧密联系。规划师应该对道路、停车、公共交通、停车换乘设施、自行车路线、步行可达性以及市政交通系统的环境和美学效应的需求进行评估。由于自行车、步行系统和机场交通的复杂性和重要性，一些总体规划都会针对其制定专项规划内容。

需要特别关注的是交通条件改善对于社区发展的影响，以及它与州、区域和当地交通部门相关工作的协调。大都市区规划组织应能提供其所在区域的长期需求预测。[8]

环境保护

总体规划中的环境保护内容是以仔细的现状调查研究为基础的，并要附上地图文件。其具体内容包含如下自然要素：土壤、地形、水文、湿地、泛滥平原、野生动植物、农田、矿产资源、林地和森林植被、地下水补给区，以及其他被认为有价值的、可以被妥善保护的资源。区域规划委员会是一个不错的信息来源，因为他们已经收集了对当地进行规划分析有用的数据。总体规划中关于环境保护的部分应该指出需要保护的环境脆弱地区，解决由于发展造成的、现在或潜在的问题，并对环境进行评价分析。

其他内容

总体规划也可以包括一些这里并未列出的其他内容。例如，公园和休闲部分可以为今后需要增加的设施需求提供指引。机构用途部分可以包含各类公共建筑，如市政厅、消防站、公共设施车库等。公共服务部分可以对城市开发过程中公共基础设施的投资与收益进行比较。学校规划一直被排除在总体规划之外，因为学校需求比较复杂，而且它被学校董事会控制。在这种情况下，规划师应同董事会进行协调，预测在近期内是否需要扩大学校规模，或者增加学校的数量，进而让学校规划更加高效。

图 4.13　在一处城市化地区出于环境因素考虑而受到保护的湿地

公众参与

公众参与是总体规划程序中一项重要的工作，并且贯穿于整个规划进程的始终。总体规划制定过程中的社区参与与特定项目听证会上的市民声明截然不同。当所在邻里或者业务活动即将受到威胁时，居民往往会积极介入。例如，乡村地区的一项关于建立新采石场的提议会受到很大一部分居民的反对，因为这有可能导致水资源的污染以及地方道路重型货车运输量的增加。但是，针对个别事项的反馈意见通常仅限于短期影响，而总体规划制订过程中的社区参与则具有更长远的意义及作用。公众应该成为制定社区未来发展蓝图工作的全面参与者。大多数州规定，在制定总体规划时需要公众参与。

"公众"一词的内涵可以从多种角度阐释。尽管规划师认为公众参与的人数极为重要，但更关键的是参与者所能代表的不同重要群体。在宣传报道中，大量的参与人数看起来要好看一些，但是多样化的较小团体，却能更加有效地提出有意义的想法建议，尤其是当这一团队从头至尾一直参与规划过程的时候。

除了公众会议，公众参与还有很多途径——直接调查、选择性访问以及为解决单个议题而进行的目标群体专项工作等。重要的是，公众参与并不能局限于规划程序中的某一个时间节点，而是要贯穿于始终。规划师永远都不应忽视相关的公众意见，也不能低估公众提供有用建议的能力，并且永远也不应将公众参与看成是规划的障碍，否则规划结束时的公众反对声，会让几个月的工作前功尽弃。

总体目标和具体目标

总体规划程序中一个的重要环节是确定规划目标。目标是一个社区希望达到未来状态的表述，以及各项工作的行动指南。例如，如果一个社区想要寻求物质层面的增长，它可以采取鼓励扩张

和吞并的政策。相反地，如果一个社区重视维持它的现有规模，它可以提出控制、限制增长的策略。目标位于功能金字塔的顶端，这是自然界中的普遍现象。总体目标由一系列具体目标组成。如果一项总体目标被描述为"为居民提供多种交通方式的选择"，则"为老年居民提供呼叫式公共交通"便是一个具体目标。

公众参与是制定总体目标和具体目标过程中的重要一步。公众参与的过程包括公开讨论中的公众表达、社区构想（Visioning）、专家会议（Charrette）（详见第5章）以及情景模拟分析等方式。同居民开展公开讨论可以帮助规划师了解居民对于社区未来发展的想法。这类讨论要尽量在大多数居民空闲的时间举办，例如晚间或周六。在某些情况下，一些地方专家如果对议题感兴趣，也可以受邀参与并提出自己的观点。

聚焦安多弗总体规划

以下内容摘自马萨诸塞州安多弗市的总体规划，这些内容阐释了如何在总体规划中体现总体目标与具体目标。[9]

土地使用目标：

总体目标1：平衡居住、商业和工业的开发，对于社区居民生活来说至关重要。根据区划法、区划地图和土地细分法提出的要求，城镇土地使用规划应能保证上述用地的均衡增长，同时保证安多弗市居民的健康、安全和福祉。

具体目标：

1.1 检查对城镇的自然及文化资源可能会产生不良后果的潜在的未来开发，尤其要关注到那些尚未开发建设用地的边缘特征，一切能用于保护这些资源的手段都应该纳入现有的管理条例之中。

1.2 检查土地使用之间的现存和潜在的冲

突，诸如住宅供给的多样性与服务设施需求之间，以及目前禁止的土地使用与区划法严格禁止的土地使用之间的冲突。

1.3　重新整理并修订安多弗区划法，进而对其管理条例进行更清晰的定义，同时对前两个目标的实现进行必要的引导与控制。

1.4　使用计算机实时处理建设审批流程和土地使用及区划的信息，从而确保地方和州的土地使用法规得以贯彻实施，还可以对土地使用议题以及提议中的增长控制措施等进行前景分析。

总体目标 2：预期和为安多弗中心区的未来制定规划

具体目标：

2.1　将总体规划中的总体土地使用规划作为安多弗中心区的一项特别研究，研究包括对未来土地使用和区划的检查，并对邻近综合商业区的过渡区划提出可行性建议。这项规划需要建立在公众参与、现状土地使用、交通方式和地理特征等工作基础之上。

2.2　制订中央商务区美化计划，进而促进改善街道、人行道、照明以及其他中央商务区设施。这项计划应该强调这项由私有土地拥有者参与街区改善所提供的开发机会。

战略

实施总体目标与具体目标，需要有战略和专门的方案。一个战略是指何时、何地、如何以及采取何种程度的行动。它也可能细化到包括行动负责人及预算。规划师需要准备制定可操作的重大战略以完成既定目标。例如，对"为老年居民提供呼叫式公共交通"这一具体目标来说，其战略可表述为"购买适宜进行呼叫式服务的公交车，同时制定相应的日常人事安排"。从总体目标到具体目标，再到战

略，每一个层次都是对上一层次目标更多细节的深化，使之从概括变为专门和详尽。

20 世纪 60 年代，SWOT 分析作为一种用来制定策略的工具被广泛使用，它着重于分析一个地区的内在优势、劣势、机遇和挑战。[10] 通过这项技术，允许一个团队从内、外两个方面来评价一个社区的好与坏。优势表现为有助于社区实现其目标的内在条件，劣势则表现为对实现其具体目标的内在不利条件。机遇表现为帮助完成具体目标的外部条件，而挑战则是阻碍其发展的外在因素。这项技术可以用来评价如何利用一个社区的优势和机遇，同时规避其劣势并抵御潜在威胁。在头脑风暴中，SWOT 可以有效地激发团队成员阐发新的观点、战略和政策设想。其中部分可以用来发展和评价候选战略。

规划的编制及审批

社区规划师将完成的总体规划向公众公布，向地方行政部门报告，包括市政议会、规划委员会以及其他受到规划影响的部门，比如地方学校的管理层、公园和娱乐设施管理部门、公共设施管理部门、邻近地区具有法律管辖权的规划委员会，以及区域规划管理部门。在拥有城镇建制的州，通常由选定的委员会进行审批工作。当规划的主要内容获得一致通过，并同意对规划所做的相应修改之后，才能形成相应的决议，进行投票表决，经过上述步骤的社区总体规划才算是被接受采纳。

规划可能会以多种形式出版。最常见的形式是图册，其内容包括规划背景资料、地图和图表、相关政策以及本章提到的一些内容。规划成果应尽量简洁，让公众容易理解。规划成果的在线版本已变得越来越常见，因为不论对于地方官员还是一般群众，上网了解规划都已变得更加便捷。网页中可以提供其他相关文档的热点链接，这保证了规划的核心成果相对简洁，而需要更多信息的人可以继续阅读相关文档。

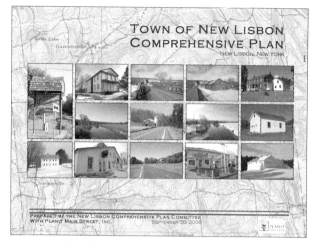

图 4.14 纽约州新里斯本的总体规划

规划的实施

66

尽管总体规划获得通过，并不能保证其内容能够完全得以实现。精心安排的实施计划是总体规划制订程序中的最后关键一步。毕竟，如若不能将规划逐步实施，规划也就毫无价值了。这时需要修改相应的准则和条例，来确保具体的规划行动得以实施，比如修订区划条例及区划地图。重大项目的资金来源，如道路、排水管道和公共设施，也需要与相应的资金管理计划进行协调，以备在必要时确保资金到位。

确保规划得以实施需要有三个基础文件。首先是区划条例，它确定了将被开发建设的街区以及允许的使用功能。其次是地块层次上的土地细分/场地规划法规及其场所控制，专门规定了细分地块的提交、审核和通过程序。其中通常包含了环境影响评估，比如土地腐蚀、地面沉降、暴雨应急管理、开敞空间保护以及重要设施的选点。最后是资金管理计划，它可以按照优先等级对公共部门的开销进行引导，并控制城市发展时序和位置。

总体规划的实施受到众多部门的法令及政策的影响，这些部门的等级均高于地方行政部门，这些法令及政策包括：联邦和州的环境法、税收法、经济援助、未备基金的授权、拨款以及其他相关

因素。规划师和地方行政部门必须时刻了解这些机会和约束。

尽管社区拥有直接影响城镇发展的能力有限，但行政部门和规划师还是能够通过教育及游说间接地构成影响。第一步便是公布并印发规划成果。同时训练城市工作人员去鼓励投资者按照有利于总体规划的方式进行开发建设，而不是对他们设置法规和实施管理限制。这是一种既有效又无成本的策略。最后通过优惠政策来吸引企业和开发商。

聚焦斯科茨代尔"一站式"的规划开发部门

城市政府部门的评估及批准程序比较复杂，这使得总体规划的实施过程缓慢而低效，但还是存在使规划的实施过程更加简单流畅的方法。亚利桑那州斯科茨代尔市为了更好地服务"他们的顾客"，也就是当地居民，做出了一些特别的努力；通过建立"一站式服务"，将与规划及项目开发评估有关的所有部门集中在同一个地点进行办公。无论咨询者想寻求哪种咨询服务，前台工作人员都能高效地引导其前往。这个办公室包含以下内容：

开发服务。它可以为一些常见的土地开发问题提供解答，为总体规划的评估提供支持，收取必要的费用并提供隔夜的规划审查与许可服务。

档案。对所有地图和项目文案进行存档，同时还能提供供水管线、排水管线信息等。

地产服务。处理所有土地买卖问题，包括与使用城市设施有关的停车场、道路等，同时租赁并管理所有市属房屋和建筑。

项目审议。审查所有建设的最终规划设计，并提供相关技术支持。

项目协调。提供区划、土地使用许可、区划仲裁委员会和土地开发审查委员会之间协调

服务。这项工作由一个协调者负责每一个项目的所有阶段。

规划委员会。对项目进行审查，并向规划委员会提供建议。

区划仲裁委员会。收取与所提供的区划法存在分歧的所有申请。

建设咨询委员会。收取同建设准则存在少量分歧的申请。

通过一站式服务，保持了所有项目的常规审议方式，保护了公共利益，但原先冗长的项目在政府内部兜圈的方式被极大地简化，为居民和其他项目方的项目成功提供了更好的帮助。

67 评估和修订

在经过上述这些步骤之后，总体规划已基本完成所有程序，但规划师还需要在接下来的几年中继续回顾并评估所做的规划，从而确认它是否真正达到了预期目的。规划委员会需要定期举行会议来回顾社区中发生的重大变化，并评估其是否符合规划的要求。规划人员应当对这些评估信息进行汇总，进而在适宜的时间进行规划的修订工作。

规划的修订工作应由提出规划最初版本的部门（通常是规划部门）承担。规划人员必须对实施结果进行深入调研，以避免修订工作同本规划或者其他规划中的内容产生冲突。接下来修订草案会送至规划委员会，委员会将会征求公众意见，并将其提出的相关决定或建议送达市议会。只有经过市议会或规划委员会的正式通过，修订才能生效。

分区规划

有时，与社区总体规划相比，街区或邻里需要更深入的研究。这些特殊地段往往存在一些其他地方所不存在的特定问题，因此对这些地区的规划需要更多的分析工作。例如城镇中心区、滨水区和高速公路走廊就需要更加适应其特点的规划。在这种情况下，分区规划（或称作小地区规划）就变得十分必要了。

分区规划应包括概况、现状分析、愿景陈述和关键策略、土地使用评估、交通问题、开发标准以及其他一些总体规划中常见的问题。分区规划还可能包含更多的细节描述——设计准则、特别区划以及交通问题的考虑等。在制订规划时，公众和投资人应该参与进来。由于分区规划是总体规划的延续，它应当有一部分内容用来叙述其与总体规划和社区其他相关规划研究的关系。

练习3 江城分区规划的制订

城市的西北角地区迄今仍处于未开发状态。该地区内的用地就位于诚信学院（Reliance College）的西侧，该区域现为农业用地。市议会希望将其开发为居住和社区商业混合地区。土地产权人愿意针对未来的开发计划进行一项研究。市议会要求你，该市的规划师，制订此地区的分区规划草案。

该规划的初步布局方案应包含以下内容：

· 单人与多人家庭的住房

· 社区商业

· 公共开敞空间和设施

68

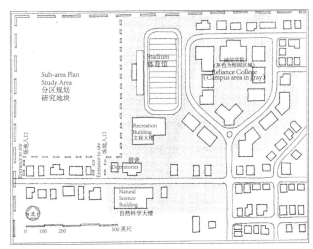

图4.15 江城分区规划的研究地块图

· 多样的交通线路

规划报告需包含以上要素的布局建议，以及一段简短的文字说明（300字左右）。同时要考虑大学校园如何受益于该地区的土地开发。

规划的局限性

规划不能决定一切。地方行政部门需要认识到，总体规划并不一定会立竿见影。但它提供了一个发展框架，并为未来的发展指明了方向。大部分的土地开发活动来自个人，而非地方政府。城市政府可以督促公共部门按照计划日程实施建设，但更需要私人机构的积极配合与回应。

总结

总体规划或综合规划是一个社区对未来发展作出决策的基础，是一个对社区土地使用和开发提供指导的文件。总体规划由特别选定的官员组织制定，这些官员同社区规划委员会和规划部门的成员都有紧密联系。

制订总体规划的第一步是数据的收集和现状条件的汇总，包括现状资源和设施的信息，以此来分析社区的有利和不利条件。运用合理的预测方法可以确定社区未来的发展需求和各个要素的优先程度。总体规划应包含总体目标、具体目标、战略、实施手段和定期的规划评估。总体规划的实施依靠三项基本措施：区划条例，它用来确定土地使用的分区以及各街区所允许的使用功能；土地细分/场地规划法规，它通过细分地块的提交、审核、通过等程序规定，在地块层次上实现场所控制；资金管理计划，它用来确定资金使用的优先等级。

制订总体规划需要投入巨大努力，应该集合社区各个阶层的力量，从政府官员到一般市民和商家，甚至包括与之相邻的受到影响的社区。城市中个别邻里或者街区可能需要制订单独的分区规划。还可以针对交通、娱乐休闲等特殊问题制订专项规划。规划师必须认识到要素之间内在联系的重要性，从而保证规划始终代表整个社区的利益。

第5章　规划师和城市设计的过程

城市设计对于规划师的重要性

尽管很难将优秀的城市设计从优秀的规划中区别开来。但是，一个优秀的城市设计更看重规划解决方案的创造性和创新性。城市设计将美学元素融入规划程序之中。优秀的设计不是来源于幸运或偶然，而是熟悉其特性的专业人员有意识的实践活动。同时，优秀设计设定的前提是，尽管社区具有内在的复杂性，但仍有可能加之以理性的规则和令人愉悦的特性。

对于一些规划师来说，可能很难适应城市设计的程序过程，因为它要求有不同的视角。城市设计努力寻求新的解决方案；一般认为，多数人更习惯于面对已有的问题，而不是解决问题的新的方案。设计曾经被定义为"从目前的现实，到将来的所有可能的最具有想象力的飞跃"。[1]

克里斯多弗·亚历山大（Christopher Alexander），著名的建筑师和城市设计理论家，曾经花费数年时间研究城市设计的模式。在他的著作——《城市设计的新理论》（A New Theory of Urban Design）中，深刻认识到从城市尺度，到邻里，再到单个项目等所有尺度中有机整体性的重要性。他写道，"这种品质并不存在于今天正在建设的城镇之中。确实，目前并不存在这种品质，原因在于没有任何学科试图去积极创造这种品质。城市规划绝对没有尝试过创造整体性，它仅仅专注于实施某些特定的条例。"[2]亚历山大试图说服规划实践者接受这样的观点，即城市设计的责任并不是为了单个项目，而是为了社区的整体。

城市设计在规划师的职业教育中经常被忽视，但是规划师在社区物质空间的创造中担任重要的角色。建筑师和开发商对建筑物的设计负有责任，但是城市规划师负责概念上架构这些建筑物之间以及与周边环境之间的联系。这些都是开发过程必需的。建筑师在社区设计中可能努力争取建筑物的私密性，但是规划师会持反对意见，认为建筑物之间的空间同样重要，因为这些空间是公共领域的一个部分，它包括公共开敞空间和公共使用的私人拥有外部空间。

谁应该放在设计的第一位——开敞空间还是建筑物？在美国，私有地产拥有者在所选土地上建造房屋意味着土地开发程序的启动。这些个别设计的建筑之间通常没有显著的互动联系（所谓的空降建筑），也就是说，某一座建筑物"空降"在邻近基址后，接下来建造的建筑仅仅是与它毗邻而已。每一栋建筑都被看作是独立的项目，没有与它们周围环境的任何呼应。

强调公共领域的城市设计优先，是对城市环境更高要求的结果。公共领域不应该被认为是城市的边角剩余空间，而应该看作是集中社区生活模式的特别空间。从这个角度出发，公共领域应该首先被设计，并作为划定私有建筑合理布置的依据和限制。在兰德尔·阿伦特（Randall Arendt）的著作《乡村设计：小城镇特色的延续》（**Rural** by Design: Maintaining Small Town Character）中，他提倡保留相互联系的开敞和自然空间；绿色基础设施系统应当能够通过设计让开发地块易于融入其间。[3] 规划师不应该耗尽精力去处理建筑师和开发商遗弃的空间。规划师应该通过启动公用领域的设计，来引领整个过程。

历史的视角

回首历史能够帮助规划师更好地理解和认识自己在公共领域的开发和设计中承担的角色。以下依次讨论的三个关键性开发项目，就是有关的案例。伊利诺伊州的里弗赛德是最早进行整体设计的社区之一。作为一个新的郊区城镇，它的布局展示了社区规划设计的重要元素。几十年之后，城市美化运动几乎主导了它的全部设计理念。在 20 世纪 80 年代，新城市主义继承了城市设计的传统，强调步行友好、多样化和可持续发展的重要性。

伊利诺伊州的里弗赛德

伊利诺伊州的里弗赛德是美国城镇规划史上的一个里程碑。它是由负责了美国众多公园和城市规划工作的设计师弗雷德里克·劳·奥姆斯特德（见第 2 章）于 1869 年设计的。里弗赛德的美丽图景很大程度上归功于它的优美自然景色和生态环境。

1863 年，芝加哥、伯灵顿和昆西之间的铁路延伸了到芝加哥城外的一个区域。五年后，一个东方商人聚集一群伙伴组成了里弗赛德改进协会（Riverside Improvement Association）。这个机构决定充分利用铁路的现状条件，在铁路线与德斯普兰斯河的交叉处购买了一处极具吸引力的 1600 英亩土地。他们又雇用了奥姆斯特德为他们的新城市进行规划设计。他们的目标是发展"完美的环境，完美的村庄"。[4] 树林和河流赋予了城镇基址的舒

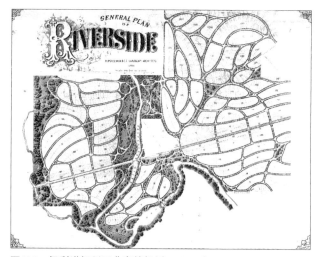

图 5.1　伊利诺伊州里弗赛德规划，1869 年

适环境，铁路带来了与蓬勃发展的芝加哥市中心之间的便利交通联系。

奥姆斯特德为这个新城镇所做的方案与场地周边的自然环境完美协调，创造了优美的曲线形街道和绿树成荫的开敞空间。这个规划方案包括了由多个大公园、41 个小公园和众多广场组成的大型公园体系，贯穿整个社区空间。它保存了洪泛区、河堤和两个开放地区地带的高地，使得风景地带对所有居民保持良好的可达性。煤气灯照亮了弯曲的街道，缓和了道路的弯曲程度。作为公共空间的街道和作为私人空间的住宅形成了公共领域和私人领域之间的过渡地带，创造了优美的设计感。

和其他未经规划的城镇不同，里弗赛德融合了最佳的郊区居住条件和良好的城市便利性。赖特、路易斯·沙利文和威廉·勒巴伦·詹尼，以及其他著名建筑师设计的房屋至今仍矗立在这个小镇上。建于 1895 年的引人注目的罗曼式城镇大厅和 1901 年落成的魅力无限的伯林顿大理石火车站，使城镇熠熠生辉。里弗赛德在 1970 年被提名为国家历史地标（national historical landmark），创造了一个非常理想的住宅社区，至今仍是美国最优秀的社区规划案例之一。

芝加哥和城市美化运动

在 19 世纪，大多数美国城市是十分肮脏、拥挤、污染严重和不健康的。它们是早期工业时代的产物，工厂的建设很少考虑对环境卫生质量的影响。它们自负、肮脏的特点在卡尔·桑德堡[*]著名的诗篇《芝加哥》中体现得淋漓尽致。

芝加哥
作者：卡尔·桑德堡

世界的屠夫，
工具匠，小麦商，
铁路的运动家，民族的运输工
暴躁，魁梧，喧闹，
宽肩膀的城：
人家告诉我，你太卑劣，这我相信，我看到你的女人
　涂脂抹粉在煤气灯下勾引乡下小伙子。
人家告诉我，你太邪恶，我回答：是的，的确
　我见到凶手杀人逍遥法外，又去行凶。
人家告诉我你太残忍，我同意：在妇女和孩子的
　脸上我见到饥饿肆虐的印痕。
我这样回答过后，转过身，用嘲笑回敬那些嘲笑
　我的城市的人，我说：
好吧，给我看有哪个城市，也这样高昂起头，骄傲
　地歌唱，如此活泼，粗犷，强壮而机灵。
他把工作堆叠起来，抛出带磁性的咒骂，在那
　些矮小屏弱的城市中间，他是一个高大勇猛

的拳击手，
凶狠如一只狗，舔着舌头，准备进攻，机敏有如
跟莽原搏斗的野蛮人；
　光着头，
　挥着锹，
　毁灭，
　计划，
　建造，破坏，再建造，
在浓烟下，满嘴的灰，露出白牙大笑。
在命运可怕的重负下，像个青年人一样大笑。
大笑，像个从未输过一回合的愚鲁的斗士
自夸，大笑，他腕下脉搏在跳，肋骨下人民的心
　在跳，大笑！
笑出年轻人的暴躁，魁伟，喧闹的笑，赤着上身，
　汗流浃背，他骄傲，因为他是屠夫，工具匠，
小麦商，铁路上的运动家，民族的运输工。

芝加哥已经成为美国第二大城市（正如它的绰号，"第二城"）。但是它的发展是以贸易和工业生产为基础的。居民希望芝加哥成为一个与纽约一样的、文化底蕴丰厚的多样化城市。所以芝加

图 5.2　哥伦布世界博览会，芝加哥，1893 年

---

* Carl Sandburg（1878—1967 年），美国诗人、历史学家、小说家、民俗学者。——译者注

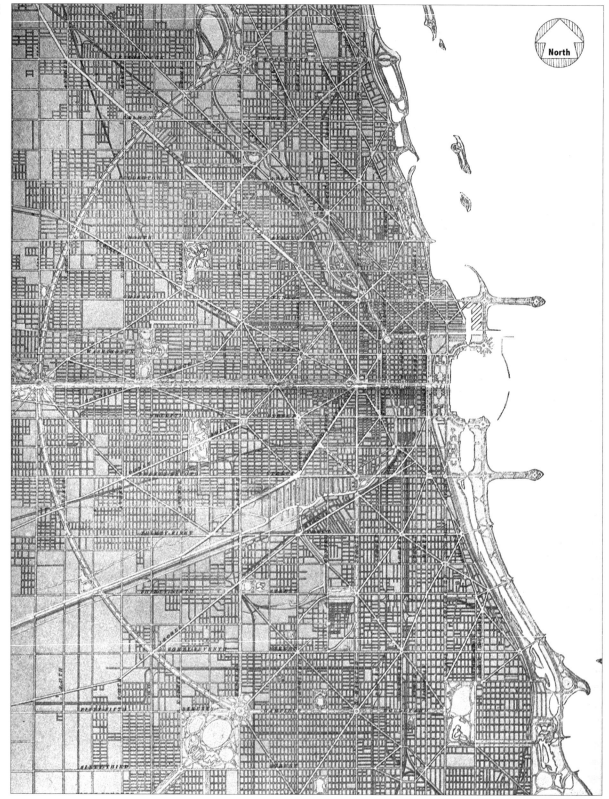

图 5.3 丹尼尔·伯纳姆的芝加哥规划，1909 年

哥决定在 1893 年举办国际博览会，以此来庆祝哥伦布抵达新世界 400 周年的纪念日。尽管拥有很多新技术，但这次展会的目的并不是单纯展示这些新奇的科技，而是要呈现一幕从没有在世界任何地方出现过的壮丽的城市图景。丹尼尔·伯纳姆，杰出的建筑师和规划师，领导了一个由十位经过筛选的设计师组成的团队。这一团队共同完成了设计方案。他们坚信，古典主义建筑风格是理想文化的最佳代表。结果是形成了一个被称之为"白色城市"的城市景象，震撼了每一位到访博览会的游客。

博览会的影响是深远的。它的建筑形式启发了市政官员们，在全美范围内掀起了以相似的模式进行城市重建的热潮。在圣路易斯和辛辛那提、底特律，甚至在纽约，城市美化运动的思潮说服了各地的地方领导积极进行宏伟的公共建筑、空间和林荫道的建设。地方领导确信城市美化能够弥补城市的许多不足，良好的城市设计能够确立城市的卓越形象。正如规划师彼得·霍尔（Peter Hall）所说，"城市美化运动反映了一种蓄意的、有意识的尝试，试图将强烈的形式主义的城市重建强加给美国的大城市，就像奥斯曼曾经在巴黎所做的一样。"[5]

城市美化运动不仅仅获得了地方政府的支持，同时也取得了地方商业组织的认可。他们是当时城市开发活动中有权势、有影响的人。商业领袖们相信城市美化能够吸引更多的城市访客，这将对商业大有裨益。伯纳姆为这种信念奔走呼吁，向雇用他的城市商业俱乐部兜售他十分大胆的 1909 年《芝加哥规划》。他写道，"没有人曾经统计过芝加哥创造了多少金钱，又花费在何处，但这必定是一个巨大的数字。如果这些金钱投资于这里，对我们家乡零售业务会有多大的效果？如果在密西西比河及其以西居住的、经济独立的居民，因为芝加哥美丽的城镇环境而移居到芝加哥，那对我们城市的繁荣会有什么样的效果？"[6]

1909 年的芝加哥规划，是城市美化运动最重要、最雄心勃勃的计划之一，融入了那个时代最为关键的城市规划原则。它是一个囊括了城市绝大部分地区的综合规划。它充分考虑了城市的未来发展，以宽阔的林荫大道以及关键节点上的高架桥构成完善的交通系统。它同时呼吁改善芝加哥的滨水区域、公园系统和野生动物保护区，如今这些地区中的大部分仍然是城市重要的景观区域。伯纳姆的规划方案是一个杰作，被认为是"城市美化运动最为重要的成果"。[7]正如伯纳姆的一段著名论述，"不要编小规划，小规划没有让人们热血沸腾的魔力，并且很有可能不会被实施。要编大规划。"[8]

芝加哥规划展现了城市设计的良好影响以及城市美观与商业之间的联系。它说明了城市应该经过规划，而且应该有专业的规划师进行规划。对于城市规划这一新兴职业来说，这一成就的重要性无论怎样强调都不过分，但更重要的是，规划的地位得到了转变；在此之前，规划从没有得到过城市的官方认可，而一直被公职人员看作是私人部门的产品。[9]

对于规划来说，城市美化运动的内在问题在于它没有触及城市的深层次矛盾，例如贫穷、移民压力、恶劣的居住条件以及过度拥挤等。它关注的是重点区位公共空间的设计，而忽视了隐藏在街道背后的问题。更糟糕的是，城市美化运动花销巨大，代价昂贵。大量的资金被投入到公共艺术博物馆、会议厅和公园等处，这些地方如今也是城市最具有吸引力的场所。然而这些公共项目的建设常常使得留给日常性项目的经费少得可怜。这是一场以视觉体验为主的运动，但是视觉体验掩盖了现实；狂热过后，它也就注定淡出了人们的视野。到 1915 年，城市美化运动已经差不多走完了它的全部历程。

新城市主义

在 20 世纪 80 年代,一项新的运动再次赋予作为社区规划主要工具的物质空间设计以十分重要的意义。这一被称为新城市主义的运动由数位美国建筑师和规划师发起,其中的核心人物是一对夫妻,杜安伊·普拉特－齐贝克(DPZ)规划设计公司的安德烈斯·杜安伊与伊丽莎白·普拉特－齐贝克夫妇。并非巧合的是,新城市主义运动所追随的"新传统"规划理念正是源于 20 世纪 70 年代开始的环境保护和历史遗产保护运动的思想,它们都是对于城市快速增长过程中缺少规划指导这一问题做出的回应。

杜安伊和普拉特－齐贝克以南方小镇的研究作为开端。他们细致研究了老街区的特点,分析了它们富有吸引力的原因,并基于这些分析创造出在"新城市"建设项目中融合传统规划原则的方法。他们指出,规划师"必须回归到最初的原则,根据传统基本原理进行全新的城镇布局。从

规划一开始就认真考虑商店、公园和学校的位置,考虑适合散步的街道空间,避免形式的单调无序、考虑风格的和谐统一。"[10]

在他们为佛罗里达州的锡赛德所做的规划中,杜安伊和普拉特－齐贝克第一次展示了他们的设计思想。设计之初他们就提出了激进的理念,认为锡赛德应该设计为低层的传统街区,而不是采用佛罗里达海岸线开发中那种典型的高层公寓模式。他们将最好的滨水区域设计成为公共活动空间、共享沙滩别墅和公共观景台。在这个规划方案中,数条从市中心向外辐射的街道划分出不同的社区。这些社区的特点各不相同,但都通过适宜步行的街道和小巷加以连接。锡赛德的房屋建设要遵循严格的设计标准,一部模式章程规定了前廊、屋脊线、屋顶平台、细部和颜色等的相关要求。然而在这一标准下,地产所有者可以自由选择个性设计,从而获得了多样性的统一。

在锡赛德,城市模式的概念成为一种可行的社区设计方法,这也被克里斯多弗·亚历山大和

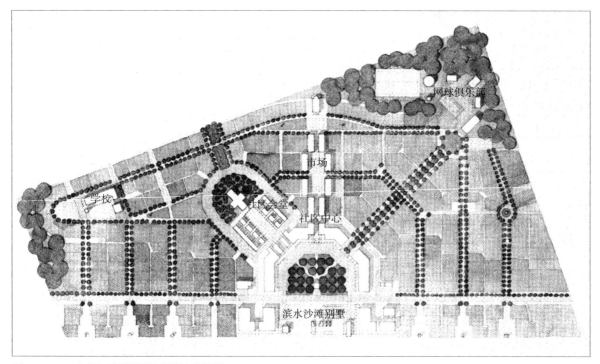

图 5.4　1979 年制订的佛罗里达州锡赛德规划

珍妮·奎林（Jenny Quillien）所认可。在关于杜安伊所做项目的评论中他们写道，"设计的比例尺度是令人愉悦的，这位建筑师也同样十分出色（他宁愿称呼他自己为规划师），他将其设计思想贯彻到数千栋建筑之中，这是十分值得骄傲的。不需要逐栋设计，也没有过度关注建筑本体，他设法实现了对大规模的建筑群体施加影响，实现了建筑群内部的和谐、宜人尺度和舒适，以及精心控制的模式，所有这一切都是令人惊讶的成就。"[11]

在这之后，掀起了一场影响巨大的新城市主义规划运动。1991 年，加利福尼亚州萨克拉门托的地方政府委员会所属的一个私人非营利组织邀请了包括彼得·卡茨（Peter Katz）、安德烈斯·杜安伊、伊丽莎白·普拉特 – 齐贝克、彼得·卡尔索普（Peter Calthorpe）、伊丽莎白·莫勒、斯特凡诺·波利佐伊迪斯（Stefanos Polyzoldes），以及丹尼尔·所罗门（Daniel Solomon）在内的设计团队，来制定一套社区土地使用规划的原则。设计团队将其命名为"阿瓦尼原则"（Ahwahnee Principles），以他们见面的地点约塞米蒂国家公园的阿瓦尼宾馆来命名，并陈述了一系列主张，以用来缓解在他们看来是由不当规划引发的问题（原则介绍详见第 9 章）。

然而，新城市主义也有其批评者，一位《建筑师》杂志的作者是其中的代表。他指出，并不是所有美国人都会喜欢这种生活方式："像之前的现代主义者一样，新城市主义者们相信他们可以通过设计改变人们的行为习惯。那种依赖小汽车的郊区发展模式在二战后曾被认为是美国梦的实现方式，而对他们而言，这种发展模式却是造成社会疏远、浪费、隔离的根源。新城市主义者认为，还给美国人一个传统的社区生活，人们彼此间就将会邻里相亲。为拥有双份收入、两辆车辆的家庭提供一个由小街道、人行道和街头店铺组成的步行系统，他们就将摆脱汽车的约束。为郊区居民提供从公寓到连栋住宅、再到独栋住宅等多样化住房的形式，就将会有多样化的人群入住。给拥有住房者提供前院走廊，他们就将摆脱电视、空调和网络，促进彼此的交流。"[12] 尽管存在反对意见，新城市主义还是为规划的发展贡献了诸多良策，它的拥护者都支持将城市设计作为社区规划中的一个重要因素。

城市设计的关键原则

宜人物质空间环境的创造，最终源于经过良好的社区设计训练和富有经验的专业人士之手。公共管理部门的角色是为优秀的设计制订规则。加以正确的鼓励引导，私人部门就会遵守这些规则。公共领域的高质量设计使得社区建设具有前瞻性，而不是被动性，同时创造了宜人环境。优秀的社区设计，促成了发展和保护之间的平衡，是两者的和谐共存。每一个社区规划设计师都应该为达到这一目标而不懈努力。

城市设计应该被看作一个持续时间远长于建筑或景观设计的过程。这两个与它相关的学科是以项目为导向的，而城市设计是以社区为导向的，并且受制于相关工作过程的内在复杂性。一个社区设计项目可能要花上 10—15 年时间才能完全实现，而非 1—3 年。而且这个过程包含了各种各样的内容，如土地使用、交通运输和社会经济目标等。

通过剖析实践中应用城市设计关键原则的三种不同尺度，我们可以很容易地理解并掌握它们的含义。这三种尺度是城市尺度、街区或邻里尺度以及单体建筑尺度。在城市尺度上，城市设计十分看重设计元素对于整个社区的重要性。在街区或邻里尺度上，相关元素更强调地方化的个性特色。在单体建筑尺度上，城市设计主要关注于特定建筑物或构筑物与街道之间及它们彼此之间的相互关系。

城市尺度的设计

城市尺度的设计，关注对整个社区影响重大的相关元素。城市从聚集中获益。优秀的城市设

图 5.5　昆西市场，波士顿

计鼓励紧凑的形式，因为它能够促进交流互动，同时也鼓励设立私人领域和公共领域的过渡区域。例如，私人酒店可以在温暖的季节将它们的座椅延伸到公共的人行街道上，还有高层办公建筑可以在临街一层设置集各种零售、服务和静态休闲空间于一体的公共前厅门廊。当各种日常功能之间的距离被缩短时，自行车就可以成为比机动车更适用的交通工具，步行也能够作为人们所接受的出行方式。

公共空间内如果设有供人们白天和夜间不同时段使用的活动节点，就更能够激发城市的活力。充满活力的城市公共空间，使居民得以以平等市民的身份相互接触，任何人都可以以他们自己的方式进行交流。这是构建社区意识和社会资本的一个重要元素。例如，波士顿的昆西市场就是一个充满活力的城市公共空间。从各个方向涌来的波士顿居民享受着市场中的欢乐氛围，市场中有零售商店、饭店、办公楼和可供走动、坐立、停留的大广场。设计良好的社区空间应该使建筑物彼此相近、相互成组，以形成城市尺度的"室外空间"的围墙。常见情况是，城市经常错误地允许新建筑孤零零地矗立在广阔的停车场边上，与周边建设彼此分离，但是房地产价格最高的建筑往往位于紧凑的开敞空间之中。

图 5.6　芝加哥千禧公园的王冠喷泉（Crown Fountain）

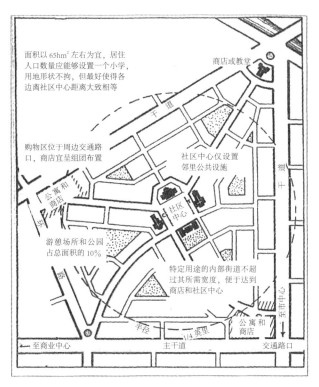

图 5.7　克拉伦斯·佩里的邻里单位概念，1929 年

致力于研究纽约居民如何使用室外空间的城市研究员威廉·"霍利"·怀特（William "Holly" Whyte）发现，公共领域的大多数空间没有被充分利用，即使在像曼哈顿那样高密度的城市环境中也是如此。他将"过度拥挤的城市"看作是神秘事物。他强调街道和步行街道是社会交往的关键场所。行人不会选择独处，人们最喜欢的空间就是那种最经常被利用的空间。他写道："街道——特别是城市中心的街道——是人类最伟大的文化遗产之一。它是城市生活之河，给予城市连续性和关联性，诠释了城市的比例尺度。但是街道正在面临着侵蚀……人民倾向于坐在有位置可坐的地方，但是与坐下的位置同样重要的是，你从那里会看到什么；最优越的位置应该是能够看到主要演出的街道的广阔视野……良好的城市空间元素是基础，注意一下它们中有多少自然元素是很有意思的——可观赏的人群、天空洒下的阳光、站在其下的树木、飞溅的水花和水流声。对人们来说，自然环境在任何地方都没有像在城市里这般重要。"[13]

欧洲为我们提供了很多著名的公共空间案例，但是在美国的城市同样也有引人注目的典型案例：洛杉矶的联合广场、西雅图的先锋广场、波士顿公园等。芝加哥的千禧公园是激动人心的城市空间的代表；为了与公众互动，公园设置了一个特色空间，将水从50英尺高的人脸图像的嘴部喷射出来，这些预先设定好的图像从1000张不同的图像中循环播放，每一张都来自芝加哥的市民。

社区尺度的设计

城市尺度上的设计是创造成功的城市环境的基础，社区尺度上的设计同样也很重要，虽然两者有着不同重点和特点，有两个主要的物质空间特征可以帮助建立场所感——可识别的中心和清晰的边界。当人们进入一个可识别区域的时候，他们应该会有所察觉；每一个地区和邻里空间都应该有可以理解的范围。

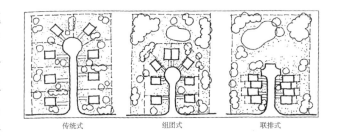

图 5.8　传统式、组群式、联排式别墅设计的比较

1929年，克拉伦斯·佩里（Clarence Perry）基于对"邻里单位"理想的物质空间尺度和土地使用关系构想，提出了一个规划方案，他将其定义为一个半径接近1/2英里的居住区，周围被主要街道所环绕，在道路交叉口设置商业用地。[14]他的理想社区以小学和社区中心为核心。以学校作为社区生活中心的思想，在20世纪60年代得到了更广泛的支持，并在马里兰州哥伦比亚的新城规划中得到了充分的体现（详见第2章）。

土地使用和建筑形态的多样性对邻里社区的建设多有裨益。商业区可以从居住区、开敞空间受益；居住区可以从商业区、特别是社区商业中受益。包含了自用和出租的住宅市场，有助于确保居民成分的多样性。同城市尺度上的设计一样，邻里社区应该将最好的土地预留为公共用途，特别是作为公园、广场、静态和动态的娱乐空间等。

在邻里社区尺度上，规划师必须有意识地创造适宜步行的环境；步行友好有助于社区感的提升。正如两位加拿大规划师所述："难道现在不正是一个建造方便儿童使用城市的时代吗？……证明山间溪水清洁度的常用方法就是看水里面是否有鲑鱼的出没。如果你发现了鲑鱼，就说明这里的生态环境是健康的。城市里的儿童具有类似的作用。他们是一种指示器。如果我们能够为儿童建造一个满意的城市，我们就能为所有人建造满意的城市。"[15]

居住区的布局应该遵循好的设计的原则。理想状态下，每一个地块都应该使场地所需的基础设施如街道、公用设施管线数量最小化。在实用性上，设计布局要设法使临街面最短，以达到减小街道长度、进而减少相应的街道建设费用的目的。出于对经济、环境作用的考虑，街道应该是双界面的，两侧都有临街建筑。

如果按照族群式布置住房单元，可以以更少的开支获得更多的公共开敞空间。在一个传统的空间布局中，通常是85%的用地为住宅，15%的用地为道路。相比之下，在一个典型的族群式设计中，50%的用地为公共开敞空间，40%的用地为住宅，10%的用地为道路。联排式住宅开发模式则更为高效，其中65%的用地可以用于公共开敞空间，25%的用地为住宅，10%的用地为街道。

在一个新开发项目中，街道设计需要得到特别的关注。交通量不应该仅仅集中到一条主干道上，这会导致交通拥堵。路网应该是分散布置，并与周边地区有多条联系通道。尽管混合功能的开发项目需要不同的街道类型，但由于车速很慢，居住区还是较安全的。如果街道宽度不是太宽，又经过设计，可以更有利于步行者和骑行者。为了提升安全度，街道交叉口应该采取直角相交，以保证两个方向都有良好

的视野。照明良好、便于理解的标志对于夜间交通十分重要。

项目尺度的设计

设计对于单个项目来说十分重要，因为从中长期来看，设计确实会为业主节省开支。设计优良的环境会使项目持续保值。

项目尺度上的设计首先要从基地现状入手，也就是理清项目与周边环境的关系，包括临近建筑、街道、公共空间。建筑与街道的关系以及建筑与街道对面建筑的关系，可以通过街道的高宽比进行控制。在大城市，宜人的比例一般是1∶1，也就是说，如果两个临街建筑物之间的距离是100英尺，那么合理的建筑高度应该是100英尺（8—10层楼）。在中等城市和小城市，这一比例会降低到1∶5，也就是说，距离100英尺，高度20英尺。一般说来，公共空间的理想高宽比是1∶3。过大的距离会使人难以从视觉上感知空间的围合感，并导致空间不能很好地被界定。[16]

建筑与人行道的关系也很重要。研究表明，地面层的建筑入口最为关键。即便只是高于或低于人

图5.9 马尔科姆·韦尔斯设计的覆土工作室，新泽西州切里希尔

行道几步台阶,都会影响步行者进入建筑的心情(并且不符合残障人法的要求)。街道上的商业和公共建筑临街面应该具有视觉通透性,要以引人注目的入口和玻璃窗展现内部活动。最成功的步行街往往具有许多开敞空间和视觉联系。门窗较少的大幅空白墙面(正如纪念性建筑中经常出现的那样)、缺乏特色的停车区域和空地都不利于步行交通,因此,应该避免在步行区域出现这类情况。

在项目层面,气候和环境也是重要的设计因素。窗户的南北向布置有利于与气候环境相呼应。好的设计应确保新建筑不会遮挡已有建筑的采光通道,并充分考虑当地的气候条件。高层建筑的顺风面会形成强烈的风场,这类区域对步行者来说很不舒服。设计合理的悬臂、退台或幕墙能够缓解这类潜在问题。

在居住区,具有传统特征的设计如林荫道等可以强化社区感。临近人行道的前廊或门廊会促进房屋主人和邻居的交流,哪怕仅仅是路过时的一声问候。前廊离人行道太近可能会使居民感觉没有隐私,但前廊离人行道太远又会不利于闲谈。在邻里设计中加入小巷作为服务连接线,可以使房屋正面美丽宜人、而房屋后面提供停车位,可以使街道变得更加适宜步行。小巷也能够使垃圾收集和信件递送工作在居民的视线之外完成。

在当代,对可持续发展必要性的认识正在不断提升,为此也需要有新的设计方法。建筑师马尔科姆·韦尔斯(Malcolm Wells)提倡不在毛地上进行新建项目的建设,而应该选在弃置地或经过开发、但未得到充分利用的土地上。他的"覆土"(或护坡)房屋利用被动式太阳能的概念,并使场地保持开发前的自然美感。"最美的建筑场地",他写道,"是被毁坏、蹂躏、垂死的土地。这样的土地有很多。它的价格有时会降得最低。它缓慢的自我修复过程给我们提供了一个见证生命奇迹的机会。由于侵蚀作用,沥青逐渐变成了乱石堆,

地基土又一次开始了向表层土的转换,接下来绿色植物出现,阻挡了狂风和工业噪声。最终你会发现,你不需要到别处寻找风景,因为你的场地就是很好的风景。"[17]

设计导则的作用

鼓励优秀设计的一种方式是为开发项目提供设计导则。设计导则可以使城市成为一个整体,或者划分成不同的片区,例如市中心、滨水区或者混合街区。一些总体规划包含了设计导则的内容,然而也有一些社区使用模式手册(pattern books)来帮助居民在新项目设计中与邻里社区或区域的现有特征保持协调。[18] 开发商和建筑师常常感到设计导则限制了他们的自由。然而,如果编制合理的话,导则可以有效地保证建设者意图与社区目标理念的契合。

关心建筑和公共空间设计,并希望地方政府参与到审查程序来的社区成员,可以自行委托设计审查委员会中一位有能力的人来作出相关的审美评判。设计导则是很难创建和执行的,由于它的自身特征,包含了一定的主观性和个人审美偏好。一般说来,设计导则常常建立在强制审查、自觉遵守的政策上,这又往往使得它难以全面执行,但在其他城市机构发放最终许可之前,它还是可以给出一定的评价并予以曝光。

设计导则和相关审查在许多城市都得到了很好的实行。科罗拉多州博尔德市中心的社区一直在担心愈发激烈的来自郊区购物中心的竞争。为了克服这个问题,城市为市中心编制了设计导则以提高开发建设的质量。同时,设立了一个公民委员会来审查所有市中心的开发项目。这一咨询委员会负责审查的是非历史街区中工程造价在一万美金及以上项目的外立面以及场地设计。(历史街区的审查由独立的委员会负责。)尽管项目的审查是强制性的,但是否遵守委员会的审查建议则完全自愿。

在俄勒冈州波特兰，市中心项目须经过城市设计委员会的批准。审查过程包括一个讨论项目价值的公共论坛。开发商似乎更喜欢这一方式，因为他们可以在一个受控的、有组织的环境中获得公众意见，而不是通过不可预知的公共听证和媒体报道的途径。在 2003 年，委员会启动了一项自愿采用设计建议的活动，使得开发商在初期就能获得设计反馈。许多开发商认为在这项工作上花费费用是非常值得的，它有助于让他们更容易通过费用更加高昂的整体审查。例如，波特兰的《中心区基本设计导则》的一个章节中写道，"要保持和延续传统的 200 英尺街区模式以维持市中心开敞空间与建筑空间的比例。在超大街区，要遵循 200 英尺的街区模式来设置公共以及（或者）私人的通行区域，并且要带有景观和底层空间设计，以提高步行环境质量。"[19] 出版物上的图片说明了这些要求在现有街区中是如何实现的。

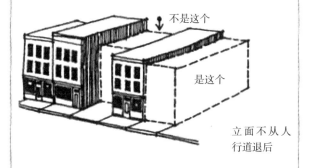

亚利桑那州的斯科茨代尔有一个设计审查委员会。该市的《开发指南》中规定了这一委员会的工作议程包括（但不限于）对建筑、场地设计的审查；当计划开发项目可能会影响到周边环境和社区时，也要接受审查。该委员会由一名城市议会代表、一名设计委员会成员以及五名拥有设计、建设或开发背景的独立代表组成。它已经有效地为新建项目建立了一个以西南部土坯建筑设计风格为基础的和谐统一的设计模式。一部分城市居民一直批评这一设计审查过程，因为他们认为审查扼杀了创造力，并且可能导致均质化的设计模式。不过斯科茨代尔的大多数居民好像还是很满意已建成部分的设计。最近的一些项目已经能够在满足设计准则要求的同时，具备显著的多样性差异。该城市的《市中心规划中的城市设计与建筑导则》包含了许多与本市风格相适应的案例，同时宣称，"这些导则的主要目的是控制新建项目的基本特征，以使得市中心在发展过程中能够保持目前的城市环境质量。"[20]

3. 比例
应当尊重现状立面的比例特征（宽度和高度之间的相对关系）

保持这些比例

不是这些

4. 与街道的关系
新建立面与街道的关系应当与周边建筑保持一致

不是这个

是这个

立面不从人行道退后

5. 屋顶形式
屋顶应当采用与邻近建筑相似的类型。在主要街道上，这意味着从前面不可见的平屋顶。

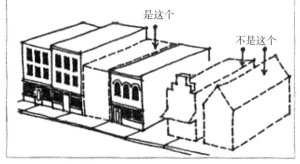

是这个

不是这个

图 5.10　中心区设计导则示例，节选自《保护规划设计中的保护设计手册》

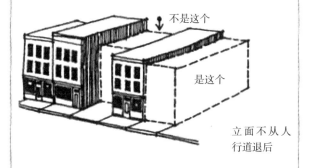

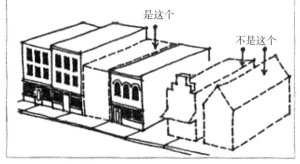

聚焦奥斯汀市市中心设计导则[21]

一个市中心的整套设计导则应该包括哪些内容，以及如何将它运用于极为特殊的目的，得克萨斯州的奥斯丁市提供了很好的实例。该市的《奥斯汀中心区设计导则》包括如下章节：中心区边界、街道景观、广场、建筑物、区域以及市中心。以下内容节选自导则中广场设计这一章节，涉及提供公共座椅的建议。

广场座椅的建议：

· 每一英尺长的广场周长要提供一英尺长的座椅。

· 为满足不同人的需求，座椅放置的位置要多样化。

· 放置座椅的位置既要有阴影处，又要有向阳处。阴影可以来自树木、格子凉亭、雨棚、雨伞或者建筑墙面。

· 座椅放置的位置要保证使用者能够观察到路过的行人。

· 至少50%的座椅应该属于以下设施的附属功能：如楼外台阶、花池的矮墙、挡土墙或者大片的草皮。

· 矮墙的高度应该在16—18英寸之间。

· 提供足够宽的长凳以满足多种需求。

· 提供一定的线性或环状座椅以促进人们的交流。

· 提供无靠背的长凳、直角布置的椅子或者可移动的桌椅以满足团体活动的使用要求。

· 座椅的材料要诱人、同时不要磨损衣物。

设计程序

由布莱恩·劳森（Bryan Lawson）提出的一套导则中讨论了设计程序。他指出，对于设计来说并没有绝对正确的程序；它是一个发现问题、解决问题的过程。[22] 劳森认为设计不可避免地要涉及基于主观和伦理的美学价值判断。个人不可能简单地通过循序渐进的努力，找到好的解决方案；他必须在一定程度上依靠灵感、创新性和创造性的迸发。另外，城市设计师并不是独立艺术家，他必须在可行的框架下工作。劳森还指出，设计本身不是最终目的；而是一项创造性工具，可以用来实现其他方式难以实现的重要的社区目标。这个程序应该用来检查社区能够达到、应该达到的状态，而不是现在的状态。社区设计永远不会终结；它是一个随着时间推移，针对变化的环境，不断进行调整的连续过程。

设计程序的步骤

设计程序可能需要灵感和创造性的迸发，但它也可以有序地进行。它首先需要收集有用的数据、相关章程、合适的地图进行研究。翻阅技术规范有助于落实工程参数，资金可行性研究有助于得出一个合理的预算。

必须要了解清楚周边地区的情况，或者说是文脉（context）。可以用示意图、照片和草图的形式进行视觉调查，记录所有特征。通过这些数据的分析，就可以生成合理的设计概念。灵感正是来源于以全新的视角观察现有的事物。

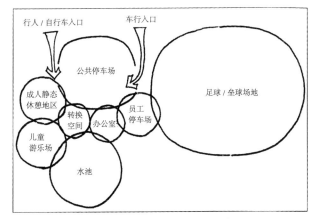

图5.11　关于社区游泳池及休闲游乐设施的泡泡图

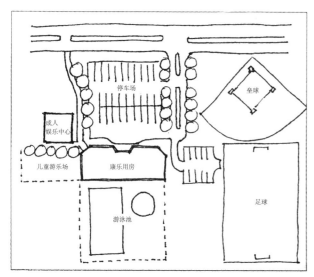

图 5.12　一个社区游泳池及其附属设施的概念规划

经过以上的初步分析，就可以绘制一个空间图示来生动地展示设计意图，以听取他人的意见。概念设计可以从示意图、也就是熟知的泡泡图开始，用来说明不同功能之间的关系。每一个核心功能空间（programmatic space）由一个泡泡表示，它的大小表明了这一功能所需空间的相对大小。像这样的图表对于多方案的探讨很有帮助。在引入更多结构和场地的细节描述之前，泡泡在大小和相互关系上的差异有助于进行初期理念的评价分析。

81　　经过审查、评价、调整，最终得出了一个可接受的示意性方案，在此之后，项目进入到下一个阶段，以草图的形式对于结构、开放空间、道路、停车以及其他元素进行概念性规划。这样有助于审查者更清晰地理解空间规划的内容，这样他们就可以针对方案的设计内容提出详尽的反馈意见。

聚焦宾夕法尼亚新村

下图展示的是临近宾夕法尼亚州西部尤宁敦的新村开发规划，最初由纽约州伦斯勒维尔的伦斯勒维尔机构发起。这一项目规划的是一

个混合功能的社区，包括近200套住房单位及其社区设施。

新村的设计程序开始于当地报纸上的一则广告，征求乐于设计属于自己的社区的人。召集而来的一群未来居民开始以一个开创性社区（seminal community）的姿态共同工作：他们制定契约，选择场地，经过数月时间制订了他们新社区的设计方案。项目的进展得到了不同专业人士的帮助，他们包括建筑师、一名规划顾问、一家工程公司以及伦斯勒维尔机构。

新村规划向我们展示了一个优秀设计的诸多方面。首先，场地位于一个南向的坡面上，82 这使得大部分社区都可以获得良好的日照。其次，一条不长的林荫道与镇中心相连，那里设有一家社区中心（最先动工的建筑）、一个小商店、一个创业孵化器（一个为新业务提供帮助和临时性设施的机构）、一个日托机构以及其他一些小型商业设施。接下来，场

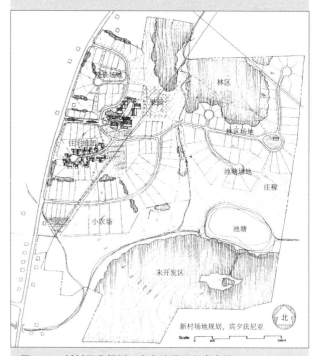

图 5.13　新村开发规划，宾夕法尼亚州尤宁敦

地内的住宅地块随着场地的不同，地块大小和形式也不相同，包括传统土地划分形式的地块、组团住宅的地块、水景地段、森林地段以及更大一点的农场，从而实现了居住形态的混合。最后，规划定出了公共区域——一处果林、一些花园、一处大的林地和一个娱乐水池。

图 5.14　新村社区的破土动工仪式，这一新村后被命名为斯普林伍德

3D 图形的应用

传统上，初步概念图是手绘的；但现在，3D图形软件在设计过程中正变得越来越受欢迎。它容易使用、方便快捷并且具有可视性，它以容易被外行人理解的方式，提供了大量对细节和现实的描绘，这也使得开发项目可以有效地得到公众审查和讨论。

例如谷歌的 SketchUp 软件，它可以免费从网上下载。SketchUp 的基本元素是一个方盒子，使用者可以通过调整方盒子，进而创造出一个私人建筑的体块。照片可以附在盒子的表面以呈现真实的 3D 效果。SketchUp 软件与谷歌地图在线软件是兼容的，这样使用者就可以将这些 3D 模型图像放置到真实世界中的位置上。另外，在谷歌3D 模型图像货仓中我们可以存储并免费获取来自世界各地的人们所做的模型图像。

微软的 Photosynth 提供了一种不同的方式：它拼合数十张、有时是上百张的建筑照片，找到

这些照片的重合点，最后由这些元素合成得到 3D效果的合成照片。与 SketchUp 相比，Photosynth并不是模型的应用而是照片增效的应用，将使用者提供大量建筑物照片拼合成的 3D 照片。这两者都可以提供空间和建筑的真实 3D 效果，但它们运用的是完全不同的技术。

图 5.15　莫里斯街道的街景，密歇根州，利用谷歌 SketchUp制作

构想社区未来

通常有许多方法被用来鼓励增加社区设计过程的公共投入。每一种方法都提供了一种不同的视角，但所有这些方法都致力于将社区领袖和居民的地方知识和判断融入专业知识之中。

社区构想

社区构想（Visioning）是一项社区活动，活动中参与者需要想象他们想要的社区应该成为什么样子。社区构想处理的是未来设计的内容，包括社会、经济以及物质空间的考虑。

典型的社区构想，一般由训练有素的业务人员引导完成。讨论可能以这样的问题开始，比如假设你有权实现任何你想做的事情，那么在 10 或 20 年后你的社区会成为什么样子？参与者接下来就会开展头脑风暴，出现的想法都会被记录下来。一旦一系列想法集合到一起，

小组就可以与工作组进行讨论、评价并且在此基础上对构想进行补充。这些工作组的任务就是收集额外的信息，以决定哪些构想具有长远价值。然后，这些概念会向公众公布以进行进一步讨论。通过照片、速写和手绘将概念转换为设计意图呈现出来，而最终目标是要得到一个表达社区共识的构想。

社区构想可能是一次集中的会议，也可能是经历数月时间的一系列会议。一些城市已经开办了社区构想办公室，它邀请公众对整理出的设计理念进行讨论，并鼓励公民提出新的设计理念。为了使这项工作得以实施，社区应该设定完成的基准日期，利用检查清单标注进展情况。

专家会议

"专家会议"（Charrette）源自法语"小推车"一词，指的是一种装图纸的小推车。在巴黎高等美术学院这所著名的建筑院校，当最终方案交图期限到来时，就会有人推着这种小推车在工作室里穿梭来回收集图纸。这一术语被规划师拿来表达一种新的含义，代指一种可以帮助公众在短期内（一天半到三天时间）参与到一项社区项目中去的方法，比如公园、镇广场等物质空间的设计。在 20 世纪 60 年代，专家会议开始得到重视，那时公众参与对规划的重要性得以显现，需要有一个工作框架来组织公众参与到设计程序之中。它一直被用作汇集社区设计意见的便捷手段，这些意见一般来自居民、市政府官员、当地企业家以及其他一些可以代表社区事务不同观点的利益相关者。在专家会议召开期间，鼓励所有参会者表达陈述个人的设计理念；经由专业人员的快速草图绘制，这些理念可以以图示语言的形式呈现出来。由于这一过程容纳了各种不同的观点，它可以有效地促进协调、建立共识。各当事人都会觉得自己在专家会议的方案设计中尽了一份力，这也有助于形成一个合作的、而不是敌对的氛围。

由于专家会议是一个一次性过程，因此，从一开始就要保证其合理运转、由对这类交互活动有经验的人士进行引导，就变得十分重要。美国规划师协会的"规划咨询服务备忘录"（Planning Advisory Service MEMO）中，对如何组织一个成功的专家会议给出了许多建议。[23]

图 5.16　一个正在进行中的社区设计专家会议，北卡罗来纳州凯里

R/UDAT 项目

由美国建筑师学会发起的城乡规划设计协助团队项目（the Rural/Urban Design Assistance Team, R/UDAT，读作 roo-dat），以建筑师、规划师、景观建筑师以及经济发展专家组成的多学科团队的形式，协助那些需要并希望得到专业城市设计指导的社区。这些专业人士与当地的规划师、官员和居民共同协作，确保能够接收到社区中的各种意见。

这一项目通常采取为期四天的强化工作营方式，受邀的专家首先听取当地人士关于他们社区的问题和潜力的讨论。接下来，R/UDAT 工作组会在工作期间制订分发一个文件，文件中提出的政策交由当地社区进一步完善实施。这份报告表达社区的担心和期望，并对未来发展的愿景提出建议，包括具体的行动项目以及时间表。R/UDAT 鼓励项目成员在 1 年内重返场地考察项目进展，并针对实施过程给出后续建议。

练习4 江城附近的新城设计

莫里斯·莫内塔（Morris Moneta）是一个享誉全美的开发商，他购买了许多乡村用地，并在最近开始准备规划一座新城。这座新城位于江城河口县西侧的奇珀瓦县。他的目标是建设一座容纳5000居民的全新城镇。他的设计要求是在规划这个社区时，应该有怎样理想的土地使用关系。

上面的地图标明了莫里斯·莫内塔拥有的未开发土地的大致范围；它包括一条河流、铁路以及已经生长成熟的一片林地。在两条双车道公路的交会处是一座加油站、一座便利店和一个咖啡店兼餐馆。

由于你在当地的规划经验，你被莫内塔先生签约录用了。他希望你利用专业经验来为他的新城制定概念性的用地布局，并且希望看到你基于好的规划设计原则为基础，提出的设计理念（正如本章节所讨论的内容）。

请使用上面的地图来为新城制订一个概念规划设计（可以按需要放大地图比例）。你可以通过清晰绘制、并标明特定地点的泡泡图来表达设计意图。它应该包括如下内容：

· 一个中心商业区
· 三个不同的居住区（独户、联排别墅、公寓）
· 一所高中、一所中学和三所小学
· 一座自来水厂
· 一座污水处理厂
· 一座图书馆
· 一所邮局
· 警察和消防部门
· 游乐休闲中心
· 社区公园
· 三个宗教建筑
· 一个工业园区

也可以增加任何你认为必要的功能，比如说

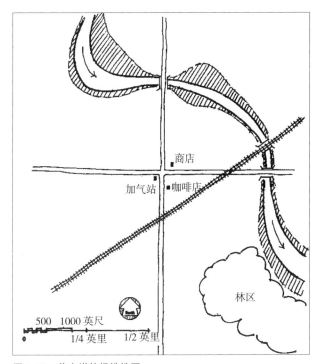

图5.17 莫内塔的场地地图

购物中心，或者你想要的多功能综合片区。

为你的设计写三页说明，陈述以下几个问题：

1. 你将某些土地使用与其他的土地使用临近布局原因是什么？

2. 你将某些土地使用远离其他土地使用的布置原因是什么？

3. 在你设计的社区里，当人们不在家也不工作时，他们一般会在哪里消磨时间？

4. 你的设计是如何考虑未来增长的？

为了帮助你完成这一设计，你可以考虑一下城市设计师布鲁斯·利德斯特兰德（Bruce Liedstrand）关于"好的城市的基本原则"构成的评论。[24] 在他的标准中，他列举了一些对社区规划十分重要的影响因素：

密度。好的城市要有足够的开发强度才能支撑丰富的城市生活。

多样性。好的城市要能够吸引不同年龄、文

化和经济水平的人。

公共活动区域。好的城市要有大量公共活动区域，作为社区的公共客厅。

中心。好的东西布置在中心城区和邻里中心，而不是随意分散到城市的各个角落。

便捷。日常服务设施以居民方便来进行布置。

步行可达性。步行前往目的地及服务设施，成为一种令人愉悦的经历。

出行。好的城市为它的居民和访客提供包括公共交通在内的多种出行方式，使人们能够摆脱对小汽车的依赖。小汽车确实是一种有效的交通工具，但好的城市不能让人们依赖它出行。

路网。好的城市要有互通的小街坊路网，提供多样的出、入口布局，以帮助分散交通流。

社区服务。好的城市要具备警察和消防、电力、给水、排水、通信和公共交通等服务。

内在性。建筑塑造了街道和他公共区域的空间界定，这样人们能够感觉到城市的舒适性，而不只是建筑序列的外在观赏性。

总结

具有吸引力的宜人环境对好的社区规划十分重要。如同建筑师负责建筑设计，规划师的责任在于负责公共领域的空间设计。规划师可以从设计技能的提升中获益良多，可以用来帮助完善他们其他领域的专业能力。

历史案例说明了设计在规划过程中的重要性。在伊利诺伊州里弗赛德，奥姆斯特德设计了全美最优雅宜人的城市之一。在20世纪初，城市美化运动的兴起，源自这样一种思想：公共空间越美丽，市民就越会引以为傲、吸引的游客也就越多。通过重视运用传统的城市设计原则和元素，当代新城市主义运动重新唤起了对社区规划主要工具之一的设计的兴趣。

尽管本质上，设计是一种创造性行为，然而还是有一些关键原则指导这一过程。这些原则应用在城市尺度、邻里或街区尺度、单体项目尺度上。设计过程的基本步骤包括调研、技术要求评估、周边环境解读、概念性设计理念的生成，以及最终设计方案的深化。近几年在许多城市，设计导则的运用大行其道。当社区编制设计导则时，开发商和建筑师可能会提出异议：认为他们的设计受到了限制。但是，如果导则能够清晰表达、公平运作的话，那么涉及项目开发的每一个人都能更好地契合建立在社区目标和理想城市形态之上的社区发展预期。市民通过社区构想、专家会议或R/UDAT项目参与设计过程的讨论。

第 6 章　城市规划和中心区复兴

理解城市结构

纵观历史，人类社区的成长，表现为越来越复杂有序的人类聚落的持续发展。最初的聚落是由狩猎者或采集者群体建立的小型聚落。而随着人们种植农作物和驯化动物，大型的、更加专门化的农业社区随之产生。伴随着社会的发展，在一些关键地点产生了以贸易为基础的城镇，这意味着专门化的加强和流通的经济的形成及发展。又经过几百年，城镇规模更大，进一步吸引投资和产业，最终形成了复杂的人文环境，又被称之为城市。一个城市不仅仅是它的居民的集合，还代表了一种城市化的生活方式。德国城市学家费迪南德·滕尼斯(Ferdinand Tonnies，1855—1936 年) 将其称为 "法理社会" (gesellschaft)，指一种城市生活的模式；这个词汇含义非常丰富，难以找到对应的英语单词来表达。[1]

美国乡村地区占国土总面积的 95%，但城市仍然占有国家人口和工业资源的最大份额。是什么决定了何处是城市边界的结束，同时又是乡村边界的开始？在欧洲大部分地区，这个问题并不难回答，因为城镇的边界有了很好的定义。与之相反，在美国，这类增长边界几乎不受控制，城市开发看起来像是在它的腹地内无边无界地到处游荡，结果是形成了蔓延。

城市被认为是改革的引擎，因为它们促进了经济和社会的进步。城市的特征可以概括为聚集

(agglomeration)——这一概念描述了一项活动得益于它靠近于临近的相似活动。例如，底特律的船舶制造业，刺激了早期汽车工业的发展，在这个新工业开始的最初几年，就将成百的汽车制造商和成千的较小零部件服务厂商带到了这一区域。这种商业聚集使得底特律成为 20 世纪的一个主要都市经济区。不同城市聚集了不同产业，比如马萨诸塞州洛厄尔的纺织业，纽约的时尚业和服装业，洛杉矶的电影产业，加利福尼亚州的帕洛阿尔托和芒廷德尤的计算机产业。

城市社会的强大是因为它的居民生活和工作在一起，共同享用了最为基础的土地和水资源，以及复杂的教育和艺术，加之得到了乡村生产的支持。一些城市是在规划指导下理性发展起来的，但也有许多城市是在没有真正规划情况下自发生长的。

传统来看，最具识别性的城市形态元素是中心城区，因为中心城有着较高的开发建设密度和建筑高度。经济学家威廉·阿隆索（William Alonso）提出了城市土地使用和土地价值的经典概念，从城市中心的中央商务区开始，随着城市向外扩张，商业密度逐渐降低。[2] 因此，在土地使用上，中心的商业区域被外围居住区包围，再往外是农业区域。土地价值也符合这一模式，中央商务区土地最有价值、价格最贵，距离市中心越远，土地价值越低。

然而，这一模型对于很多城市来说并不成

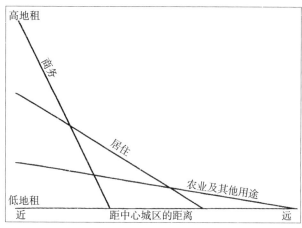

图 6.1 阿隆索的城市土地使用模型

图 6.2 坎波广场，锡耶纳，意大利。1995 年被联合国教科文组织认定为世界遗产地

图 6.3 圣马可广场，威尼斯，意大利。钟楼位于中间，教堂和总督府在右侧，国家图书馆、市政博物馆和办公建筑在左侧和远处

图 6.4 联合广场，旧金山，加利福尼亚州

立，因为城市在边缘地区萌发出新的商业节点。乔尔·加罗（Joel Garreau）将这些地区称为"边缘城市"，这些新发展的地区大多位于州际公路交叉点，其结果是很多城市在这些边缘地区发展了比中心城区更高密度和更有价值的住宅开发和商务活动。[3]

关于城市发展质量方面的思考

很多美国人选择在具有大量资源和多样性的大城市区域居住。一些人觉得，尽管大城市生活的复杂性令人紧张，但他们可以在大城市中找到自己的小环境，以应付这种紧张。大城市可以分解为一系列小的社区——种族的、宗教信仰的、社会的和援助组织，而城市的多样性让人们更容易找到和自己兴趣相似的其他人。

规划师在城市发展过程中起到了重要作用。城市地区要同时满足经济和文化两方面的需要，城市规划应该认识到这两方面的重要性。然而，我们经常仅仅意识到城市在数量上的增长，比如人口的增多、工业产值的上升、单位面积零售额的增加、住宅建设量的增长。相对不那么明显的是，城市增长同时也是质量上的。欧洲人，无论生活在小城镇或大城市，都不那么迷恋仅仅为了增长的增长。比如意大利北部的山区小镇锡耶纳，人口为56000人，凭借其城市特征而不是规模吸引了全世界的游客。小城的核心是坎波广场，最早建设于12世纪初，起初是周围村庄的集市地点。锡耶纳将这个重要的集市场所的特征保留了好几个世纪，这个广场依然是欧洲最漂亮、利用最好的市民空间之一。

相似的，威尼斯也聚焦于一个中心广场：圣马可广场，它提供了一个从大运河到城中心的重要入口。它的精心布局，融合了任何一个优秀城市规划的三个重要方面——物质的、文化的以及经济的。钟楼在视觉上统率广场内外。圣马可教堂及其穹顶成为整个城市最重要的文化符号。代表城市经济基础的则是总督府或是零售商，他们直接紧贴大运河，而大运河是威尼斯历史上最重要的贸易通道，为城市的财富做出巨大贡献。

麻省理工学院的凯文·林奇（Kevin Lynch）做过一项调查，他让人们在白纸上画出所在城市的地图，以此来研究美国人如何理解自己的城市。他在《城市意象》（The Image of the City）写道，研究发现人们的认识展现出五种常见要素：路径（街道、人行道、小路）、节点（活动的聚集点）、边界（可感知的界限，例如水面、墙、构筑物）、区域（具有可识别性的较大面积）、标志物（作为参照点、具有强烈特征的事物）。林奇的调查揭示，这五种要素处于均衡的——或称为具有强烈的可意象性（imageability）——城市空间是人们偏好的城市环境。举例来说，波士顿居民绘制的地图中描绘了全部的五项特征，而洛杉矶的地图则描绘了主要由路径（街道和高速路）组成的城市意象。[4]

尽管一些美国城市都保留了一个作为重要礼仪场所的中心广场（例如旧金山的联合广场），但大部分美国城市在它的城市中心区并没有重要的市民开敞空间。当然，可能有人认为，在美国，商业、行人和过往车辆并列的街道和人行道就相当于欧洲的公共广场，二者有很多相同的功能。美国社会是动态而非静态的，我们现实中的公共领域显示了这一点。

市中心零售业的角色

对于所有城市而言，商业都是最基础的功能之一。工业提供就业岗位，而商店和餐厅为城市场景带来了生机、活力和个性。零售商业的天性就是不断改变。

图6.5　廉价现金商店，尤宁敦，宾夕法尼亚州（约1900年）。显示了零售业在过去一百年中发生了难以想象的变化

每个新的时代都能给零售业模式带来惊人的颠覆性改变。从历史上来说，这些改变来自一系列的创新：

固定尺寸和重量的包装（19世纪40年代）；排序、分级、检查的标准化方法（19世纪50年代初期）；固定价格（19世纪60年代）；标准化的服装尺寸（19世纪80年代初期）；通过目录进行的周期性展示（19世纪80年代）；自助餐厅（1885年）和咖啡厅服务线（1895年）；全自动售货机（1897年）；通过特许经营权实现的标准化（1911年）；穿越式自助服务站（1913年）；自助式店面布置（1916年）；……"自助销售"式包装（20世纪20年代晚期）；"公平交易"带来的价格一致（1931年）；展示不同品牌商品、提供广泛选择的开放式货架（1934年）。[5]

89　　市中心的百货商店代表了这一时期出现的一种现代商业现象。在19世纪80年代—20世纪20年代期间，它为人们提供全新的、方便的一站式购物方式："在百货商店里，买东西的人发现自己的新角色——'消费者'，而不仅仅是商品的使用者。"[6]除此之外，百货商店也成为新的社会要素。它为后维多利亚时期的女性提供了一个安全而便利的场所，让她们可以在宜人的环境里比较不同的店铺。这种在大商场里购物的方式即美化了一种新的消费主义伦理，又孕育了美国经济系统的成功。

　　杰西·C·尼古拉斯（Jesse C.Nichols）是一个房地产开发商，开发了堪萨斯城西南大部分地区的高收入阶层住宅；20世纪20年代，他意识到小汽车对新的郊区生活模式越来越重要。在这一趋势下，乡村俱乐部广场，这一可能是当时第一个为满足驾车者的购物需求而设计的购物中心于1922年开放。这个购物中心位于尼古拉斯多年来为开发住宅而建设的几条道路的交点上，并且靠近有轨电车线。中心大约一半的空间都用于街道和停车设施，其中包括该地区最早的停车库之一。乡村俱乐部广场共有250个店铺，其中一些是市中心商店的分店。随着这些店铺在此落户，尼古拉斯将这个郊区购物中心打造成了一个直接与传统市中心相竞争的商业活动中心——这一趋势对城市的影响一直持续至今。

　　1931年，达拉斯的高地公园成为郊区购物中心这类商业模式的一个原型。在这里，所有的商业零售活动都聚集在同一个地点，不被公共道路穿越分割，由同一个单独的所有者管理，并出其为整个综合体建立了统一形象。20年后，在密歇根州底特律郊区南菲尔德建立的北国购物中心，通常被看作是美国的第一个区域性购物中心。底

特律市中心的哈得孙大型百货商场也决定在这个往北8英里的郊区综合体内开一家分店，这个分店被周边的上百家小商店和近万个停车位包围。北国购物中心还包括了戏院、银行、邮局、诊所、雕塑、瀑布、丰富的景观，甚至还有为找寻失散儿童成立了办公室。很快，哈得孙百货商店就放弃了它在市中心的店铺，转而发展北国购物中心的分店，这也标志着从市中心零售向郊区购物中心的不可避免的转变（世事轮回，北国购物中心于2005年拆除，被单独的连锁零售店所取代）。

　　大型购物中心继续发展，明尼阿波利斯市的美国商城于1992年开幕；年均雇用11000名全日制职工，每年为所在州的经济发展贡献18亿美元的销售额。作为一个大型购物中心，美国商城包括520家商店和86家餐厅，成为市中心零售业的主要竞争对手。[7]加拿大艾伯塔的埃德蒙顿购物商场，规模更大，建筑面积高达520万平方英尺，拥有超过800家商店、19家电影院、110家餐厅和5个游乐区。 90

　　这些大型购物中心将所有的服务设施集中在一起，导致很多位于传统商业中心的小型独立零售商店破产倒闭，只有那些占有地方市场商机的小店铺得以幸免。市中心还要面对来自商业街的竞争，商业街直接沿道路建设，方便进出，为购物者提供基本的商业服务。

　　鉴于新建大型购物中心会对已有社区产生影响，规划师应当考虑购物中心的选址和建设方面的措施。规划顾问齐尼娅·科特瓦尔和约翰·R·马林（Zenia Kotval and John R.Mullin）建议，大型购物中心的建设不应由权力，而应由一个特殊的许可来决定，包括一系列与此相关的标准，如环境、交通、财政影响、社区特点，以及整个物态全部完成后，会对城市中心区造成的潜在冲击等。一个新的大型购物中心应当得到场地规划评估的控制，同时满足退线、开敞空间、设计、景观的要求，此外还要建立并执行相关的土地使用条款。

社区为此需要的相关技术和法律协助服务，也应当由购物中心的开发商买单。[8]

这类商业形式的迅速发展，给规划师带来了许多需要了解的问题，比如以下这些：

面积过大。商场面积的增速比人口和顾客消费支出的增速更快。研究表明美国人均拥有商业

图6.6　乡村俱乐部广场，堪萨斯城，密苏里州

图6.7　美国商城，明尼阿波利斯，明尼苏达州

图6.8　带型商业区，美特尔海滩，南卡罗来纳州

面积为20平方英尺，而欧洲为2平方英尺。[9]因为供应过剩，随着城市边缘区的开发和商业发展，很多从前的购物中心被废弃掉了。

千篇一律。零售商们习惯于模仿优秀者的推销、展示、销售和服务方式，以至于模糊了原本不同零售商之间的区别。

价格敏感性。21世纪前十年的零售业发展，主要得益于定价机制，而不是销售和经营的其他方面。薄利多销的方式使得很多以质量和服务取胜的传统零售商不得不退出这个行业。当人们不再追求质量，商店就失去了顾客的忠诚。

大型厂商和起步厂商之间日益增大的鸿沟。20世纪90年代初期，那些大型、高绩效的零售商与实践中的健康经营管理之间的冲突开始产生，且越来越大。尽管这种趋势在不同的地方表现有所不同，但在很多社区它都影响了新成立的商铺和企业，导致整个商业贸易被几家大公司控制。

进一步来讲，经济的萎缩（竞争关系或者其他经济社会因素带来的市场需求下降），物质的萎缩，以及商业结构的老化和缺乏维护，导致了零售业荒芜区域的产生。布莱恩·L·贝利（Brian J.L.Berry），总结了商业萎缩的一系列原因：技术的改变；旧的商业形式无法适应新的市场；缺乏购物的便捷性，或没有适合的停车空间；以及其他一些因素，比如相邻土地用途矛盾，或是周边区域中环境和社会的退化等。[10]

规划师可以帮助社区制定策略，以鼓励再次开发那些由于过度商业建设而导致高空置率的区域。一是要求企业在申请建设新建筑时缴纳保证金；如果企业之后放弃该建筑，这笔钱就可以避免社区受到损失。例如美国宾夕法尼亚州的白金汉镇，"作为土地开发许可的一部分……申请者应当提供保证金，对连续12个月不使用的设施，将其拆除或改造利用。镇区对此要求财务保证。"[11]在北卡罗来纳州的夏洛特城市规划师在区划条例中增加以下两个条款：（1）如果承租商户关闭、

建筑物空置，那么开发商应提供财务支持将其拆除；（2）所谓的大卖场（由一个公司所有并经营的大型商场）必须是商店、办公以及公寓等多种用途混合的更大开发项目的一部分。第一条要求开发商必须在一段时期内，在第三方托管账户中存入一笔指定数目的款项。一旦建筑物被废弃或损毁，地方政府可以使用这笔款项来弥补由于建筑物空置而损失的一部分税收收入。[12]

中心区复兴

在美国很多城市，随着城市边缘逐步开发，传统中心区的商业日渐衰落，于是规划师们开始思考对策。中心区是否能与大型折扣店和连锁商场直接竞争以夺回在零售业的原先统治地位？中心区是否能够引入新型零售中心，从而与折扣店和连锁商场实现互补而非直接竞争？中心区是否应该放弃传统的商业角色，依靠不断扩展的办公和金融功能的活力，完全成为服务业中心？或者说中心区已经被淘汰了，我们是否应该像一些19世纪和20世纪初期的城市那样，让它们自生自灭？

看起来，我们并不准备放弃中心区。一些复兴项目已经建立起来，从国家历史保护信托基金会的主街计划、市中心开发授权项目、税收增额筹资制度（TIF），再到商业改善区等计划（BIDs）——更不用说地方政府和商业协会建立的各种项目。从20世纪70年代到90年代，规划师们提出了各种新的想法来复兴旧中心区零售业、衰落的工业区和住区。在一些城市，传统市中心功能被一些新型商业所替代，它们带来了新的活力。服装店和五金店可能搬到了郊区，但是餐馆、礼品店、娱乐场所和阁楼公寓填满了空置出来的空间。中心区必须进行自我改造才能保持活力；其中很

多已经实现成功的转型。

复兴中心区有很多理由。因为中心区提供了：

现存基础设施。中心区已经有了街道，上下水管道，煤气和电力设施，以及中心区位。抛弃已有的、在市郊新建基础设施是一种浪费。从经济和环境两方面考虑，放弃市中心都不如再利用。

社区中心。中心区为社区提供了中心，营造了身份认同感。如果没有了这样一个社会焦点，那么借用格特鲁德·斯泰因*的话来说，"那儿不再是那儿了。"[13]缺少社会焦点的地方，无论开展何种活动和项目都难以获得地方的支持。随着美国社会的可变性和机动性越来越强，场所认同的需求变得越来越重要。

更加多元化。中心区比城市边缘区新建的服务中心在功能上更加多元化。依托公共交通，零售商店、银行、公共机构、当地政府部门、历史区、文化教育机构混合在一起，为中心区赋予活力。

就业机会。有活力的中心区是就业中心，同时这些就业工作者也是市中心其他商业的固定和持续的使用者。中心区的繁荣依靠的是多样的、有机的混合。

居住生活。美国居民们一度曾搬家离开他们的工作地点，导致生活最重要的两个方面彼此隔离：在家度过的时间和工作度过的时间。但从20世纪70年代开始，纽约、洛杉矶、西雅图和圣迭戈的中心区开始建立稳定的城市核心区，全美众多城市随后在20世纪80—90年代纷纷效法。[14]对很多人来说，临近中心城居住能获得更好的生活，而居住地与工作地点分离则不然。中心城吸引的人口大多是受过教育的、具有专业技能的、并且没有小孩的一群人，他们也被作家理查德·佛罗里达（Richard Florida）称之为"创意阶层"（Creative Class）。[15]这些人包括演员和艺术家、乐师和舞蹈者、摄影师、作家，以及一些医疗保健、

92

图 6.9　滨河地区再开发，密尔沃基，威斯康星州

商务财务、法律教育行业的从业者。

为了容纳迁入人口，城市越来越多的利用现存建筑、灵活加建。比如在密尔沃基，废弃的滨河闹市区被赋予了新的生命。滨河步道系统连接了沿河的很多旧工业和商业建筑，它们的底层被改造为餐厅、俱乐部和酒吧，上部为住宅。

在圣迭戈，赫顿广场从一个未充分利用的中心城核心区转变为一个令人兴奋的商业区域，赫顿广场占地六个街区、高三层，同时还有开敞空间、桥、塔、雕像、喷泉和景观。在南波士顿，滨水区的再开发给城市"最后的荒野"（last frontier）[16] 带来了巨大改变。耗资 8 亿美元的会议中心现在预订一空，至少 1600 间新建的宾馆房间和众多新餐厅给这个从前破旧不堪的地区带来了活力。

聚焦巴尔的摩内港[17]

城市复兴可能需要多年的规划和实践，尤其是当涉及大型项目的时候。巴尔的摩内港区域的历史展现了数十年的远见、群众的努力和组织工作所产生的巨大影响。

在 18 世纪和 19 世纪早期，吉卜赛码头是巴尔的摩的商业中心，非常热闹。船运公司、船具商、杂货商、铜和锡的制造商、皮革工人、家具匠都沿着街道布置商铺。1904 年，巴尔的

摩大火摧毁了超过 140 英亩的主要商业土地，并且很多商人没有能力进行重建。

50 年后，内港工业区已经严重衰败。被遗弃的仓库表明这里曾经是繁荣的商业中心。邻里社区退化，小汽车被遗弃在荒废的街道上。正如巴尔的摩所说，"感觉到这个城市有伟大的过去，但没有未来；如果你取得了成功，你就会搬到纽约、费城或者芝加哥去。"[18] 当 1954 年奥尼尔百货商场关闭的时候，J·杰斐逊·米勒（J. Jefferson Miller），赫特克百货公司的执行副总裁和零售业协会主席，劝说商业伙伴们去看看其他城市如何应对作为零售中心的中心区衰落。结论是商人无法自发完成转型。他们建立了一个中心区委员会，从公共事业、银行和其他财产拥有者中招募成员。此后由 100 位管理者组成了大巴尔的摩委员会。戴维·华莱士（David Wallace）是美国著名的规划师和建筑师，他的任务是为中心区制定一个总体规划，而委员会和零售业协会为其工作提供保障。

第一个举措是建设查尔斯中心，一个面积为 33 英亩地块上的办公开发项目，位于现存的零售业和金融区之间，1959 年市议会将其选定为官方的城市复兴区域。中心区商业社区和城市政府共同为中心区的复兴而努力。

1964 年，华莱士提出一个规划，为未来 30 年的这项价值 2.6 亿美元的再开发活动提供基本指导。规划计划重新开发城市内港边缘地带，从而将公众吸引到滨水区。大巴尔的摩委员会发起了一项公众宣传教育活动，选民们赞成发行 200 万美元财政债券作为这一地区再开发的第一步资金。

第一个吸引人的构筑物是重建的星座号（USS Constellation），海军最古老的船舶之一，它于 1972 年被放在巴尔的摩新重建的一号码头。为了吸引人们来到这一区域，每年 9 月举

行的城市博览会也在一年后搬到了内港。在国家200周年纪念的时候，巴尔的摩举办了高船节（the Tall Ships），复制了一支早期帆船组成的小型舰队，市内外的人们都聚集到内港来欣赏精彩的表演。港区成为吸引区域人们的中心。

新的建筑拔地而起：美国富达和担保公司大楼建成，成为巴尔的摩最高建筑；基督教堂海港公寓为中低收入者提供的老年人住宅也住满了。IBM公司大楼、马里兰州科学中心，以及社区大学的港区校区全部建成开放。

这个城市的30年规划刚刚经过半程，而实现内港蓝图的目标还需要上亿资金的投入。联邦政府通过社区发展整体补助拨款（CDBG）和城市发展行动拨款（UDAG）项目提供资金。

然而，劳斯公司的一项计划遭到了反对，这项计划是沿内港步道建造两座由商店和餐馆组成的博览场馆，名为港湾广场。巴尔的摩人担心一个大型的商业开发会侵占滨水的开敞空间。两个最悠久的社区，小意大利和南巴尔的摩的商人担心他们的店铺会遭受不良影响，而巴尔的摩的非洲裔美国人则不觉得计划中的高档商店和餐厅适合他们的需求。作为回应，开发商

图6.10 港湾广场，巴尔的摩，马里兰州

詹姆士·劳斯承诺将在场馆之中为少数族裔的公司提供场地，并在场馆建成后雇用少数族裔，同时他也向城市承诺将对建筑精心设计以及付出高额税收。1978年，港湾广场提案以54%赞成票获得通过，1980年开业，午间有超过50000客人拥挤在内，创造了纪录。

港湾广场的玻璃厅里，店铺和餐馆混合布置在一起，表明了内港的转型。最终，超过90家开发商投入数百万美元参与了巴尔的摩的更新。在港湾广场开业后的几年里，新建了超过12个新的项目，其中包括劳斯公司的第二个项目，港湾画廊。1992年，作为巴尔的摩金莺队主场的坎登庭院金莺公园，在内港附近的一个原来铁路中心的位置上开幕。近几年来，内港已经成为城市的一座地标，每年吸引超过1600万游客。[19]

规划在巴尔的摩城市中心的复兴中起到了重要的作用。正如城市所说，"我们开始于一个一流的总体规划，分阶段实施。除了一些小的改动之外，我们始终坚持。"[20]

复兴的引擎

为了帮助促进中心区的复兴和城市中心的再开发，成立有很多组织和机构。尽管它们成立的原因不尽相同，但服务内容往往彼此相似。下面是其中最常见的一些机构：

再开发局

复兴项目的成功大多依赖那些鼓励和资助相关行动的个人和机构。其中最常见、最成功的组织之一就是社区再开发局，它被当局赋予促进经济增长的特别权力。城市委托再开发局专门负责指定区域内的建设项目。各州各市再

开发局的权力彼此不同,但典型的权力都包括含有获得房地产的官方特别许可,用来消除衰退或为公共设施提供土地。再开发局可以拆除、建设或重新建设街道、公共设施、公园和游戏场,修复老旧建筑,或者以合适的市场价格处理所获得的房地产。

94
再开发局往往没有权利建设行政管理、警察、消防等建筑,或者那些在再开发局成立之前就已经被资产改善计划批准的公共设施。再开发局会建设一些已经获得经费批准的更新项目,或者那些正处在项目研究阶段、尚未被市政府批准的地段上的项目。

聚焦亨特斯角船厂,旧金山再开发局

亨特斯角船厂位于旧金山东南部海湾区。这一设施占地 500 英亩,在第二次世界大战到 1974 年之间是海军造船厂,为周边区域创造了主要的就业岗位。经过了 14 年的研究,旧金山市再开发局提出了一个 9 亿美元的方案,计划清理地段,将设施转换为住宅用途,以新的家园和公园为特色,为当地居民提供就业岗位。

图 6.11　亨特斯角船厂,旧金山

图 6.12　亨特斯角再开发项目建议鸟瞰,2008 年

这一项目目前更名为亨特斯角湾景区开发项目,并且已经建设了一条新的轻轨线路联系加州火车线、波托拉场住宅开发项目和一些经济适用房开发项目、一个新的警察局和一个新的滨水公园。另外很多项目也正在规划过程中。

金融机构

银行和贷方是复兴成功的基础。在为了使股东更加满意的努力中,金融机构为寻求能够提供高回报率的投资机会,将资金投入到其他地区甚至全球的其他地区。虽然这些出资者的大部分业务来自本地社区,但是他们往往忽视应该为所在社区发展承担的责任。其实,这些出资者拥有为市政当局经济发展项目提供核心支持的资源。

1977 年,联邦政府颁布的社区再投资法(1995 年和 2005 年修订),要求基于地方银行和储蓄机构的社区投资情况对他们进行评估,鼓励以公正的方式为所在社区提供信贷服务。[21] 这一法律本来旨在提供价格实惠的住宅,或者消除抵押贷款中带有偏见的贷款措施,但在实际执行中造成的影响更广泛。一些银行和信贷机构于是在服务不足的地区,开设新的分支机构、扩大服务内容,创造更灵活的贷款标准。

2008 年的房市崩溃改变了居住财政的很多规则。根据华尔街日报 2009 年的一篇文章，美国23% 的住房拥有者抵押贷款负债高于其财产的实际价值。[22] 如果房地产市场没有实质的复苏，这些人对原有资产无法享有实质的股权，这也限制了他们规划未来的能力。规划师必须认识到这种情况的长期影响。

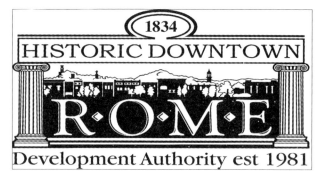

图 6.13　佐治亚州罗马市，中心区开发局招牌

商业改善区

商业改善区（BIDs）是为商业区的总体改善提供资金的又一项机制。在城市通常提供的资金之外，商业改善区还利用成员缴纳的费用，为改善区的服务提供资金。这些服务可能包括个人安保（如果地区有治安问题），额外的街道清扫、维护或者联合促销活动等。典型做法是当地政府收缴这些费用，并用于商业改善区的特定项目。

建立商业改善区，要由商业区中大多数产权所有者提出申请，这些所有者看重了资源联合的价值；并由州立法批准成立。这一机制目前在大多数州施行。尽管他们可以设置为公共机构，但通常以非营利机构形式开展组织活动。例如纽约下城联盟、华盛顿下城、洛杉矶时尚区以及费城中心区等。很多中小城市也设有商业改善区。

城市中心区开发局

市中心开发局最初旨在保护现有商业区、防止其退化。它同时也致力于促进经济增长、鼓励历史保护，以及帮助实现城市复兴。市中心开发局为推动社区公共部门项目提供必要的组织、资金和法律等方面的帮助，也执行一些仅由公共部门独家或者与有积极性的私人投资合作的新开发项目。

市中心开发局和再开发局相似，但更关注中心区，它研究经济变革以及大城市增长对于中心区及其规划、发展的影响，以及开发和整治、建设的财务投入对中心区经济发展的影响。通常说来，市中心开发局制订开发和筹资计划（TIF）（见第 16 章），并向地方政府提交以获得批准。开发计划说明了资源、位置以及计划在市中心开发局所辖区域内进行的公共改善活动的支出；计划还要仔细说明增量税收过程、要发行的债券总额，以及项目的持续时间。举几个例子来说，开发局承诺改善街道景观、停车设施、地下设施和其他公共基础设施，以及中心区市场行销努力和中心区雇员能力情况等。市中心开发局既可以作为出租人也可以作为承租人，可以出售、出租、让与、拥有或处置所有资产，可以发行税务债券来建设公共设施。

州政府可以以多种方式来利用市中心开发局。根据科罗拉多州的法律，地方政府可以成立市中心开发局并用税收增额融资制度为其提供财政支持。在怀俄明州，当局可以"认为委员会愿意帮助和改善市中心开发区的时候……计划和提出……对于现有建筑的搬迁、场地整理、整建、修复、改建、重建或其他改动"。[23] 在密歇根州，有超过 345 个社区设立中心区开发局，这一指标也说明了这一机制的成功。

主街计划

1980 年，国家历史保护信托基金会建立主街计划以展示旧商业建筑的改造可以成为市中心复兴的一个重要组成部分。主街计划最初概念的提出基于 1977 年开始的三个试点项目，其分别位于伊利诺伊州的盖尔斯堡，南达科他州的温泉市，印第安纳州的麦迪逊。从那之后，主街计划成为与中心区复兴直接相关的最重要、最有影响力的全美性项目之一。被划定为州或市的主街是对一个社区努力的非常好的认可，也能确保相应项目能够遵照执行主街计划标准。整个美国共有超过1200个此类项目。主街计划常常和其他一些中心区计划共同打包执行，比如市中心开发局项目和商业区改善项目等。

基于这些试点项目的经验效果，主街计划形成了以四个方面为基础的中心区复兴四点方法：

组织。参与中心区工作的不同团体可能对中心区复兴的途径有不同的看法。例如，商业协会可能希望促进零售业，商会希望创造就业岗位，城市政府希望提供市政服务，等等。如果没有合作，这些团体的分散的行动纲领可能无法支持其他团队的努力（结果可能导致丧失协同作用的机会），甚至可能产生彼此矛盾。主街计划在复兴的共同目标之下，将这些不同利益诉求组织在一起。

推广。在居民选择了购物中心和大型商场、抛弃原有中心区之后，很多原有中心商业区开始衰退，因此，这些老的中心区都存在印象问题。主街计划表明，中心区商业的联合宣传策略，新的品牌标志、新的引导标识、和特殊的节庆活动都能吸引顾客。将中心区塑造为一个提供多种愉快体验的目的地，可以为其重塑形象。

经济结构调整。主街计划为中心区的提升寻找来自私人或公共部门的资金支持。它可以依托地方银行提供的循环贷款程序来协助更新工作，或者利用拨款和贷款等外部资源完成特殊任务。

设计。良好的设计是中心区正在复兴的标志。虽然组织、提升、经济结构转型对整个计划至关重要，但是设计提供了可以看得见的改变。当街道景观有了植物和城市家具，商场前广场得到改造，光线充足的展示空间和专题项目使得整个环境焕发活力，居民随之看到了中心区的提升。

华盛顿哥伦比亚特区的国民信托组织主街计划办公室（www.preservationnation.org/main-street），从事许多有利于社区和个体的活动。它支持并协调建设了主街计划组织的全美性网络，提供直接的就地技术协助，为城镇和城市邻里社区提供咨询服务等工作。它出版了一系列书籍，向成员发行主街新闻等报纸。它通过国家主街计划协会提供职业培训和认证项目，并在商业区复兴工作方面与每年一次的主街计划大会合作。一年一度的国家主街奖用于表彰成功的城市中心区复兴项目。

练习5　明日的江城

江城市议会决定设立一个主街计划，重点关注城市中心区，他们希望获得如何利用这一计划实现复兴指导。很多店主同意加入这一计划，并愿意支持任何建议。诺曼·泰勒，第一国家银行经理，表示银行愿意就市中心商业设立一个基金会进行项目合作。

基于你对江城的了解，请提出四项建议，分别对应于主街计划的四点：组织、提升、经济结构调整、设计（江城的相关信息在附录及前几章的练习中可以找到）。

市中心区划

传统的区划是一种强制性工具，而不是一种复兴的刺激要素（关于区划，详见第14章）。从历史看，区划的作用是防止不合适的土地使用。随着时间推移，这个作用产生了区划条例，而区划条例可能限制了规划师和开发者的灵活性。

然而，区划可以用作推动中心区复兴的一个工具。例如，混合用地区划使得居住和商业协调的土地使用模式成为可能。通过混合用地的区划，居民成为商业活动的顾客，反过来当地的商业也为居民提供了便利的服务。在一些地方，混合用地区域也允许设置清洁型工业，因为它们为当地提供了地方性就业岗位。

聚焦华盛顿哥伦比亚特区中心商业区（SHOP）（一个附加区划地区）[24]

华盛顿 SHOP 区，利用区划作为工具，鼓励中心区的功能多样化。SHOP 区划区是中心区一个占地 18 个街区的区域，最初设立原因是这里的许多写字楼缺乏底层商业空间，造成了整个中心区缺乏商业活动。

区划附加制度（一种规章制度，适合用于设置基本区划）要求新建建筑至少有 20% 的总建筑面积为零售或服务用途，其余面积可以为住宅或办公。这个比例，接近此前中心区建筑中分派给零售业的面积比的 4 倍；从许多实例来看，这意味着整个建筑的一层和二层基本都要留作商业用途。在计算建筑面积的时候，允许有一些特例：百货商店大楼可以按三倍面积申请信贷，因为它们非常适合本地需要；剧院可以按两倍面积计算；少数族裔或被置换的商务可以按所在区域的 1.5 倍计算。区划同时也规定了入口、展示橱窗，但不鼓励设置室内中庭，因为事实证明这种受欢迎的空间并不有利于外部街道的活力。SHOP 计划关于创造混合用地的严格技术规定，起初遇到了开发商的抵制，但它在恢复这个重要的中心区的零售功能方面取得了巨大成功。

图 6.14　SHOP 区，华盛顿哥伦比亚特区

其他城市也建立了与 SHOP 区类似的中心区特殊区域。在辛辛那提，一项地方条例规定至少 60% 的首层临街面必须是商业用途；银行、旅行社和航空公司售票点不计算在内。华盛顿州的贝尔维优鼓励内城居民建立邻里社区的小型商业。旧金山要求建立为在中心区工作的富裕以及不富裕的就业者提供服务的混合商业等。

区划并不能完全使土地免于用在不符合规划意图的用途上。例如，中心区，尤其是经济萧条地区的中心区可能面对的一个难题是：在哪里允许建立色情行业。市政官员必须平衡市民和企业主的权利，市民认为城市社区的道德价值受到威胁，而企业主则声称他们的言论自由受到宪法保护。法庭已经确定，色情导向的行业可以被管制，但不能完全禁止；必须允许在城市某个地方存在。尽管市民认为这些行业的设立应当基于道德的高度来加以认识，但从规划目标的角度来说，可行的途径只有限制土地使用性质。有两个基本方法可以用来控制色情行业："分离和管制"安排，禁止色情行业彼此邻近或距离住宅区过近；"集中和管制"方法，将所有色情行业都集中限制在一个区域。

如果根据它对周边地区产生的影响，以类似于其他商务活动的目标方式进行管制，则与色情有关的行业是可以合法限制的。交通研究、犯罪统计、税收结果、对周边商业区和居住区的影响，都可以用来突出色情行业对周边环境的影响，同时也可以在良好的规划原则基础上，而不只是公众的情感反应，评估和制定合适的管制规定。

练习 6　江城成人世界书店

江城的居民对当地商人尼普森·摩尔新建立一家成人世界书店感到非常愤怒。书店位于车站街上，所在位置是从前的体育世界商场。住在书

图 6.15　成人世界书店草图

店后面的皮普尔斯女士威胁将采取行动，她说"我要直接去市议会告诉他们应该怎么做！"

当被问到相关问题的时候，书店所有者摩尔解释说，一家大型美国式商场就在城市西边，将顾客从他的体育商店吸引走了，他不得不再找到一个没有竞争者的生意。他觉得开设新的店铺是他的合法权利。反对新书店的市议会成员德洛里斯·列玛解释说，城市的区划条例（见附录C）没有对色情相关产业做出规定，因此它们没有被明确禁止。

作为江城的规划助理，你要向列玛女士写一个备忘录，说明城市可以采取什么行动来解决这个问题。你可能要研究其他城市如何解决类似困境的方法；建议居民可以采取影响皮尔普斯女士或列玛女士使其重新评价各自立场的行动。

精明增长

"精明增长"是目前城市规划领域最重要的运动之一；正如一位批评家所说，"谁会支持愚蠢增长？"[25] 精明增长被定义为这样一种规划，它鼓励在市中心而不是城市边缘进行发展，提倡步行化、自行车友好、提供良好的地方交通支持的

土地使用规划。精明增长关注邻里社区学校、功能多样化的街道、混合用途的开发活动，以及一系列的住房选择。它将城市增长与长远的区域规划联系在一起。全美性组织——美国精明增长联合会是一个国家、州和地方组织的联盟，致力于优化美国城市社区规划的方法。成员代表了不同方面的利益诉求，其中包括环境议题、历史保护、邻里再开发、农业用地和开敞空间的保护以及多样化交通等。

一些州已经采取了重要措施来控制增长，并鼓励（人们）对在何处进行开发做出更好的决策。1997 年的马里兰州《精明增长区法》（Smart Growth Areas Act），设定了城市和乡村的优先资助区域（PFAs），包括已有上下水设施的地区，或者社区规划中已经划定为基础设施改善的地区。优先资助区域以外的地区没有资格获得基础设施或者经济发展帮助。这一法案目的在于鼓励现有社区的发展，而不是建立新的社区，使得城市蔓延。精明增长使用基于分数的评价体系来评价计划的开发项目，它偏好于项目中私人出资比例高于公共出资的项目，位于高失业率地区的项目，与培训提供者和地方就业岗位关联的项目，有利于公共安全、福祉、教育、交通的项目等。比如伊利诺伊州的一项法案，为公共交通或可支付（劳动力）住宅附近区域的商业提供税额减免。企业也可以通过为员工提供住房贷款或班车服务来获得税额减免资格。

城市增长边界

城市增长边界用于将增长引向那些设定为加大开发强度的地区，同时避开保留为农业用途的地区。地方政府可以与他们制定的总体规划相协调，在一个较长的期限内，一般是 20 年或者更长时间，引导和促进城市在边界内部的增长。相应的，城市增长边界保护了农田和开敞空间不被过早的

99

开发活动所侵占，从而既优化了农业经济又促进了农田保护。

增长边界的划定必须严谨细致且具有前瞻性；特别是在没有要求对未来进行评价的情况下，更要如此。增长边界的建立通常需要通过一个三步骤的程序。首先，边界线的绘制必须与城市总体规划相衔接。其次，要经过公民立法提案程序，或全民复决的选民投票，或市议会投票来批准边界。最后，政府要与受到该措施影响的相邻行政辖区共同努力，确保行动在精神和目标上的合作。

增长边界已经在田纳西州、马里兰州、佛罗里达州东部、加利福尼亚州、华盛顿州、俄勒冈州西部的城市地区成功实施。一些州也决定划定城市增长边界。区域尺度上的增长边界经常采取多行政辖区的合作，通过投票批准和 / 或政府行动来设立。

1972 年，第一个限制增长的措施在旧金山以北 40 英里处的加州佩塔卢马执行。出于对快速开发的担忧，佩塔卢马的选民将每年新增住宅单位数量限制在 500 个以下，差不多是此前几年增长数目的一半。他们通过了一个增长边界来控制城市蔓延，并使不断增加的基础设施建设支出最小化。结果，草地和开敞空间围绕着现在的城市，谷仓和奶厂与城市的过去紧密联系在一起。佩塔卢马制

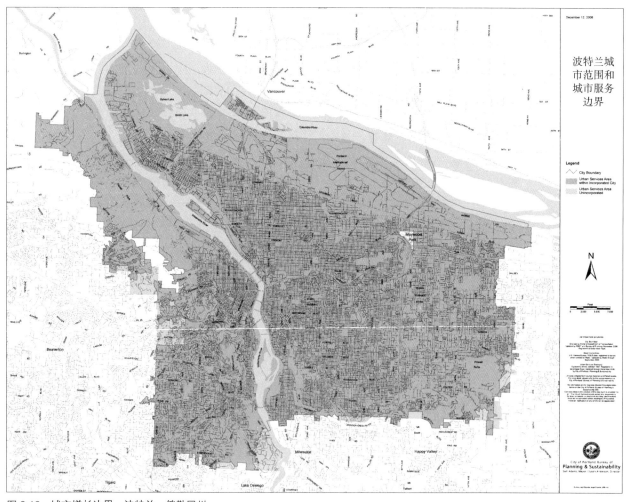

图 6.16　城市增长边界，波特兰，俄勒冈州

订的中心城区规划，致力于保留中心区的旧有土地使用、防止它被新建项目挤出去；通过这个规划实现了新旧城区有机混合，当地政府以此为傲。

俄勒冈州的波特兰，提供了可能是最好的利用城市增长边界的范例。1973 年，农民、环保主义者和持支持态度的州长组成的联盟说服了州议会，同意认为城市增长控制措施是保护全州自然风光和开敞空间的最有效方法。在俄勒冈的法律制度下，州内每个城市或大都市区都设置了城市增长边界，将城市土地和乡村土地分隔开来。[26] 根据州的法律，要求波特兰在增长边界内以最低限度的土地供应，来承接未来 20 年的住宅开发。土地供应状况由都市区议会每五年评估一次。波特兰的增长边界并不是静态的，而是根据现实情况的变化可以进行调整的。例如，2002 年增加了近 19000 英亩的土地，提供给约 38000 余个住宅单元，比 1990 年增加了 9%，而同时期人口增加了 17%。

总结

整个美国的城市社区都经历了从小型滨河聚居地，到农业社区、贸易中心、大型工业城市，最终到后工业大都市区的发展过程。城市地区只占了美国国土的一小部分，但已经成为居住、商业和工业用地的绝对主体。

地方政府领导和城市规划师面临了新的挑战，这些挑战来自人口结构的转变，以及人口从中心城市向城市和郊区边缘区迁移的长期模式。城市的核心是中央商务区（CBD）。大多数中央商务区在几十年前就达到了自身发展和经济活力的顶点。在 20 世纪，与郊区和乡村过渡地区相比，城市丧失了很多优越性。随着购物中心和沿主要道路布局商店街的开发愈发红火，中心城区的经济愈发衰退。类似于街道这类老化的基础设施、荒废的公共服务设施，以及重新选址或被抛弃的商业，加剧了城市逃离。现存的基础设施，包括道路、人行道、上下水管线，使得这些地区具备再开发的条件；从可持续性角度更是要求利用这些存量的已开发地区，而不是继续蔓延。然而，在郊区空白地块上的建设总是比在老城区建设更加便宜，所以规划师必须帮助城市为开发商和建造者寻找资金和其他开发激励政策。

很多组织都可以用来支持复兴计划，为中心城市带进更多的经济开发动力。其中包括再开发局、金融机构、商业改善区、市中心开发局，以及主街计划。特别区划规定、精明增长计划和城市增长边界都增强了城市核心地区的活力。

第 7 章　住房

住房对规划师的重要性

居住用地是城市和郊区社区的一个重要部分。在良好的空气、水和食物之外,庇护所也是社会的一个基本物质需求。规划师需要了解各种影响住房及其所有关系的社会经济要素。住房的充分供给是一个与人们息息相关的问题——事实上每个社会的个体都可以以他所拥有的住所来进行区别。住宅提供了安全性和家庭活动的场所。它的空间位置与学校、就业地点、零售店、社会活动和开敞空间之间建立了社区的联系。此外,这一被人们称之为家的地方,也代表了一种公共形象和人们对应的社会地位。

社区很大一部分的固有财富都与抵押、建设以及衍生出的各种税收收益联系在一起,这些收益同时影响着学校、公园、基础设施和其他公共服务及生活福利设施等方面的公共支出。因此,社区规划师应当对住宅计划有多方面的了解,既要了解由政府主导的,也要了解私人贷款机构主导的各项计划。

住房的人口特征

住宅随时代和地点而不断变化。1900 年,平均每个美国家庭有 4.6 口人,到 1970 年降至 3.1 人,到 2008 年降至仅 2.6 人。[1]美国的人口总量已经超过 3 个亿,但每个家庭的人口数量却急剧下降,这是因为家庭孩子数量的减少,结婚年龄变晚,而且出现了更多的单身。更小的家庭单位、加上人口的自然增长,导致了对住宅单位比过去几十年有更大的需求,预计这一趋势将持续整个 21 世纪。

对那些世代群体,也就是相似特征组成的群体,进行的观察研究,可以为我们提供一种有

图 7.1　新开发的单边联排住宅,圣路易斯,密苏里州

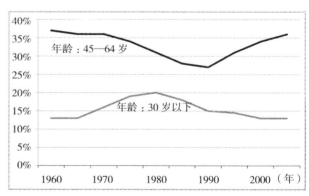

图 7.2　美国家庭人口年龄分布

效的前景展望。最重要的一个群体可能是出生于1946—1954年之间的婴儿潮一代，他们扭转了几乎每一个人口统计学的图表。这一代人接近退休年龄，将普通家庭住宅转变为空巢住宅（夫妇双方没有孩子的家庭）和退休住宅，给住宅供需带来了重大转变。由于老年人寿命的延长，老年人占全体人口比例比过去的几十年大大增高。

这些数据为构建未来情景提供了一个基础。例如，过了10—20年，当婴儿潮一代去世之后，可利用的住宅单位将大幅增加，这样在老年人集中区域的购房成本将大大降低。社区更多的居民成为住房拥有者，这将导致租赁市场的交易放缓，除非吸引外来人口来到本区域。以上这些发展趋势都多多少少可以预测到，但其结果可能还受到目前不甚明显的一些新的趋势影响，比如利率和抵押条件的变化。

住宅趋势可以通过美国十年住房普查的样本家庭表现出来。抽样家庭被询问收入信息、住房支出、燃料、取暖设备等相关基础设施以及其他开销的有关问题。这些数据提供了有关住宅特征的详细信息，数据按照跟踪普查级别和大型区域单元进行记录，比如镇、市、大都市区和州。

政府在住房中的角色

出租房法案

美国最初有关住宅的重要法案是纽约的一系列住房法。其第一个法案是1867年的《出租房法案》（Tenement House Act），规定了为不断增长的移民潮提供出租房屋的最低建筑设计标准。这一法案规定出租住房要有通风条件、防火设施、卫生间、垃圾箱，它为贫困移民的健康带来了关键性的改善。1879年，第二部《出租房法案》发布了更严格的标准，要求每层至少有两个卫生间，还要求要有通风竖井为内部的居住空间提供新鲜空气。1901年颁布的第三部《出租房法案》被称

为"新法"，规定建筑的建造、改造和变更用途需要提出申请许可，并接受检查。此外，它还建立了一个房屋管理机构来保证法案的执行。新法成为全美住房法案的一个典范。

抵押贷款利息减免和1934年的《国家住房法》

一个多世纪以来，联邦政府一直在住宅方面发挥重要作用。有的时候这种影响是间接的。1913年，国会开始征收联邦所得税，并授权纳税者可以减免抵押贷款利息。这项抵押贷款利息的减免政策最初是针对企业支出的，因为1913年的时候很少有个人住宅抵押贷款，但这项政策让房

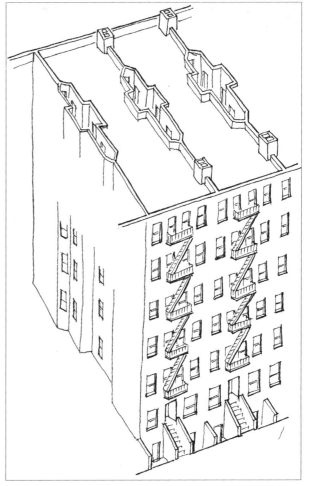

图7.3 纽约市出租房，展示了通风道口

屋的个人拥有者大大获益。

随后又有其他的法案。1934年的《国家住房法》（National Housing Act）建立了联邦住宅管理局（FHA）来提供低成本住房，并和次年成立的公共工程管理局一起提供建筑岗位。最初，银行贷款只能低于房价的一半，相应的还款时间也比较短，只是2—5年。这一法案使得联邦住宅管理局有权为购房贷款提供担保、规定利率和每笔抵押的时限。法案还让由于20世纪30年代的经济大萧条而绝望的信贷机构恢复信心。信贷机构于是愿意为80%的房价提供贷款，并将还款期延长至20年，甚至是30年，这一政策在财政上极大地刺激了全美购房者。随着更多美国人有能力购买住房，独门独户住宅成为一种普遍的住宅形式。作为住房市场的一部分，它们所占比例从20世纪40年代的44%上升到90年代的接近70%。为保障新建住宅在建造、材料和房屋尺寸等方面应该达到的最低质量水准，《国家住房法》还规定了特别的标准。

伴随着第二次世界大战，士兵离开家乡，工人向南加州的底特律、弗尼吉亚州的诺福克等军工业地区流动，导致了大量人口的迁徙和再分布。因为住房供给量开始急剧下降，并且战争期间公共住房的建设实际上停止了，这种人口的再分布使得这些地区出现严重的住房短缺。战时工作加上很少的购买开支，带来了个人的高储蓄率。当士兵们从战场回到家乡结婚生子（婴儿潮），被压抑的新建住房巨大需求得到释放。政府项目通过大量的补贴帮助老兵购买住房；退伍军人管理局保证了购买新住房的家庭贷款，包括低利率、长还贷期，以及低首付。新住房建设量很快增长到每年超过100万套。很多以前的租房者成为有房者。

城市改造计划

1949年的《住房法》（the Housing Act）有两个重要举措：一是批准为建设81万套公共住宅提供基金，国家目标是"为每个美国家庭提供体面的住房和舒适的居住环境"；二是城市再开发计划，用以消除很多老旧大城市出现的衰退现象。[2]随着房地产部门的大力院外游说，它们往往认为公共住宅是私人市场的竞争者，法案也从强调"城市改造"，转换为对贫民窟清理活动的冲动。城市改造政策建立了一个程序，利用联邦资金整合大量城市地产，清理多余的建筑，进行适当的场地改善，然后以低于改善成本的价格，将清理后的土地出售给私人开发者。其中拆除的过程在很多城市都相当成功，但向开发者出售的过程则并不如此。投资者更喜欢购买新开发的、不受妨碍的郊区土地，因为地价不高、税费低廉，并且劳动力在持续向郊区流动。此外，政府政策也在鼓励在郊区建设和购买住宅。所有这些原因碰巧叠加在一起，使得中心城衰落。

城市规划的一个重要步骤是1954年通过的《住房法》，它是1949年法案的修正案。法案第701条包含一项有关联邦匹配资金的规定——规定联邦和州按照50%对50%的比例出资，用于包括住房在内的总体规划编制。资金之所以有效在于它不仅可以用于新建和拆除地区，也可用于退化地区制定整治和保护规划。这项政策的变化对今天的住房政策有很大影响，它鼓励改造整治而非拆除。最初只有人口少于25000人的城镇适用这一条款，但之后大城市、印第安人保护区和州政府也被包括其中。联邦政府将这一计划与城市改造的大量资金绑定。这一法案催生了大量匆促编制的总体规划；规划师急于获得地方政府的合同来制订规划文件。很多在这一项目计划下编制的总体规划，内容相似，缺乏有意义的地方特点。这类规划都满足了获得联邦住宅政策支持的资格条件，但是没有为地方社区提供任何有价值的相关规划建议，社区领导们只能将这些规划束之高阁，无法参照其内容加以实施。

当时认为，清除贫民窟对城市改造有利。基

于这个假设，城市改造计划在 20 世纪 50—60 年代获得联邦政府的支持。实施这个政策的结果是，每年有 45 万个住宅单位在破碎机吞食下被拆毁，向城市贫民提供的廉价住宅数量大为减少，也逐步破坏了住区邻里。渐渐地，规划师和政府才认识到，社会活力已经在改造的名义下消失了。

城市改造在粗暴实施中还往往带有很高的歧视性。例如在明尼阿波利斯，非裔美国人数量本来就很少；一条高速公路建设，穿过了他们聚居地的中心地带，使得很多家庭为此流离失所。在巴尔的摩，有一万个家庭住宅以城市改造的名义被清除；其中 90% 都是非裔美国人家庭。类似的故事从东海岸到西海岸的城市都有发生。很多这类少数族裔的穷人搬到了北部城市，以寻求新的制造业工作，在那里他们也不能购买白人社区的住宅。这种漠视促使了 20 世纪 60 年代种族骚乱的发生，黑人社区的沮丧和挫折以游行示威的形式爆发了出来，这种情形更促使了白人向郊区迁移。

20 世纪 60 年代的《住房和公民权利法》

20 世纪 60 年代，一系列公民权利法案都强调了对住房的需求。1964 年和 1968 年的《民权法》（the Civil Rights Acts）制定了均等住房机会的政策，为缺乏住房并且没有能力的少数族群家庭提供救济，以获得合适的住房。1965 年，林德·约翰逊总统发起的解决贫困问题战役促使国会批准成立经济机会办公室和一个新的联邦机构，也就是住房和城市发展部（HUD）。这个部门负责协调所有联邦住宅计划以及再开发项目的工作。

1966 年的《示范城市和大都市发展法》（Demonstration Cites and Metropolitan Development Act）将管理住房及其他项目的权力和责任，从联邦政府转移到地方机构。这一将项目管理地方化的努力非常失败，因为地方机构并没有能力应付这样的项目。

然而，在 20 世纪 60 年代的大社会时期（the Great Society），联邦住房项目依然大量存在。1968 年的《公共住房法》（the Public Housing Act）设定了一个 10 年目标：为通过住房和城市发展部资格认定的申请者新建 2600 万户中低收入家庭住宅。最初，公共住宅是大萧条时期贫困家庭的临时住房，到 20 世纪 60 年代，已经成为所有阶层及其家庭的永久住房。

案例研究　普鲁伊特－伊戈项目，圣路易斯

很多规划师和政府官员认为，圣路易斯的普鲁伊特－伊戈项目是最失败的公共住宅项目，是 20 世纪 60 年代错误执行的联邦公共住宅政策的代表之一。

普鲁伊特－伊戈项目是圣路易斯市应对战后衰退的一项措施。城市规划师经过几年时间的工作，计划将城市中心的一大部分予以拆除。通过列入 1949 年《住房法》规定的城市改造部分之下，项目有了可用资金，于是政府计划建设惊人的 12000 户新的公共住宅来容纳无处容身的穷人，其中 5800 户得到批准并建成，这就是普鲁伊特－伊戈项目。普鲁伊特－伊戈实际上是两个项目：针对黑人的普鲁伊特和针对白人的伊戈（尽管出现问题时，白人已很快迁出，伊戈很快剩下不到 1% 的白人）。这个项目的规划依据高层建筑可以争取周边大量绿地的理论，在一块独立的场地上设置了 33 栋同样类型的 11 层建筑。

在建设的时候，该项目被称赞为社会问题的现代建筑解决方案。第一批承租人于 1954 年搬入。最初的计划是提倡一个完整社区，包括商业、教堂和休闲娱乐设施，但是 1956 年房屋局用光了项目的所有财政资金。资助项目建设的住房和城市发展部拒绝继续给予支持。完成

图 7.4 普鲁伊特 – 伊戈项目，1954 年

图 7.5 普鲁伊特 – 伊戈项目的拆除，1972 年

计划的责任落到了圣路易斯市政府的身上。

这个已经完成部分目标的规划，最终变成了一个典型的失败案例。到了 1959 年，普鲁伊特 – 伊戈成为一个丑闻。正如一位工人所说，"当有人开车或走进普鲁伊特 – 伊戈的时候，就会看到凄凉的景象。碎玻璃、破石块和垃圾堆在街道上，那些堆弃物让人惊讶……废弃的车辆停留在停车场，到处都是玻璃瓶和易拉罐，废纸像下雨一样落下然后卡在布满裂缝、坚硬的泥地里。从外表来看普鲁伊特 – 伊戈就像刚刚发生灾难的地方。"[3] 到 1961 年，由于穷人集中在同一个地方，普鲁伊特 – 伊戈成为全市犯罪率最高的地区。这个项目成为"一个无政府状态的混凝土外壳"。[4]

尽管进行了计划调整，但是到 1968 年房屋局还是认为无法管理而让联邦政府接管这个项目。此时有 75% 的单元没有住人，于是决定拆除一半建筑，来降低密度。若干年后，剩余的单元也被炸毁，普鲁伊特 – 伊戈最终迎来了并不光彩的结局。

三个主要理论可以用来解释普鲁伊特 – 伊戈和其他类似高层公共住宅项目的失败的原因。第一个理论认为穷人缺乏责任感，他们没有工作或收入很少，因而没有形成财产的自豪感。这个理论认为，解决这一问题的策略是通过补贴计划，允许穷人拥有自己的住宅。

第二个理论假设高层建筑是问题的源头。单元公寓的空间重复单调，与环境没有什么联系；观察建筑周边的空间非常困难。于是建议公共住宅应当建成低层建筑，居民可以通过窗户、门廊和阳台观察到周边的活动。

第三个理论认为住宅项目变成了集聚穷人的仓库，毁坏了生存其中的居民尊严，并且将他们与社会的其他阶层隔离；没有特征的环境也蔓延了失望和衰退的气氛。对此的解决方法是将公共住宅分散安排，这样穷人就成为整个邻里社区的一个部分；拥有更多的富裕人口，更大的社区可以为居民提供更多的支持。

相对而言，不管这些理论的准确性如何，它们都指出了公共住宅需要研究，如何改正之前所犯的错误。为低收入和中等收入的市民提供合理设计的住宅；应该在某种程度上将他们与社会其他阶层融合而不是隔离，以消除由于高层公共住宅酿成的不良名声。

1974 年的《住房与社区发展法》

20 世纪 40—50 年代的城市改造计划和 60 年代的大社会计划都不太成功。城市改造资金总是提供给那些能够提出最好规划的社区，资金总是投入到那些有钱的城市，因为它们有更好的资源来做出获胜的申请方案。实施住宅项目计划的成本不断上升，而越南战争的耗费也造成了"大炮加黄油政策（经济与军事兼顾）"的财政困境越来越大。

1971 年，理查德·尼克松总统通过《住房与社区发展法》（HCD）提出一个新的社区发展方式。这一提案在 1974 年获得通过，该法案按照建设前的收益共享方案直接将资金拨给社区，而不是根据经费申请情况进行拨款。法案的第八章创立了一个住房补贴项目，允许低收入居民自主寻找住宅，并根据他们的收入和租金来获得联邦补助支持。这一项目取代了之前的其他许多计划，联邦政府不再需要建设住宅，可以依托私人力量满足住宅需求。目标是将低收入人口分散到整个社会中去，而不是将他们集中到一个公共住宅项目里面来。

《住房和社区发展法》将很多用于住宅项目的款项固定在所谓的一揽子拨款中，允许地方政府决定如何使用联邦资金以更好地满足需求，由此将它们与整体社区发展项目计划联系起来。结果，社区发展资金（CDBG），成为政府对住宅社区开发的最重要介入和支持措施。

20 世纪 80 年代期间，里根政府进一步强调，解决这一问题要依靠政策而不是建设，从而将满足住宅需求的责任转移给州政府。政策转变的重点是颇有戏剧性的：20 世纪 70 年代有超过 100 万户的联邦补贴住宅建成；到 20 世纪 80 年代就只剩下很少的新建单元了。在此期间，住房和城市发展部的预算从 1981 年的 320 亿削减到了 1990 年的 90 亿美元。一项很有争议的住房补助券计划为自主寻找住房的家庭提供基金。1999 年，大约 160 万家庭获得来自政府预算总额达到 70 亿美元的补助券。通过上述努力，政府从为家庭提供公共住宅，转变为主要为老年人提供住宅。

住房和城市发展部管理的住房机会项目计划，鼓励地方政府承担更多的住宅保障的责任，直接向地方当局、非营利机构和初始项目的开发商提供资金。其中一个成果就是"仁人家园"，一个非营利的全球性基督教住房组织，主要依靠志愿者劳动，已经在全世界建设超过 20 万的住宅单元。

在英国，20%—25% 的住宅在某种程度上是由于政府支持的，在其他发达国家这个比例也大大高于 10%。相对而言，美国政府只贡献了不足 2%。在美国，公共住宅并没有发挥更重要作用的一个原因是，异常强烈的自由主义企业精神认为社会住房是一种"温和的社会主义"。[5] 受到一定程度的种族偏见和歧视的影响，政府减少了对这些最终主要是由非裔和西班牙裔美国人获益项目的支持。其他高度组织化并且资金充裕的反对派，作为传统的既得利益获得者，也从各种各样的组织中突显出来，并从私人部门的贷款中获益，比如全美房地产协会、全美房屋建造协会、美国储蓄和贷款联盟、美国商会、美国抵押贷款银行家协会，以及美国银行家协会等。

其他住房问题

在制订一个总体规划的时候，规划师和社区领袖必须理解与住房相关的其他许多议题。其中包括无家可归者、绅士化和城市旧房改造与返迁计划。

无家可归者

无家可归者在美国社会中并不常见。无家可归并不仅仅指那些缺少住宅的人，也指那些住在临时住房的人，或大部分时候都住在公共或私人设施里的人，以及那些住在最初并非设计成长期居住场所的建筑里的人。最近几十年来无家可归者数量上升，一部分原因是廉价住宅越来越短缺，另一部分原因则是贫困现象加剧。2007 年，超过 3700 万美国人（13%）处于贫困状态，其中 38% 是 18 岁以下的未成年人。[6] 无家可归也可能是由

图 7.6 无家可归者占据的领地，费城

于自然灾害引起的，比如卡特里娜飓风，当政府准备不足，无法提供充分物资来为失去住房的人们提供庇护场所，也无力通过救济或者提供资源为难民找到新的住房的时候。

那些自己选择无家可归的人——因为他们希望放弃物质生活，或者将自己与社会隔离，或者因为他们不适应社会环境——在总人口中只是极少的一小部分，他们通常不需要针对他们的特殊项目计划或者服务。大部分无家可归者源于缺乏工作能力，长期严重吸毒、酒精滥用或者精神疾病，或者疏远和脱离与家人朋友等常见的社会网络联系。

令人吃惊的是，无家可归者中很大一部分是住房高成本的受害者，缺乏糊口的薪水；这部分人包括长期失业的无技术工人，刚进入社区处于转换期的年轻人，以及最令人不安的——带着孩子的单亲家长，他们没有其他选择，只能住在车厢里或者在桥下寻找容身之地。根据 2005 年的调查，42% 的长期无家可归者都是有孩子的家庭成员，他们代表了无家可归者中快速增长的这一部分人。[7] 2007 年的一项研究跟踪调查了纽约数千个无家可归者，发现他们每人每年使用的住院治疗和监狱关押等公共服务价值超过 4 万美元。如果为其中一半的人提供公共住宅，那么人均支出就会呈现显著下降。[8]

1986 年，住房和城市发展部设立了《麦金尼无家可归者援助法》（McKinney–Vento Homeless Assistance Act）。这一法案为城市提供额外资金，用于支持一些长期无家可归者的援助项目。为此很多城市制订了十年规划。而那些被称为邻避主义（NIMBYism），即"不要在我的后院"的邻里反对团体，一直在试图阻碍项目取得成功，但规划师为重视这一社区问题所做的努力还是有意义且必要的。

练习 7　为江城无家可归者的新庇护所选址

多年以来，第一卫理公会教会作为紧急救助设施一直为江城不断增多的无家可归者提供服务。管理人认为教会不再有能力提供这项服务，希望市政府接过这个社会需求的责任。无家可归者包括有各种各样困难的人——其中有失业者、药物滥用和心理疾病患者。

江城市议会举行了一个公开听证会来决定，无家可归者是应该被安置在个别的住宅区中，还是安置在一个政府管理的设施里。他们认为，最好的解决方案是建设一个新的小型设施，同时批准了建设资金。

作为江城的规划师，你被要求为这个容纳 20 人的新庇护所推荐一个选址。你了解到，江城居民反对将庇护所修建在邻近他们住区的地方。请考虑以下影响项目成功的关键社会因素，并作出可行的选址判断。

·最近的医疗设施位于城市以东一英里的伊利镇；

·第一卫理公会教会位于邻近比特摩尔大道穿过沃尔登池的位置上，他们同意继续为需要的人提供早餐；

·一些无家可归者有家庭及学龄儿童；

·目前市政府提供的公共交通仅限于一辆小巴士，收取一点象征性的费用。

利用附录 D 中的城市地图，为庇护所推荐一个选址；你的报告中应当包括对上述所有因素的回应（不需要考虑现有的区划）。

城市旧房改造与返迁计划

富裕居民从旧城区向郊区的持续迁移，导致了废弃住房和贫困人口数量的相应增长。曾经对社区生活和计税基数有所贡献的邻里，随之可能成为这二者的拖累。吸引新一代都市人来到这些古老的、可能有历史意义的住区的一个途径，就是开展一项城市旧房改造与返迁计划，允许中低收入者成为房屋所有者。"城市定居者"一词用来特指那些住在城市，但是试图通过尽量自给自足来建立自然和可持续的生活方式的人们。很多大城市已经尝试实施城市旧房改造与返迁计划，其中包括纽约、巴尔的摩、匹兹堡和费城，以及遍布全美的其他 90 个城市。绝大部分这类计划都是相似的。拥有空置房屋（由于欠税或其他原因）的地方政府将这些住宅以很低价格（有时候象征性为 1 美元）提供给个人，个人需要承诺在最短的规定时间内将住宅升级至符合建筑规范、缴纳财产税、并保证作为居所的自有住宅。一旦他们满足以上的项目规定，就可以获得房屋产权。

由于房产价值升高，财产税计税基数升高，地方政府由此可以通过城市旧房改造与返迁计划获益。例如，1999 年华盛顿哥伦比亚特区，超过 2000 人参加抽签购买 68 户登记住宅，每户售价 250 美元。作为回报，购买者必须保证对房屋进行必要的维修和复原，使其符合建筑规范，并且在其中至少居住 5 年。在一些城市，项目通过鼓励租客协会购买成组住宅并分享资源和管理来推进项目进程。

城市旧房改造与返迁计划可能并不适用于所有有住房需求的社会成员。一些人没有能力升级不合规范的住所，另一些人可能没有资源去购买哪怕是最基本的建筑材料，比如木材、屋顶材料或者是涂料。但是对于那些有能力利用城市旧房改造与返迁计划的个人或家庭，这项计划可以鼓励其以很低廉的成本对坚固的住房进行整治。城市旧房改造与返迁计划援助委员会，一个旨在进行低成本住房互助的全美性组织，为租客提供帮助，使他们转变为拥有住房者。

绅士化

社会上很多中低收入居民只能在居住在城市租金便宜的地段。如果这些地区通过住房修葺和整治得到了复兴，将会使得房产价值升高，租金就会随之升高，他们也就不能再支付得起。迁移的结果是富裕居民搬到了原先贫困的城市邻里地区，取代了现有居民，同时转化了社区的特征和品质，这种过程就叫作绅士化。正如《时代》周刊所指出的，"与千篇一律、亮闪闪的公寓塔楼相比，修葺过的车房和锡箔顶棚，更能将郊区儿童吸引回城市里。"[9]

社区复兴计划可能产生的意料之外的副作用会让规划师和政府感到忧虑。这个问题可以通过一些政策加以处理，比如通过低息贷款等计划，帮助购买材料和修缮住宅，或者提供租金补贴，以此使得中低收入居民能继续居住在这些已建的邻里社区。

可供替代的住宅类型

门禁社区

郊区总是充满吸引力的，因为它代表了一种脱离了市中心问题的生活方式。人们搬到郊区至

图 7.7　门禁社区，斯科茨代尔，亚利桑那州

少有一部分原因是为了更多的私密性。起源于20世纪80年代的门禁社区（Gentrification），进一步加剧到了隔离问题：这些社区不仅是孤立隔离的，四周还有围墙和安保人员看管的入口，需要获得许可才能进入这类社区。

美国现在大约有2万个门禁社区，其中很多都在西南或东南地区，因为这些地区退休率较高。门禁社区的居民趋向于同质的、侧重于族群隔离的生活模式；这种模式总是我们文化的一个部分。尽管人们搬到门禁社区是由于它们看似提供了社区感，但研究表明，事实上门禁社区的社区感比不实行门禁的社区更弱，而不是更强。

合作住房

合作住房（Co-housing）起源于20世纪80年代的丹麦，它提供了一种新的社区形式，其中住房拥有者既有私人部门也有公共部门。开发合作住房的业主日益增多，随着越来越多的人了解了这种形式，越来越多的合作住房得到开发。合作住房更多的是依托社会契约，而不是法律契约，其主要目的是鼓励一种创新的社会环境。

一般来说，合作住房由20—40个成员家庭组成，围绕一个共同的庭院为中心，聚集各家各户的私人住宅单元。成员家庭共享各种设施，比如

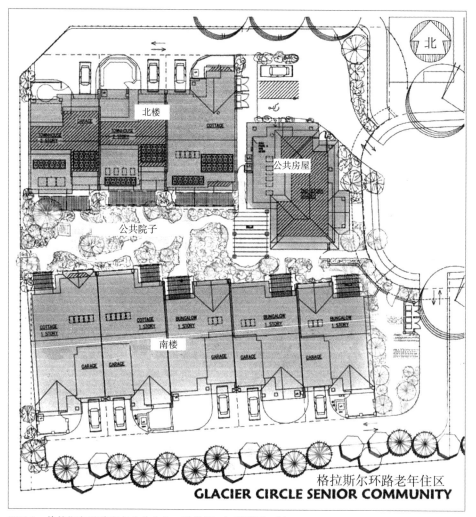

图7.8　格拉斯尔环路老年合作住宅，戴维斯，加利福尼亚州

餐厅、社交厅、工作室、办公室、日间照料设施和娱乐空间。车行道、社区路和停车位通常位于开发单元的边缘,而单元内部则是依托步行道的儿童友好空间。这种设计安排对于合作居住社区中有孩子的家庭特别有用。

如果从项目一开始就将居民支撑网络作为规划的一部分,那么合作住房开发有着更强的社区感和归属感,因此很多社区都在规划初期就引入未来居民参与设计。合作居住社区可以照顾到特殊群体的需求,比如对可达性和安全感尤为关注的老年群体。加利福尼亚州戴维斯市的冰川园小区是美国第一个老年合作居住社区。其他的一些合作社区也在开发之中,比如关注生态问题的生态居住社区。有机花园、堆肥厕所和其他的绿色系统都是其中的标准要素。

合作住房开发可以通过对现有居住区的改造实现——也就是说,利用现有住房并调整改造使其符合目标。拆掉栅栏,建设公共设施,重新规划现有街道。开发也可能是不断扩展的,从两三家开始,然后随着邻近的住房不断加入而逐渐扩展。

110 预制房屋

工厂预制生产的,或是叫预制房屋可以为住宅购买者提供更多的优势。与传统住房相比,预制房屋更便宜、更容易建造。大部分构件都在工厂流水线制造,因此不受天气影响,配件可以快速准确装配,工具也就在手边。这种房屋只需要最少的构件现场装配,使人们可以全年进行建造工作,不受季节影响。装配流水线体系也提高了质量保证。

然而在另一方面,预制房屋还没有被社会所接受;社会大众总是把预制房屋看作移动房屋,后者一般被认为是临时性的住宅单元,但实际上,二者的建造标准完全不同。预制房屋被一些有权势的利益团体所排斥,比如全美房屋建造协会,一个保护房屋建造行业和从业者利益的联合组织。

交通问题也要考虑,因为预制组件的运输可能要穿越很多有着不同要求的行政区域,运输许可的成本也可能很高。地方建筑规范的不同,也可能意味着某个地方接受的房屋,在另一个地方并不被接受;为此需要进行的修改可能降低预制过程的部分效率。

移动住宅

移动住宅由拖车行业进化而来。了解到很多人将拖车作为永久性住房使用后,拖车行业的回应是建造更大的单元,将宽度从 8 英尺扩大到 10、12 或 14 英尺,在一些州,高速路也允许运送 16 或 18 英尺宽的拖车。拖车长度也从 45 英尺加长到了 85 英尺。现在,住房单元已经可以从两面或者三面组合延伸,以满足精挑细选的购买者。尽管从定义上讲,移动住宅建有轮子,技术上是

图 7.9　移动住房公园,墨尔本,佛罗里达州

可以移动的，但是很多单元在移动住宅公园或者私人地块上建成后就再也没有移动过。

移动住宅的选址规划是具有争议的。很多人反对在自己的社区中规划此类"公园"，但是法规判例已经规定好了可以开发移动住宅公园的位置。社区和规划师需要面对的问题是，如果所有者决定出售或腾空公园，那么应当如何处理这片土地。

包容式住房计划

包容式住房条款（也称为包容式区划），要求开发商向中低收入家庭以他们有能力支付的价格提供规定比例的住宅。"可以支付"这个概念需要地方政府仔细界定，因为开发商更倾向于按照市场价格出售住宅；可支付住房不仅利润微薄，同时还会降低相邻住宅的市场价格。一些社区允许开发商通过捐出一笔钱给政府管理的可支付住房资金，来代替在开发项目中提供可支付住房单元。这就将开发商从他们的义务中解脱出来，并且将提供可支付住房的责任放到了地方政府的身上。而开发商捐款的成本则转移到购买开发商提供市场价格住房的购买者身上。

在一些社区，包容式住房计划是强制性的；而在另外一些社区，则是通过一些激励政策来鼓励开发商提供可支付住房。这些激励政策可能包括允许更高的建筑密度或者放宽一些标准要求。例如在蒙哥马利县，建设量大于等于 35 个住宅单元的开发项目，必须包括 12.5%-15% 的可支付住房；可支付的定义是全县最低 1/3 收入水平的家庭可以承受的价格。1976—2003 年期间，建成了超过 11000 个可支付住房单元。

规划师可以通过一些步骤来鼓励包容式住房计划，包括列出社区现有住房的详细清单，利用征税估值资料和人口普查信息来评估各部分住房类型的市场需求——包括租客、自有住房家庭、退休人员和有特殊需求的个人。根据

这些信息，规划师可以在总体规划之下制定适应社会住房需求的策略。考虑的因素包括资金、可行的计划、可建设的地段以及对规范和鼓励条款的可能调整。

由于大块土地的高额土地成本、高昂的建设成本、联邦削减的住宅项目资金、新建设项目复杂的许可手续，以及受到希望保持住房高价值的当地居民的反对，实际上可支付住房在所有社区中都是供不应求的。尽管地方政府无法消除大部分上述因素，但仍可以通过政策和计划，促进提供更多的包容式住房，从而继续将可支付住房作为总体规划的一个目标。地方建设机构可以通过加快此类单元的审批流程、允许更低的先期开发投入、减免影响费（详见第 16 章）及其他费用，以及为可支付住房项目提供补助金等措施来帮助实现这一目标。

强制规范实施

建筑规范保护居民免受不安全住宅状况的侵害。规范常常和法令条例以及健康、安全、福利标准一起协同进行管理。建筑规范的强制实施是市政当局必须承担的一项责任。租客可以引用规范条款，迫使房东修缮那些存在不安全状况的房屋。

建筑规范是一个可以确保完整的邻里品质与稳定的计税基数，但又成本不高的方式。它有助于保证已有住房保持良好状况、不会由于疏漏而成为危房。如果有不合作的业主违反规范，市政当局可以采取一系列措施，包括罚款、定罪或者取消建筑物占地许可等。当局也可以雇用一个承包商来修缮房屋，然后对业主处以罚金；这将使房屋被记录违规，而该房屋出售之前，业主必须处理上述违规记录。在极端情况下，地方政府甚至可以采取更加强硬的法律手段，剥夺业主对财产的所有权。

住房和私人部门

联邦、州、地方政府共同提供与住房相关的财政与补助金，并制定相关法律法规。但是在美国，政府在住房开发和所有活动中的行为相对比较低调，而私人部门则在其中发挥很大作用。社区规划师为了鼓励私人部门投资住房所采取的办法，与他们配合公共部门建设住房的方式有着很大不同。最大也是最成功的住房项目都是通过私人投资完成的，其中政府的作用仅限于提供以抵押减免为主的税收优惠。下面介绍一些与私人部门住房投资相关的方面。

住宅经济学

住宅是国家经济的一个重要组成部分，直接用于住宅开发的资金对地区整体经济的发展有倍增的、乘数式的影响。2008 年一项在加利福尼亚完成的研究发现，在住宅建设上每花费 1000 美元，能附带带动 900 美元的相关产业的产值；此外，每产生一个住宅建设岗位，就能带动产生另外一个就业岗位。[10]

例如，如果一个新建住宅的售价为 30 万美元，那么它对经济产生的总财政影响几乎可能是这个数目的两倍。这种倍增效应要比其他一些领域的增长对经济带动的影响更大，例如，医疗产业（大约为 50%—80%）、零售业（大约为 57%）和金融业（大约为 53%）。

同租赁住房相比，拥有住房可以获得税务优惠，由此个人和家庭可以通过拥有住房所有权获得财务收益。按揭贷款利息和房产税都可冲减纳税。例如，假设一对夫妇购买一套 30 万美元的住房，首付 20%（6 万美元），获得 24 万美元的 30 年贷款，利率 7%。再假设他们支付房产税 4000 美元。每年可冲减纳税收入就大约是 16000 美元。如果这对夫妇属于 25% 税率的纳税等级，那么每年在纳税额上就可以节约大概 4000 美元。

拥有住房的另一个经济利益在于能够享有住房的升值可能。税务法例假定不动产的价值随时间而下降——例如汽车、船舶——并基于这个原因扣除税额，然而不动产并不随时间而贬值。因此尽管纳税义务基于贬值的假设，但实际上房产是升值的。同样的，美元的货币价值是贬值的，因此固定的每月 1500 美元还贷额可能在第一年看起来相当多，但随着时间流逝就会变得不再难以承担。到了 30 年的末尾，固定还款额的贷款对于家庭每月支出预算的影响将比最初几年要小得多。

对住房抵押贷款的支付可以看作是一种强制性的储蓄计划，这就像是向一个储蓄账户存钱，因为人们在房屋的升值过程中实现了个人净资产的增多。与此相比，租金就是单纯的支出，对净资产没有任何增加，并且租金可能随时间而上涨。

最近几年，住房贷款带来的固定储蓄，在某种程度上被当前比较容易获得的住房权益贷款的效果抵消了。这种贷款允许业主根据他们财产的净值进行借款，导致了他们基于抵押贷款的"储蓄"的实际减少。超过 62 岁的业主还有资格进行反向抵押贷款，这种贷款以房产进行抵押，只要你还住在房子里就不需要还款，但同样房产的净值也随着时间而减少。

取消抵押品赎回权

随着国家、州或地方经济的衰退，被放弃抵押品赎回权的住房就有增多的趋势，其中相当严重的是在例如 2008 年的一些时间里，很多业主因为支付不起他们的抵押贷款还款额而放弃了住房。这种经济的严重衰退会引起住房市场价值低于所欠贷款的数额。在这种情况下，出售住房是不实际的，而继续持有也可能是不实际的——对业主来说是失败的情况，他们不再有能力还款。最终的影响显而易见：借款机构收回房屋、驱逐业主。在整个社会

112

的联动效应上造成了空置住房增多、城市税收下降、无家可归者和犯罪现象增多，以及城市面貌的恶化。

规划师可以在问题变得难以收拾之前，通过认清问题并和当地借款机构、地方官员、房地产专业人士共同努力制定政策，以最大化地减少不利影响。规划师，尤其是那些与社会发展或再开发机构合作的规划师，应当将此作为他们保护社会福祉方面能够发挥的作用之一。

"拆除" 现象

从反向角度来看，随着良好邻里社区住房的升值，有时候业主购买一处住房就想要拆除现有的房屋，然后在这块地上建造一栋新的更大的住宅。这种"拆迁"方式有时候导致原有令人满意的住宅被拆除，而新的住宅又失去尺度或者和周边邻里变得不再协调。

支持拆迁的人士提出，这种新的建设提高了原有地段的建设密度，因而更为有利。然而，大多数这类重建并没有能够增加地块上的居住人数，只是增加了建筑面积。这一过程产生了更多的建筑垃圾、更高的能耗和成本更高的住宅。控制住房规模的确是限制了财产所有者的自由、可能也阻止了土地得到最大程度的利用，但是城市法规很久以前就制定了限制新开发行为的政策，以此来保证相容性始终合适且有效。调整校正这种拆除行为，与规定建筑高度、建筑退线以及制定设计准则的法规具有相似的作用，都是为了保证社区不受损害。

聚焦伊利诺伊州温内特卡镇[11]

伊利诺伊州的温内特卡镇是芝加哥北部郊区的一个建成区。这是一个步行友好的、第二次世界大战前的小镇，有3个市郊火车站点和12500个居民。由于邻近芝加哥以及拥有很好的教育体系，小镇的房产拥有极高的价值（2006年独户住宅售价的中位数是1272500美元），这

图 7.10 将被拆除并将被更大的住宅所替代的房屋，温内特卡镇，伊利诺伊州

对社区来说既是一种恩宠，又是一种诅咒。

20世纪90年代末，温特内卡镇开始经历大规模的住房拆除，因为土地价值大大超出了地块上原有住宅的价值。被拆除的住房平均价格为60万美元，取而代之的是售价为原有价格两倍甚至三倍、面积要大得多的房子。

这种拆除活动改变了温内特卡邻里的特征，社区许多可支付住房都悄悄地消失了。低价独户住宅的消失推高了公共公寓的价格，使得出租房很难找到。缺乏可选择的住宅又对多样化起到负面作用。老年居民不再承担得起住在自己家里的成本，也无法找到可以接受的其他选择；地方企业的员工也没有钱在他们工作地点附近居住。

2008年，温特内卡开展了一项关于可支付住房的深入研究。地方官员致力于一项加强多户家庭房产的包容式区划，取消了禁止可支付住宅的区划条例，制定了要求每个新开发项目都要提供一定比例、符合温特内卡的可支付定义及要求的住宅单元区划条例。这项研究还考虑建立社区土地信托，这样的话，土地可以由社区所有，而土地上的建筑升级依然由住房所有者个人完成。这样一来

升值就仅限于建筑的升级，而不是整块房产加地产价值的共同上升，直至超过可支付的程度。

总结

庇护所是每个个体的基本需求。住房也是大多数家庭最主要、最昂贵的投资。地方政府需要保证每个居民都能够获得最低限度的住房选择。成功的住房项目计划来自公私部门的共同行动和投资合作。尽管规划师和地方政府官员通过社区总体规划和场地规划的申请审批，来控制住宅开发的选址，但私人开发商仍然是每一个社区住宅存量的开发基础。

从 1934 年的《国家住宅法》开始，联邦政府创立了一系列计划，极大地影响了美国的住宅供应。这些计划包括公共住宅项目的建设；对私人开发公共住宅的支持；对私有住宅的鼓励政策，尤其是第二次世界大战以后的鼓励政策；旨在城市再开发的城市改造计划；建立住房和城市发展部；还有一些其他重要的立法、政策和计划。

规划一项成功的住房项目计划需要对整体情况的把握——社区住房的来源；供给因素，包括可建设的土地、设施条件、潜在的财政资源；以及怎样的住房项目计划是可行的。其目标是提供具有不同设计、类型和价格选择的一系列住房，满足不同比例的出租房、公共住宅，以及在城市、郊区和乡村传统住宅需求，从而帮助保证人口基数的多样化。此外，社区必须通过建立和实施住宅规范来保证住房质量，以此保持居民房产的价值和税收收入，保护邻里街坊，提高社区自豪感，从而创造一个使人们愿意居住、生活和玩耍的地方。

第8章　历史保护与规划

历史保护运动简史

历史保护现在已成为社区规划的一个组成部分。然而在美国，历史遗产保护的兴起却十分缓慢。美国最初的遗产保护努力之一是拯救费城独立大厅。独立宣言、联邦条例和美国宪法都在这里签署。尽管该场址有着十分突出的历史意义，但是在1816年却有人提出要对它进行场地细分，分成几块出售。在许多历史组织出面呼吁后，市政府把房屋买了下来，没有落入私人开发商之手。

与之相似，当本地居民要求国会提供资金保护日渐恶化的乔治·华盛顿故居弗农山庄时，国会拒绝拨付任何资金。结果是，1853年成立了弗农山庄女士协会，通过私人努力来保护这块宅地。这是美国第一个保护组织，它也成为保护受威胁地标建筑的一个典范。

在20世纪早期，美国人开始对保护自然要素有了相当的兴趣。在1916年，内务部成立了国家公园管理处（NPS）来建立联邦公园风景区，后来又负责管理历史建筑物保护项目。今天，国家公园管理处成为大多数联邦保护项目的主管机构。

美国的第一个历史街区成立于1931年。它位于南卡罗来纳州的查尔斯顿。随后在1936年，新奥尔良成立了老法国区保护区。查尔斯顿和新奥尔良成为其他地方历史街区的原型样板，

如1939年得克萨斯州的圣安东尼奥，1946年弗吉尼亚州的亚历山德里亚，1947年弗吉尼亚州的威廉斯堡，1948年北卡罗来纳州的温斯顿－塞勒姆，1950年的华盛顿哥伦比亚特区等。在那个时候，历史街区管理机构的管制力量还相当有限。

1949年，一个代表保护运动的、包括公共和私人所有部分在内的非政府组织：历史保护国民信托组织成立。从19世纪60年代开始，公众对历史保护的兴趣越来越浓厚。国民信托组织成员从1966年的10700人增加到了2008年的27万人。五六十年代的城市改造，州际高速公路和其他大型公共项目建设导致对历史建筑的破坏，引起了公众的关注。这也促使1966年通过《全国历史保护法》（the National Historic Preservation Act）。毫无疑问，这是国会通过的最重要的历史保护法律。在此之前，

图8.1　弗农山庄，费尔法克斯，弗吉尼亚州

保护活动往往关注已建的著名地标建筑，而地方历史保护组织一直将他们的努力局限在具有"博物馆质量"的历史建筑上。很少将邻里社区设立为历史保护区。法院一般不支持那些试图把美学限制强加给房财产拥有者的地方法规。地方社区与本州或联邦的保护活动也几乎没有任何联系。

1966 年法令中众多的关键性条款，极大地改变了这种状况。首先，它建立了国家史迹名录，登录清单超过 80000 项，承认诸如亨利·克莱的故乡阿什兰等国家历史财产。其次，它把大部分联邦政府保护活动的责任和国家公园管理处的许多资金从国家公园管理处转移到新成立的国家历史保护办公室（SHPOs）。各州的历史

图 8.4　阿什兰，亨利·克莱故居，列克星顿，肯塔基州。登录国家史迹名录

图 8.2　历史街区，查尔斯顿，南卡罗来纳州

图 8.3　老法国区，新奥尔良

保护办公室负责对本州范围内的社区进行调查，负责特定历史遗产的管理登录。它同时负责登录国家名录财产的提名程序。这些提名被提交到国家公园管理局以获得最终批准，并在本州完成注册。它还要审查那些自行修复私人历史遗产所有者的税收抵免申请。最重要的是，州历史保护办公室还对地方政府如何建立和管理地方历史街区以及设立历史街区委员会提供建议。他们有助于化解那些因地方街区设立不理想而可能导致的冲突和问题。最后，1966 年法令第 106 条规定，对于那些对国家史迹名录遗产造成负面影响的私人或者公共项目，拒不发放联邦资金。

登录联邦和各州史迹名录并不能使历史遗产得到保护。联邦和各州的登录指定并不能对房财产拥有者能否对历史建筑做什么加以限制。只有通过设立地方历史街区管理条例才能保护历史遗产。本质说来，只有每个社区才有权决定，哪些是它认为具有重大历史意义的、哪些是对社区有价值的，以及需要采取哪些历史遗产保护措施，所以将这个权利留给了地方政府。地方历史街区委员会（HDC）负责审查改动申请，并且考虑项目是否恰当，以及是否尊重建筑完整性，来判断

申请是否可以通过审批。最高法院已经判定通过地方政府拥有保护历史建筑免遭不恰当改造的权力。最著名的案例是 1978 年宾夕法尼亚州中央铁路公司案。在此案例中，纽约城市地标委员会被判定拥有对中央大火车站这个已经加入历史建筑名录的历史建筑进行主体部分加建的同意和否决权。[1] 一系列的法律判决牢牢地树立了一个原则，即所有对历史建筑进行改造的提议必须通过地方政府的审查和管制。例如，迈阿密海滩居民认定的海洋大道沿街那些具有装饰艺术特色的宾馆和其他建筑体现了他们社区独特的遗产。1976年，他们成立了迈阿密海滩历史建筑街区来保护这样的社区特色。

图 8.5 迈阿密海滩，建筑历史街区

历史保护的价值

研究表明，指定为历史街区有助于保证或提升历史建筑的价值。[2] 在已经衰退了的老街区中，这类指定就能保护历史建筑免遭不必要的拆除和不恰当的搬迁，并且能够帮助它们吸引投资。一旦财产价值得到保证，拥有者就能安心的对它进行必要的维护和修复，银行也更愿意提供贷款。历史街区房地产的市场价值要比当地普通房地产的增值更快。最差情况下，历史房地产价值一般

也会与地方市场的整个价值走向一致。位于历史街区中的房地产位置也能够让它的价值吸引人。例如 20 世纪 90 年代，当华盛顿哥伦比亚特区人口不断衰减时，它的历史街区人口却在不断增长。同样的还有，当西雅图拓荒者广场的商业管理组织询问企业主为何选择这片区域经营时，他们发现最主要的原因是它位于著名的历史街区中。

历史街区同样提升了社区的特色和形象。经过修复的历史建筑会带来一系列建设机遇，促进当地经济、种族、就业和教育水平的多样性。历史街区往往是步行区域，有利于商业、参观者和居民们发生互动，从而形成更为明显的邻里特色和更有凝聚力的社区结构。

历史街区保护已经成为借助旅游规划契机来促进当地经济发展的最重要因素之一。一项在弗吉尼亚州的研究表明，那些前往历史城区的游客们往往停留时间更长，并在很多地方参观了两次，平均每次旅程会花费与其他类型旅游相比 2.5 倍左右的钱。[3] 历史保护作为旅游发展的一支主要力量，正在继续成长。历史保护促进了地方经济，同时带来的负面影响比较少。它是在保护资源，而不是消耗资源，也不产生污染，它为其他的地方经济提供帮助（例如零售业），并且提供地方就业。历史保护同样改善了地区形象，并且因此加强了社区质量。

2009 年，有超过 3000 个保护组织积极参与了公共教育、倡议活动和不同类型、不同规模的保护与重建项目。国家保护委员会联盟估计在美国有超过 2400 个得到管制的历史街区，并且有超过 35 家大学研究生专业和技能课程直接和历史保护相关。

聚焦西雅图派克市场

1907 年，华盛顿州西雅图市议会在市中心区兴建了一个名为派克市场的公共市场。农民和渔民可以在那里出售货物。市场增长迅速，直到第二次世界大战商业衰退前都很繁荣。在

图8.6 派克市场，西雅图，华盛顿州

1941年，房屋遭受一场火灾，然后随着珍珠港事件，很多亦农亦商的日本裔居民也被拘捕。战争过去以后，市场无法再恢复到它战前的繁荣了。人们不再对从小农场出售的产品感兴趣，新的工厂接替了本地的小农场，而购物者们则被引向了超级市场。

1963年，城市规划部门制定了一项规划，拆除派克市场，建立一个名为派克广场的现代综合体。它包括办公大楼、公寓、停车场和一个小型的现代市场。这个计划激起了强烈的反对意见。1971年，一个叫作"市场之友"的团体在一场关于原址保护派克市场提案的投票表决中获胜。他们的提议赢得了60%的投票支持。

一个7英亩的地方市场组成的历史街区被列入了国家史迹名录。市场管理处获得1亿5千万美元的私人和公共资金，要求用10年时间重建和复兴派克市场。从那时开始，市场的重建和使用都被严格控制。管理条例不仅仅保护了市场的建筑结构，还保护了他们的建筑风格。如果一个建筑结构材料要被替换的话，它必须采用与原来一样质量的材料。出售的商品必须是小贩自己制造或者种植的。这些规定，造就了今天充满活力、熙熙攘攘的派克市场，使它成为参观西雅图市的首选地之一。

历史保护与总体规划

就如第4章所说，总体规划在20世纪20年代形成，这是1966年《历史保护法》通过之前的时代。因此，许多规划师并不把历史保护看成是规划管制程序的一个部分，而是把它当做地方政府的一项单独职能。鉴于历史街区是官方指定和管制的区域，他们认为历史街区是一个"附加区划地区"（额外的区划要求），与总体规划或区划文件不属于一个整体。类似的是，地方保护者简单地认为保护规划只需要包括一个历史资源的调查及相关文件。[4] 规划师应该为拥有值得保护的历史街区的社区，将必不可少的保护规划纳入到总体规划，为两者之间建立联系而努力。

美国规划协会的报告《编制一份历史保护规划》，提出了一个历史保护规划的10个组成部分。[5]

1. 对社区的目标和政策的精准描述；
2. 历史风格的定义；
3. 先前保护措施的总结；
4. 历史资源的调查；
5. 执行实施的调研大纲；
6. 历史资源保护的法律基础解释；
7. 将历史保护与当地其他土地使用和增长联系起来管理工具的清单；
8. 公共部门对历史遗产保护的责任评价；
9. 有助于保护社区历史遗产的激励手段概述；
10. 历史保护与教育体制关联性的解释。

这类把历史保护合并到总体规划的努力，应该得到地方保护者的支持，这一点在《社区规划：总体规划入门》一书中已经阐释。"大多数卓有成效的保护规划都与总体规划紧密相关。总体规划为保护规划提供土地使用和其他相关的保障。"[6]

对历史建筑的经济激励手段

历史保护在许多方面可以对地方经济发展予以帮助。建筑修复所需的材料支出大概占总开销的1/3，而新建项目的材料支出则会达到总开销的一半以上。此外，新建项目中很大一部分用于购买材料的资金大多流向了材料加工地区。与之相对，修复项目中大部分开销，也就是人力支出，基本停留在当地的社区经济中。在地方历史建筑上进行的工作，使用了当地的资源，并且创造了本地的就业岗位。

地方经济可以通过历史保护为地方产品和资源增值。历史建筑提供了其他地方体会不到的独特体验，从而产生附加值。比如，在南迈阿密老式装饰艺术风格的宾馆逗留获得的感受，显然是在其他任何周边街区的高楼中无法复制的。

联邦建筑整治投资税收信用计划是对历史遗产所有者的重要经济激励计划。1976年它由国会通过，并由各州税收信用计划增补。这项联邦计划允许对个人予以占整治项目总金额20%的税负进行减免。换而言之，如果所有者在整治指定的历史建筑中花费了10万美元，他的个人所得税可以减免2万美元。由于这项联邦计划，数以亿计的私有资金投入到了破败的历史遗产中。下面的例子能够解释这个现象。我们考虑有两个历史建筑，一个购价为40万美元，而整治费用为10万美元；另一个购价为10万美元，而整治费用为40万美元。这两个项目最终费用都为50万美元，而且项目完成时的市价都一样。但是，前者所有者只能有2万美元的税收减免（10万美元的20%），而后者则能获得8万的减税（40万美元的20%）。无论投资人对保护是否感兴趣，优势都很明显。这个例子就是旨在利用私有资金，而不是公共基金，通过经济激励手段来复兴社区的成功案例。

遗产保护的地役权也为历史遗产所有者提供了另一种激励手段。它使得所有者们因丧失对他们财产某些部分进行更改的权利——例如，他们的历史建筑立面不允许更改——的同时而享受一定的税收减免。这是因为，这类地役权取消了未来所有者的部分拥有特权，到时的房地产价值因此可能会减值。当有资质的房地产估价师决定了价值减少量后，所有者可以根据价值减少量而享受一定的税收减免。

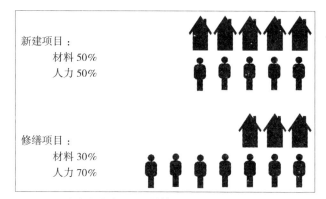

图8.7　新建或修缮建设所需材料和人力支出的比较

建立历史街区保护管理条例

历史街区管理条例允许对指定建筑的拆除和外部改建进行管制审查。所有者们必须事先得到地方历史街区委员会的许可，才能对他们的财产进行更改。条例同样也包含对加建、维护和修理的审查，以及满足1990年《美国残障人法案》建筑更新的要求。历史街区管理条例由城市议会通过发布。

历史街区管理条例需要满足三个条件：文字上它应该精心推敲，条款上它应该是必需的，处理措施上它应该是十分恰当的。管理条例不能与地方的区划条例或建设条例相冲突，否则会使所有者们从一个部门获得的许可与另一个部门相冲突。一般说来，历史街区是一个叠加层次的规划，不能对以区划分区为底图的现有区划条例进行修改。如果相关部门都同意的话，历史街区管理条例可以拥有其他城市管理条例之上的优先权。

地方历史街区委员会的责任

地方历史街区委员会可以参与许多与地方历史和保护相关的活动。尽管委员会经常只是参与这些由其他部门实施，而不是由管理条例特别授予的活动，但是他们的权力已被地方政府和州法令所允许。这些被允许的权力包括：

· 调查和确认有历史和建筑学意义的建筑物和区域；

· 指定和保护城市地标及其周边建筑，以及所在街区；

· 审查相关申请，包括变更、建设以及拆除历史街区内的地标建筑和整体建筑物；

· 要求对历史建筑物进行必要的维护；

· 对区划更改和地方总体规划提出建议和意见；

· 开展教育项目和活动；

· 为指定和开发评估建立标准和程序；

· 接受来自联邦、州和私人的基金；

· 购买、出售或者接受历史遗产的捐赠；

· 行使征用权；

· 接收房地产的地役权和其他非收费收益。[7]

内政部准则

许多历史街区委员会根据美国内政部制定的整治标准来决定对指定建筑的整治方式。美国内政部关于修复历史建筑的标准于1979年颁布，并经常更新；这份导则用来判断对指定历史建筑的哪些更改是合适的，而哪些则不是。这10条准则涵盖了建筑使用评估、设计、修理、维护甚至考古等方面。制定这个准则的目的在于，能够对历史街区的计划更改建立审判的连贯性，使得委员会成员、规划师和房地产所有者们都觉得这个体系对所有人都是公平的。依据1995年执行的版本，这些整治准则是：

1. 历史财产应该按照其历史上的用途来使用；若赋予它新的用途，则要求最低限度地改变建筑物以及它的场地和环境限定的特色。

2. 历史财产的历史特色应该得到保留和保护，应该避免移除历史建筑材料或者更改代表其特色的风格和空间

3. 每处历史财产都应视作它那个时代、地点和使用的一个实体记录。不应该采取导致人们产生错误的历史发展感觉的更改，诸如增加人们臆断的风格或者其他建筑的建筑元素。

4. 大多数历史财产都会随时间而改变，那些在它自身发展过程中具有重大历史意义的更改应该得到保留和保护。

5. 那些作为历史财产特色的与众不同的风格、漆饰和建造技巧或者手工技术应该得到保护。

6. 受损的历史特征应该修理而不是替换。当一个特定特征严重受损，需要替换时，新的特征应该在设计、颜色、纹理以及其他视觉元素上与老的保持一致，如果可能的话，材料也要一样。丢失特征的更换应该得到文献、实物或者绘画上的证据来证明。

7. 不可以采用可能对历史材料产生损害的化学或者物理的处理方法，例如喷砂处理。清理建筑物表面时，如果可能的话，应该采取尽可能的温和的方式。

8. 受到工程影响的重大考古资源应该得到保护和保存。如果这些资源一定要受影响的话，必须采取减缓影响的措施。

9. 新的加建、外部改动或者相关的新的建设，不能损坏构成房地产特色的历史材料。新的部分要与旧的部分加以区别，而且应当在体量、尺寸、尺度和建筑风格上能够和谐共处，以保护财产的历史完整性和它的环境。

10. 新的加建和毗连建设或者相关的新建，应

该遵循以下方式进行：如果这些新建建筑将来被拆除的话，历史财产的基本形式和完整性以及它的环境不会受到损坏。[8]

内政部准则增补了出版物解释，对每条准则贯彻的原则加以解释，提供了获得批准或者未被批准项目的案例研究等。国家历史保护办公室和国家公园管理局使用这些准则来判定整治工作是否满足历史税收减免要求，哪些达标的业主们可以得到经济补偿。

聚焦圣路易斯联合车站

1894 年，密苏里州圣路易斯市的联合车站开业时，建造者和设计者怎么也无法想象这个建筑将会变得如此重要。圣路易斯市建筑师，西奥多·C·林克（Theodore C.Link）赢得了建筑竞赛。他的"三体式"方案包括前厅，中途通道和一个巨大的列车棚。当它建成时，它是世界上最大的火车站综合体，同时也是最繁忙的火车站。它占地 11.5 英亩，拥有 31 条轨道。1941—1945 年间，联合车站平均每天运送 10 万名旅客。

图 8.8 联合车站，圣路易斯，密苏里州，1894 年，包括位于下方的前厅（车站），中途通道和位于后方的列车棚

1969 年，经过联合车站的火车班次数量跌到了历史最低点。尽管 1970 年车站被指定为国家历史地标，1978 年，最后一辆列车还是开离了联合车站。随后，车站被一个开发商以 55 亿美元购得。这个开发商希望把这个运输中心更新成一个行人友好的、混合利用的场所。

1985 年，车站重新开放，成为全美最大规模的自适应使用项目。前厅部分，也就是原来容纳售票厅、候车厅和一个 70 个房间宾馆的地方，被改造成新的容纳 67 家商店和餐厅，以及一个拥有 538 套住房的凯悦酒店。中间部分，也就是介于原来车站和列车棚之间的有顶通道部分，变成了一个两层的商店。被更新后的列车棚，被玻璃包裹，包括了两层的商店和餐厅、一个室内池、一个娱乐广场以及一个拥有 469 个房间的宾馆。

联合车站是一个再开发的成功案例。作为圣路易斯市参观人数最多的景点，去它那儿的人比去大拱门和百威啤酒厂（Anheuser Busch Brewery）的人都多。它是国家历史地标，同时列入了历史保护国民信托的美国历史宾馆清单之中。

建立历史街区要考虑的要素

历史财产的划定通常可能以一个单体或者历史街区的一个部分的形式来完成。当一组建筑物放在一起考虑的意义比单独考虑更为重要时，建立历史街区就十分必要了。历史街区管理条例的对象可以仅仅只是历史建筑，也可以包括街区内的非历史建筑。这些内容要在街区条例设立时加以决定。在一些不完全支持历史街区管理的社区，可以建立类似保护街区的所谓维护街区，对一些无法完全运用法规控制的个人变更行为实施管理条例，但也包含更一般的指导方针。

建立历史街区是最佳的保护方式么？一个历史街区的形成意味着历史街区边界内的所有部分，

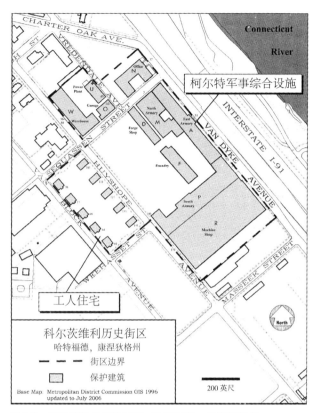

图 8.9 科尔茨维尔历史街区，哈特福德，康涅狄格州

包括建筑、街景甚至可能是自然特征和开放空间，都会被一个相同的历史特征所贯穿。这一方法对一群代表一种建筑代风格或者一个时代的建筑物是比较合适的。例如，街区内的建筑都是一组 19 世纪 60—70 年代意大利风格的店面，或者 20 世纪 20 年代的别墅。历史街区也可能由一组相同使用功能的建筑所组成，例如康涅狄格州哈特福德名为科尔茨维尔的历史街区。塞缪尔·考特（Samuel Colt）在 1855 年将这个地块规划为他的枪炮场；然后该地块在 20 世纪成为一个有名的工业技术创新中心。马克·吐温将它描述为"一大片高高的砖房，每层都有一大堆奇奇怪怪的钢铁机器，一组复杂的棒、条、滑轮森林和所有想象得到和想象不到的机械。"[9]

历史街区的另一个选择是基于一个社区的一个重要时代：例如，代表了矿业或者纺织业

的建筑物。郊区的农场、谷仓、外屋、篱笆以及保留的农田等也可能代表了社区重要的历史遗产。

最后，历史街区也可以由一系列不连续的地块或者建筑物组成，只要它们有着共同的主题。这一类社区历史资源遍布于整个城市的情况有很多实际的案例。例如，圣迭戈市的亚太主题历史街区。它建立于 1987 年，确定了 18 个城市早期的历史地块，包括华人、菲律宾人、夏威夷人和日本人社区。

练习 8 　描绘江城的历史街区边界

江城的城中心有很多历史建筑，共中的一部分在城市历史中有着十分重要的地位。地方历史学家克拉拉·司德瑞（Clara Story）向市政厅提议建立历史街区来保护这个区域的历史特色和社区遗产。区域内所有建筑的拥有者如果想要更改建筑外表，都需要事先向历史街区委员会提出申请。

市政厅要求你，作为城市规划助理，审查市中心的建筑并划出历史街区的边界。你必须表达出：（1）划出包含历史街区明确边界在内的一张市中心地图；（2）写出阐述边界确立基本理由的备忘录。

确保考虑到以下因素：

· 历史街区应该具有完整性，而且由共同的历史、主题或者建筑特点贯穿于一体；

· 居住和商业区通常需要由不同的管理条例来进行规定；

· 街区里的大多数建筑应该要为形成该街区特定的历史特色作出贡献；

· 应该留有供未来发展使用的空余用地；

· 街区的边界线不应该过于复杂。

附录 A 中有江城地图和市中心的鸟瞰图。你可以在下述网站中得到市中心及其附近建筑的信息：

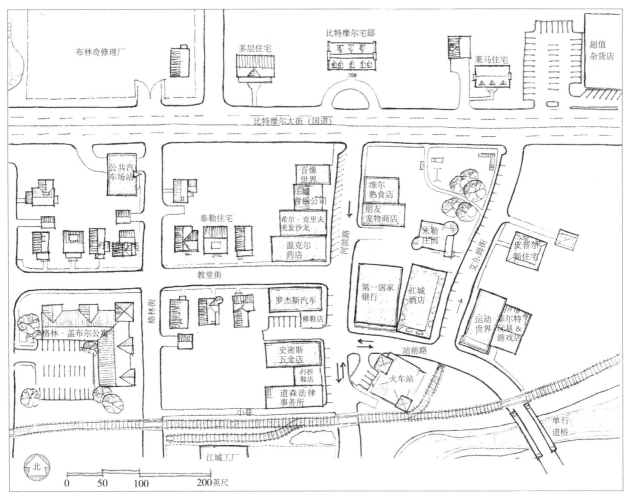

图 8.10　江城城中心及其附近的建筑物

http://cityhallcommons.com

如要查看建筑风格的相关信息：

http://www.emich.edu/public/geo/335book/335ch5.html

有关建立历史街区的更多信息请查看：

http://www.emich.edu/public/geo/335book/335ch4a.html

保护与可持续性

联合国已经将术语"可持续性"定义为"在不损害未来一代满足他们需求的基础上，满足当代的需求"[10]。可持续性在规划方面包括对自然和建成资源的保护。历史保护关注于建成环境的保护。

我们的社区建筑是我们的最大资产之一。然而，现在的绿色建筑运动看上去只是关注于新建高能效的建筑物。它没有考虑每个区域中数量巨大的现存建筑。意识到现存资源中的固有价值十分重要。正如建筑师卡尔·艾利芬特（Carl Elephante）写到的那样，"最绿色的建筑就是……已经建好的建筑。"[11]

增加社区建筑物的使用寿命十分划算；这是很明显，无疑也是正确的。现存建筑物蕴含了能量，也就是建造房屋所花费的能量的总和。如果房屋被拆除了，一笔能量投资也就消失了。拆除现有建筑会带来额外的能量消耗，包括运走建材要增加的投弃地的垃圾量。再加上用来代替原有建筑的新建建筑的费用、道路和服务设施的建设以及加工新建材的花费等。很明显，保护原有建筑在经济上是十分划算的。对于完全挖掘现有建筑的价值来说，将社区规划和历史保护规划结合在一起就非常重要。

总结

在近十几年，历史保护在美国社会中变得越来越重要。从某种意义上来讲，它已经由一些有奉献精神的个人或者组织的活动，变成了某种意义上数以百万计的市民参与的活动。现在，大多数社区都已经意识到历史遗产在我们建成环境中表达的重要意义；很多地方都开始逐步通过制定法规和规章制度来确保历史建筑以及其他财产得到保护。

1966年颁布的《国家历史保护法》牢牢确定了联邦、州和地方层次的保护活动框架，设立了国家史迹名录，要求每个州成立了州历史保护办公室，以负责协调联邦和地方两个层次上的保护管理。在这一法令下，地方政府被赋予设立管理条例的权力，这项条例由地方历史保护委员会执行。他们有权管理特定历史街区中的历史建筑的更改。将历史建筑划入历史街区可以保护历史财产免于不恰当的改动、保护其价值以及防止其遭到破坏。他们可以通过一系列方式，尤其是整治费用税收减免的方式，使得所有者们的保护努力可以获得经济激励。

这些受到保护的历史特色能够刺激地方经济增长，因为它们可以吸引游客来此逗留和消费。最为重要的是，对社区遗产指定保护能够创造良好的意象，并增强它的居民的自豪感。

在许多地方，保护行动和总体规划的关系并不密切。历史保护规划由保护者们制订，而总体规划则由地方规划师们制订，二者对彼此的工作鲜有问津，这种情况司空见惯。地方的规划师们应该将两者的努力更好地整合为一体。

第9章 地方经济发展

创造成功的经济发展规划

地方政府越来越多地参与到了发展地方经济的努力之中，这对社区规划师而言十分有利，因为规划师知道如何使用社区财政收入，但是他们却往往缺乏通过创造性、有目标的提议来进行招商引资方面的训练。笔者在撰写本书的时候，正逢美国经济环境较为恶劣，即使在社区层面上也是如此。变化中的全球经济带来了更加激烈的国际竞争。这些竞争主要出现在那些向外转移的低薪制造业部门。由于联邦政府支持力度不足，发展的重任压在了社区之上。地方银行和商业机构无法与大型银行、全美性零售商及线上销售者相竞争，于是抽走了对地方的投资。

为了避免这些问题，社区应该盘点他们的资产，开列清单（有时被称之为"绘制资产地图"），设定目标，进行多方案比较，并制订经济发展规划，使之作为总体规划的一个部分。为了吸引私人部门的投资和支持，还必须积极推销这类计划。经济发展不能仅仅停留在想法上，它需要规划、耐心和承诺。

制订经济发展规划的第一步是编纂清单，根据企业类型和规模大小，进行分类统计，并将它们画在图纸上，从而可以清楚地看出它们的空间分布。这种方法对于评估和分析企业环境非常有效，也对于揭示社区所需要的企业类型有指导作用。财产清单助于规划师更清楚地分析一个特定社区的企业环境，并可以将它与周边社区进行比较。

经济发展规划的制订者应该分析地方社区计税基数所能够达到的水平。这一指标包括税率、估值、债券评级（指社区借钱的成本）等。更高的地产税可以为地方带来更多的收入，但可能对地方投资有消极作用。地方领袖应该不断评估税收，以达到恰到好处平衡。

任何成功的经济开发项目都需要足够的、具备相应技能的劳动力。经济发展的目标应该能够反映出社区自身劳动力的能力水平。比如，有技能的建造工人、产业工人、高技术工人、服务部门、贸易团队等。一个社区有可能主要以某个机构或者政府职能为基础，比如大型医院或军事基地。很多社区都经历了从提供生产制造就业岗位到服务部门就业岗位的重大转变。在其他一些社区，旅游业可以带来重要的经济刺激。总体规划的经济发展分析，常常不考虑场所品质的因素，但是这些公共设施，比如学校、娱乐设施、博物馆，医院对于吸引投资非常重要。

使用联邦统计局的经济普查数据，规划师可以回顾地方10—20年的经济历程，从历史角度上去了解它过去的表现，从而能够对优势和潜力有清晰的认识。政府部门使用北美工业分类系统（NAICS）的专项报告，对企业进行分类。在规划中牵涉的特殊利益部门包括零售业、建筑业、房地产和交通业。第一手资料可以通过对当地居民、购物者、商务人士和社区领导人的调查中获得。

收集好资料以后，规划师和社区领袖通过设

定目标，确定一系列的阶段目标和策略，从而使项目能够获得成功。重要的一点是要认识到，项目计划之间是互有关联的：一个部门的改善可能影响到其他部门，产生乘数效应，从而提高对社区的长期影响。经济政策研究所的一项研究显示，一个社区创造了100个制造业的就业岗位，那么这些岗位将在经济体的其他部门中带动形成另外291个工作岗位。与之对比的是，企业服务部门能够带动154个新的工作岗位，而零售部门为88个新岗位。这份报道认为：任何产业创造的直接就业岗位（或者就业乘数）都是由供给效应、再消费效应和政府雇用效应等三个方面决定的。供给效应是行业自身的就业变化对它上游行业产生的影响。比如，如果某汽车公司关闭，将（通过其他途径）影响为它提供原料的钢材产业的就业情况。再消费效应是指某个行业就业的增加或减少，对那些员工消费产业的就业影响。比如，某汽车公司如果关闭，将（通过其他途径）影响他们员工利用工资购买服装的一些服装厂的就业情况。政府雇用效应是指通过税收为联邦政府、州政府和地方政府提供的公务员岗位；私人部门的工人失业将减少税基，从而减少政府部门的就业。[1]

一些社区对地方经济发展目标的思考和实践，可以使得另外一些社区受益。1991年，安德烈斯·杜安伊，伊丽莎白·普拉特--齐贝克，迈可·科比特，斯特凡诺·波利佐伊迪斯，伊丽莎白·莫勒，彼得·卡尔索普等一些在城市设计领域处于领先地位的专家进行了会面，希望探讨和建立一套基于社区设计和规划最新理念的社区原则。在约塞米蒂国家公园的阿瓦尼酒店，这些新城市主义运动的创始人将这些原则记录了下来。在1997年，这些原则被地方政府委员会修改成为经济发展的指导纲要。阿瓦尼原则的15项内容强调了可持续发展和生活品质，拓展了经济、社会、环境领域的责任。

聚焦经济发展的阿瓦尼原则[2]

前言

21世纪的未来建立在创造和保持可持续和高质量的生活方式之上。为了抓住这种机遇，需要形成一种承认自然和人力资本经济价值的新的综合模式。鉴于承担的经济、社会和环境责任，这个方法重视最具挑战性的建筑街区、社区和区域，以争取成功。为了建设繁荣、宜居的场所，它强调社区和区域层面的合作，由于每个社区和区域都拥有自身独特的挑战和机遇，下列共同原则应该指导形成一个整体的方法，允许所有部门共同努力，促进社区的经济活力，以及在更大区域的邻里合作。

1. 综合方法。政府、商业、教育机构以及社区应该共同合作，通过长期的投资战略，创造灵活的地方经济。这些战略包括：

· 鼓励本地企业发展；
· 服务当地居民、工人和企业的需求；
· 建立比较优势。来稳定就业水平并提高投资回报率；
· 保护自然环境；
· 增强社会公平；
· 有能力在国际市场赢得一席之地。

2. 愿景与包容。社区和区域应该依据这些原则，构建经济发展的愿景和战略。愿景、规划和实施应该由所有部门共同参与，包括自发的市政部门以及其他传统意义上与公共规划程序不相关的部门。

3. 减轻贫困。所有在地方和区域两个层次上促进经济发展的努力，都应该有利于减轻贫困，包括创造与现有居民劳动技能水平相适应的就业岗位，为低收入者提供技能培训，照顾得不到福利保障的家庭需要，为社区符合条件的所有成员提供可支付的儿童看护、交通和住房方面的帮助等。

4. 重视地方。每个社区最具价值的资产就是他们已有拥有的部分，已有企业为地方社区的发展做出了巨大贡献。所以，促进经济发展的努力应该优先给予已有企业，用于促进他们的企业发展和创造工作岗位。吸引周边的外来企业是零和博弈；对区域经济而言，无法创造新的财富。社区经济发展应该聚焦于提高本地企业家发展地方工业和商业的魄力，成功参与国家和国际层面的竞争。

5. 产业集群。社区和区域都应该清楚认识那些能够弥补的经济发展差距和不足，创建具有地方优势的多样化的专业产业集群，以服务地方和国际市场。

6. 联网社区。社区应该投资并采用能够支持地方企业获胜的技术手段，改善市民生活，提供获取信息和资源的开放途径。

7. 长期投资。应该根据长期收益以及对整个社区的全面影响来选择公共资金扶持的经济发展、投资、补助项目，而不是短期内增加就业岗位或是创收。公共投资和补助应该公平、目的明确、支持环境和社会目标，优先用于基础设施和保障服务，促进全部，而非个别地方企业焕发活力。

8. 人力投资。信息时代，人力资源具有重要价值，社区应该通过投资优质教育、高中后教育以及面向所有人的终身教育和技能培训机会。

9. 环保责任。社区应该鼓励和支持能够维护、提升，而非损害环境和公共健康的经济发展模式。

10. 公司义务。企业应该作为市民伙伴开展工作，为它们的所在社区和区域发展作出贡献。

企业应该保护自然环境，为工人提供具有良好收入、福祉、升迁机会和健康工作环境的工作。

11. 紧凑开发。为了减小经济，社会和环境成本，有效利用资源和基础设施，新的开发建设应该首先考虑在现有城市、郊区和乡村，而不是在农业用地和开敞空间中选址。地方和区域规划政策应该涉及将开发活动聚集在现有建设用地上的物质与经济发展规划原则。

12. 宜居社区。为了保护自然环境，提高生活品质，邻里、社区及区域应该采用高密度、多维度的土地使用模式，确保土地的混合利用，减少小汽车的影响，为工作、教育、娱乐、休憩、消费和服务地点提供步行、自行车和公共交通之间的接驳。经济发展和交通投资应该有利于强化混合的土地使用模式。强化尽可能采用非机动车辆运送人员和货物的条件。

13. 中心地区。社区应该建设规模适当且经济健康的中心地区。在社区层面上，一个社区的中心或中心区应该包含商业、居住、文化、市政和娱乐的综合职能。在邻里层面，邻里中心应该包含为周边居民提供日常生活服务的地方商业。在区域层面，区域设施应该设置于大都市地区中交通便捷的城市中心。

14. 个性社区。具有个性的社区能够创造高品质的生活，能够吸引企业、居民和私人投资驻留。社区经济发展应该努力创造和保护社区特色、吸引力、历史以及文化与社会多样性，包括具有公共聚集功能和具有强烈地方特色的场所。

15. 区域合作。由于产业、交通、土地使用、自然资源以及健康经济的其他关键要素均在区域中存在，社区和私人部门应该通力合作，创造尊重地方特色和认同并能促进形成大都市区融合的区域结构。

在《创意阶层的崛起》（The Rise of the Creative Class）这本书里，理查德·佛罗里达认为，美国的城市中已经涌现出一股经济发展的新力量。[3]他把这股力量称之为创意阶层，包括科学家、大学教授、作家、艺术家、演员、建筑师、设计师或者其他文化领袖和舆论界人士、革新者、思想家，以及为了创造新产品而提供创意和想法的专业人士。他们都是年轻、受过良好教育并具备独立想法的思想家，能够产生出超越他们常规职业定义之上的想法和作品。

佛罗里达相信，这类创意核心为经济发展提供了原始激励。社区中这类人士的比例越多，成立公司、创造新岗位的机会也就越多。佛罗里达认为创意人群不应该再被人们看作怪诞的代名词，反而应成为主流，明智的社区都应该去吸纳他们。

评估经济发展规划

评估是经济发展规划程序中的一个重要组成部分，它可以使决策者了解规划的努力、项目、计划是否有助于改善当前状况。如果是，那又在多大程度上。传统意义上，评估的目标是要确保项目计划的有效和公正，由于它们常常具有复杂、迥异的目的，因此它们被称为"经济学中的水和油"。[4]例如，资金用于企业发展后可能会以社会项目支撑计划失去资助为代价。

人们可以用多种技术开展项目评估[5]：

清单法　可以与一个标准清单进行对照，来评估项目的好坏。使用者需要进行权衡考虑，或者对项目的有效性和满意度进行量化评估。

成本收益分析　通过对项目预期收益和成本的对应比较，来判断项目是否值得在时间、金钱、资源以及其他所有努力上进行投入。收益成本分析的目标是判断项目收益达到或者大于成本的平衡点。这种状况很少在公共部门中出现，因为社区公共项目的成本和收益很难衡量。比如，闹市

区的公园或一个娱乐项目给人们带来收益的等级水平是多少？在成本收益分析中，这类因素容易被忽略，因为它不能被量化。用于建立难以量化价值的条件估值法，主要通过询问人们愿意支付多少钱来购买公共物品或服务来决定如何使用这些有限的资源。这一类技术被大多数公共机构所采纳，却因为它们的不准确性遭受大量批评。

战略选择法　评判哪个项目在地方政治环境中最容易获得成功。一些项目更容易被地方官员和大众所接受和喜好。这种天生的爱好和支持能够在相当大的程度影响项目能否最终成功。

交叉影响分析　通过明确的目标和行动来评判项目达到既定目标的可能性。下面这个矩阵模型阐述了如何将这一技术运用到中央商务区（CBD）上。矩阵顶部所示的是年度目标。（在这个例子中，所有目标被看作同等重要；然而，这种分析方法也可以用来衡量每个目标的相对重要性）左边为与实现目标相关的活动，与其相对的金融成本分为低、中、高三档。

成本	活动	年度目标						
		单位企业零售额增长	地区商业CBD占比增长	本地就业比例增长	步行交通增长	CBD地区犯罪案件报告减少	提升CBD居民满意率	
中	中心城区年度节庆	X	X		X		XX	5
低	CBD定期促销	XXX	XXX	X	XX		XX	11
低	延长营业时间	XX	XX	XX	XXX	XX	XXX	14
高	提升停车场及街道景观	X	X		X		XX	10
中	提升CBD城市服务质量	X	XX		X	X		5
中	建立零售孵化设施	XX	XX	XXX	X		X	9
低	与县达成协议	XX	XX					5
		12	14	8	10	5	10	

图9.1　交叉影响分析示意图表[6]

通过X的数量来表示每个目标与活动的关联度：空缺表示活动对特定目标没有作用；一个X表示有较低影响；两个X表示中等影响；三个X表示较大影响。矩阵右边所示的总数表示的是每个活动的影响总和，与实现目标的相对成本相比它可以确定每个活动的综合效果。底部的总数是假设社区开展这些活动时，每个目标的潜在效果。

交叉影响分析为评估地方经济发展项目计划

提供了全新的视角，但同时也应该考虑来自不同方面的其他因素，比如城市官员、商业业主和公众的看法等。尽管这类分析建立在专业推测、共识或其他方法之上，但这一技术的运用，促进了对不同经济发展目标效益的讨论和仔细研究。

市场构成细分分析

在任何经济发展研究中，识别地区最初市场构成部分，制定在既有市场条件下最大化地扩大商业潜力的战略是至关重要的。商业区中的商业活动可以吸引来自不同市场的顾客。某些商业吸引了当地居民，另一些则可能将它的市场范围扩大到更大的区域，而其他一些则可能吸引年轻家庭，或是老年、保守的顾客等。

规划师和社区领袖应该委任市场顾问，进行市场细分分析，以居住地和人口为基础，确定不同消费群体的构成比例。消费者可能被归类为"守财"、"炫耀式消费者"、"家庭为中心的蓝领"、"以家为导向的高级市民"等。使用普查数据信息，分析师可以在区域、州乃至国家层面上对目标地区的人口构成进行比较。比如，指数100表达了这类人口的构成比例与全美同类人口构成比例相似，指数25则表示分析区域中列入这类分类中的人口比较少，而250的得分则显示为高于常规情况下的人口比例。

一般地，市场构成细分分析要确定所分析贸易区域的边界，调查商业购物设施，并将单位建筑面积的企业数量与北美工业分类系统（NAICS）的规则相对照，以联邦财政部门数据计算每年、每个家庭销售漏损量的情况。根据漏损量和当前的销售情况，计算出不同商业类型店面面积的扩张量。最后，通过调查消费者，对区域中可被感知的状况进行评估。

其他经济发展策略

经济发展委员会

一项由国家中心城市复兴中心主持的研究，关

图9.2　下城区再开发地区，圣保罗，明尼苏达州

注了亚特兰大、波特兰、巴尔的摩、纽约、新奥尔良、沃思堡、明尼阿波利斯/圣保罗和其他城市的经济发展问题。它证明了由规划师和社区领袖，包括地方银行家、总裁、会计、地产经纪人、律师和小商人群体共同构成社区经济发展委员会的重要性。这份研究显示，维持城市与州、城市与县以及其他各级政府之间的良好关系具有重要意义。[7]经济发展计划能够吸引来自各级政府的资源，从而创造收益。规划师的角色是协调各方面的努力，限制争夺资源的竞争。如果没有这些良好关系，县委员会或是州立法机关存在一些敌意行为，可能会使许多地方发展策略陷入举步维艰的地步。

不动产投资

鼓励地方资金投入不动产显然应该成为社区经济发展的一个战略。然而，公共部门的规划师

图 9.3　建筑投资商和建造商讨论高层建筑项目

通常只不过被视为开发规则的制定者，而不是相应开发的促进者。为了提高效率，社区规划不应该局限在制定管控规则上，也应该有意识地为符合预期的新开发项目提供激励措施。

　　社区的主要优势在于能够促进房地产投资。房地产投资并不依赖于直接的公共基金；尽管一些公共资金用于支持设施建设，但主要的房地产投资来自私人部门。新的建设以及对旧建筑的改造都属于社区的长期投资。房地产投资是能够留在社区的重要资产，它不仅能够提高项目所在地的固定资产价值，也能够提高周边地区固定资产的价值，这种间接的外部收益能够对整体项目产生大于初始价值的额外价值贡献。它能够提高税收收入，以引导更多的资源投入社区。历史经验告诉我们，多数房地产投资能够创造高于通胀率的资本升值。房地产投资能够保值，而联邦税则却基于贬值。这意味着房地产投资的税收义务随着时间而降低，而它的市场价值却随着时间而升高。总的来说，房地产投资代表固定、长期的投资。不幸的是，总体规划和区域规划有时通过制定针对开发的法规准则，以抑制社区的房产投资行为。规划师应该具有足够的工作灵活性，所制订的规划在一定程度应该有利于社区的房地产投资。

130　公私合作伙伴关系

　　公私合作伙伴（PPP）是一种兼顾了地方政府机构和私人部门各自优势的方法。公共部门提供激励政策或资源；私人部门通常提供所需的融资资金。当公共部门公正使用它所拥有的资源，同时私人部门能够从金融或其他激励政策中收益时，公私合作就能够很好地运作。规划师应该鼓励这类合作。

　　公私合作有多种形式。地方政府可以利用税收收入为私人企业的投资提供资本，用以刺激经济；或者设立公私合营企业，通过签订合约提供公共服务。地方政府可以以长期合约的方式，由私人企业拥有和运行服务设施，或者将部分房地产卖给私人投资者，然后按照约定的利率回租房地产。销售及回租的过程为社区带来出让金以及新增房地产税，同时房地产所有者还能得到一个可靠的租户。这类合营活动能够对社区的资产增长项目和预算产生重要影响（关于资产改善计划及其预算，详见 16 章）。这类安排应该尽量简单，简化官僚运作过程。

企业孵化器

　　规划师在鼓励中小企业创业、刺激地方经济方面具有重要的地位。研究证明，大多数新增就业岗位来自中小企业。比如，联邦小微企业管理处发现，2003 年和 2004 年之间，规模小于 20 人的公司创造了 160 万个新增工作岗位，而规模在 20 到 499 人的公司只创造了 27.5 万个新增岗位，规模在 500 人以上的公司提供的就业机会则减少了 21.4 万。[8]

　　一个帮助企业获得成功的途径就是建立社区孵化器。目的是为新企业业主提供他们最初难以获得的原始资源。孵化器通常提供公司起步需要的办公场地、电信网络服务、共享办公设备、短时工、小型仓库或是制造车间，以及其他资源和服务。就个体而言，使用这些资源和服务非常昂贵，但如果相互共享，则相对便宜许多。孵化器工作人员可以从创意概念到提升和细分生产及服务能力等方面提供服务。研究证明，20% 的新建企业的生命周期能够长于 5 年，但孵化器援助的企业中有 85% 以上能够实现 5 年以上的成功期。[9]

目前北美有 1400 多家企业孵化器。他们中大部分是关心经济开发，注重技术的非营利组织。半数以上得到政府团体或经济发展组织的赞助和支持。由国家企业孵化器协会（NBIA）主持的研究指出，在孵化器中每 1 美元的公共投资，就能使孵化器的客户及其孵化企业就能贡献大约 30 美元的地方税收。超过 84% 的孵化企业留在了他们的社区，为地方投资者创造回报。[10]

太阳风能涡轮机（一个综合利用风能和太阳能的涡轮机）的开发者，兰能（Bluenergy）公司的案例说明了初创公司如何能够在圣塔菲企业孵化器的帮助下发展、成长的过程。孵化器集中了企业资源，与其他经济发展组织保持联系，并且得到国家各类创新基金的鼓励支持。这些奖励包括全美企业孵化器协会的"年度客户奖"以及美国房屋和城市发展部门的"社区优秀发展奖"。

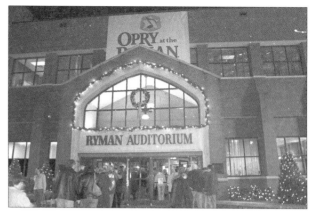

图 9.5　莱曼会堂的大奥普里，纳什维尔，田纳西州

图 9.4　圣塔菲企业孵化器，圣塔菲，新墨西哥州

旅游

发展强有力的旅游产业能使社区高度获益的重要战略，但这方面也并非没有挑战。旅游业在地方经济中注入了外来资金。如果旅游企业为地方所有，那么这些资金就能在社区内流动，并使得旅游业成为"输出"产业，使地方企业向社区外部销售他们生产的产品和服务。

图 9.6　夏日音乐节，密尔沃基，威斯康星州

成功的旅游业需要社区提供可被视为旅游目的地的吸引特质。旅游目的地是指能够吸引游客到来这个地方那些东西，步行友好环境中的购物和餐饮就是一个吸引点。第 8 章介绍的历史地段和街区也是吸引点，而加利福尼亚州吉尔罗伊的大蒜节，纽约市拥有航海历史的南

街海港，田纳西州纳什维尔的大奥普里和奥普里兰德的音乐等，也同样是特别的吸引点。过夜游客的消费是日间游客的3—4倍，因此夜间活动非常重要。

"4倍原则"说明，如果要吸引外来游客，旅游活动应该为其提供足够的看点和玩点，使他们能逗留四倍于他们在路上所花的时间。一些特别的餐馆能够对那些仅需花上20—30分钟车程的人群有强大吸引力，如果行程为1小时，则应该要有能够让人在此花上至少4个小时的活动安排或项目。因此，仅仅提供特别的餐饮是不够的，因为餐饮只能维持1—2小时，但是将餐饮和购物结合在一起的大型古董市场，或是参加半天的节日，则能够产生足够的吸引力。

节日是一个很好的吸引点，无论是小镇的烤鸡节还是大城市获得赞助的马拉松比赛，都能达到吸引效果。被称为"世界最大音乐节"的密尔沃基夏日狂欢节，始于1968年，现已成为中西部人的重要活动，每年都有接近100万人参加。密歇根湖沿岸11个舞台连续11天提供持续700场的演出。这一节日，每年为密尔沃基的经济产生1.1亿美元的影响，其中包括超过6100万美元直接收入和4900万美元的间接收入。[11]

当然，这类吸引点应该得到充分的广告宣传和推广。它帮助创造了一个"钓钩"——一个标志性的、形象的、好记的词语——将活动而不只是地方作为卖点。应该强调可参与的内容，而不只是观赏的美景。一个被享受着该地所能提供一切的骑车人、儿童、野餐者、单身汉、情侣和家庭所使用的美丽河滨，本身就是一幅可能比人迹稀少的市中心滨水区更具吸引力的动人图景。社区领袖的远景规划战略应该是去发现能够吸引游客的地方特色。在今天高度竞争的市场中，再提供一个古朴高山上的村庄或老镇中心是远远不够的。在为已有的商业活动制定基本主题的方面上，社区应比以往任何时候都要有创造性。

图9.7 阿肯色州三角洲地区的推销活动

对社区的市场推广而言，网络是一个有力的工具。今天，网络已经成为人们制定出游和度假计划的最主要资源。搜索结果首页出现的网页显然应该具有吸引力，并且方便使用，内容全面。

最后，旅游需要停车设施。值得欢迎的是移走一些诸如"小心！我们在监控你会停多长时间，你在此优先停车区停车需要付款"的泊车咪表。这类有利于地方和短期旅游游客短暂停留的咪表，却给游客带来了不合时宜的信息。停车是一个分配问题：应该为游客提供足量、易于寻找的停车场，而为员工则应保留相对不容易发现但可长时间使用的停车空间。

聚焦海军码头，芝加哥

芝加哥海军码头是将废弃设施改造成旅游吸引点的成功案例。它位于密歇根湖滨，靠近芝加哥中心城，面积50公顷，提供船运业务以及娱乐休闲活动，包括公园、花园、商店、餐厅以及多种娱乐设施。芝加哥海军码头有17万平方英尺的展示空间、5万平方英尺的接待空间和4.8万平方英尺的会议空间。每年都有很多商务会议、艺术展示、公共节日在这里举办。一家人可以在儿童博物馆、室外剧场"天际线舞台"、室内公园"水晶花园",以及IMAX影院中尽情欢乐。

1916年码头向公众开放,很快发展成为受公众欢迎的聚会场所。它的成功源于将娱乐融入商业。它便于人们到达和涌入。举办的选美演出可以在短短几天内吸引超过100万人。第一次世界大战期间,海军码头进一步成为非常有名的目的地,为驾车来此的人们提供剧院和餐馆服务,同时它也是一个军事信息中心。20世纪20年代是海军码头的黄金时代:估计每年都有320万游客经常来此。在大萧条期间,海军码头依然非常有名,但接待人数已远不如前。第二次世界大战期间,城市将码头租给海军,作为6万士兵和1.5万空军的训练基地,码头从而不再发挥公共接待职能。

战后,伊利诺伊大学在码头上设立了2年制的分校,再一次改变了这里的特色和职能。在学校离开之后,这里被废弃,日渐丑陋,成为城市衰败的象征。多年来,不少政府机构对这里进行修复努力都以失败告终。直到1989年,大都市码头和展览会管理局取得了这里的所有权,开始了一项复兴项目,短时间内将海军码头重新设计成为娱乐会展的设施。到20世纪末,每月都有100万人来此旅游,它也成为芝加哥最著名的全年旅游目的地。

海军码头促进了周边的住宅开发,也为芝加哥河南部支流沿河步行景观带的规划奠定了基础。这一景观带将成为从海军码头到中国城步行景观带的一个组成部分。这项规划将借助海军码头的成功,带动城市衰败区的开发。

海军码头复兴的过程有着许多折中妥协。原有核心区的建筑被拆除了,失去了国家史迹名录的注册地位。然而新的海军码头非常成功,吸引了千万计游客,创造了更为繁荣的商业。

赌场

赌场提供了一种极不常见但又可行的经济发展手段。尽管早期美国就一直存在某些形式的赌博(在19世纪早期现于密西西比河流域的小镇中),但在19世纪,由于被指滋生腐败,赌博被禁止。只有内华达州于1931年通过额外措施,使大部分形式的赌博合法化,以吸引游客。1978年,赌博在新泽西州的旅游胜地大西洋城得到合法化。此后,那些单纯将其视为低公共成本税收发生器的全美各市镇纷纷批准设置赌场。在2009年的一项调查中,2/3的受访者认为赌博对旅游和旅游业非常重要,3/4的旅游机构认同赌

图9.8 海军码头,芝加哥,2009年

图9.9 亚利桑那娱乐城,斯科茨代尔,亚利桑那州

场能够推动地方经济。[12] 尽管赌场是"唯一将现金作为货币的商业"，并且能为地方带来巨大收入，但是它的投入产出比并没有像看起来那么高，而带来的社会问题则是这个"经济富矿带"的一大负面作用。[13]

聚焦戴德伍德

1989 年，南达科他州的戴德伍德社区决定将赌博作为市镇和历史建筑再开发的手段之一。这座曾经富含金矿的小镇，计划发展成为国家级历史性地标，但是它的大型公共设施大多已被毁坏。赌博被视为吸引游客来到历史地段的手段之一，原因在于赌博能提供足够的资金，为建设游客住宿设施买单。这个计划饱受争议。正如一个居民所说，她不希望"历史保护这块干净的白色亚麻布与赌博这件肮脏的内衣放在一起洗"。[14] 城市没有足够的警力、住宿、饮用水、排水系统等设施来应对那些被老虎机吸引而来的游客。地方官员也没有足够时间来对它们的影响做准备。戴德伍德历史保护委员

会主席瑞贝卡·克洛斯怀特说，"我们希望有充分的准备，我们需要对赌博区和非赌博区进行区划。赌博离学校、教堂和住宅太近，引起了父母们的担忧。你就必须要有一个非常好的控制系统。"[15]

虽然社区对此存在担忧，但戴德伍德却依然发展成为成功的博彩中心，拥有 36 个赌场和 3500 个老虎机。到 2009 年年末，来此赌博的游客花费了超过 127 亿美元的赌资，其中 1.23 亿美元用于地方建设。[16] 据当地历史保护官员记载，"赌博将戴德伍德从一个旅游业下滑的小镇，转变成一个繁荣、有活力的社区，保证了这一特殊历史地标的保护。这是一次非常成功的赌博。"

图 9.10 戴德伍德，南达科他州

体育场馆

城市创造税收的关键战略之一是建设体育场馆。从 1997 年到 2007 年，国内主要大城市在体育场馆建设和维修上花费了 160 多亿美元。[17] 地方官员普遍认为在新体育馆上的投资是值得的，它能够创造出可观的经济溢出，因为它创造了税收、运动队伍的直接花费、新的工作岗位，以及其他通过音乐会、节日和会议带来的附加收益。公民参与体育运动能够提升社区形象，吸引地方投资和旅游。为了鼓励这种活动，公共资金常常用于重要体育赛事的特许经营。

但是规划师和社区领导人需要认真考虑这些花费是否最符合公共利益。体育场馆建设对于城市的长期经济回报并不明确：《法规》杂志发现，2000 年美国 37 个大都市地区的职业运动环境"对真实的人均收入增长率并没有明显的影响。"[18] 最好的方案总是现于当大规模计划成为更加全面的再开发战略的一个组成部分的时候。

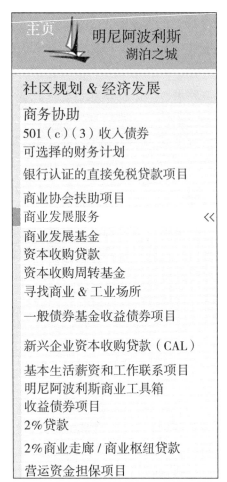

主页

明尼阿波利斯
湖泊之城

社区规划 & 经济发展

商务协助
501（c）（3）收入债券
可选择的财务计划
银行认证的直接免税贷款项目
商业协会扶助项目
商业发展服务   《《
商业发展基金
资本收购贷款
资本收购周转基金
寻找商业 & 工业场所

一般债券基金收益债券项目

新兴企业资本收购贷款（CAL）

基本生活薪资和工作联系项目
明尼阿波利斯商业工具箱
收益债券项目
2% 贷款

2% 商业走廊 / 商业枢纽贷款

营运资金担保项目

图 9.11　明尼阿波利斯的经济发展服务项目

促进经济发展的组织

规划部门

　　规划部门能够在制订社区经济发展计划中扮演关键角色。（那些聚焦于经济发展的规划部门，有时被称之为规划和经济发展部。）借助总体规划收集的数据和地理信息系统提供的服务，规划师们能够接触他们社区的丰富信息。这些信息还可以辅之其他的经济信息作为补充。一些规划部门通过提供企业服务资源来促进经济发展。例如，提供开发场地的区位条件，扩大企业的资本来源，雇用和训练员工，通过税收增额筹资、减税或其他可利用的项目

计划来提供财政帮助等。比如，明尼阿波利斯大都市社区规划和经济发展部列举了 17 项金融项目计划来帮助企业发展。[19] 规划部门应该编制对企业有帮助的其他信息，比如为成立新的企业及扩大企业规模提供指导；在企业与企业协会之间构建桥梁联系；为雇用、训练和招聘员工提供数据帮助；为当前的开发活动提供信息，等等。规划部门可以为特别经济区制订计划，用以在社区中的指定区域内提供商业激励，并管理贷款项目。显然，规划部门在社区经济发展计划中提供的所有这些"全方位服务"是极为重要的。

企业协会

　　由地方企业主和商人为协调他们之间的合作而成立的企业协会，是促进零售服务业发展的另一种手段。这些协会不是政策制定者，也不是推行者，而是代表和表达这些与社区存亡有着利益关系的企业主意愿的推广机构。通过与企业协会的合作，规划师能够在促进商业区的商业环境方面收获良多，而不会损失什么。

　　经济发展计划更可能来自企业社区，而不是咨询顾问和地方官员。企业协会的领导层中应该有一到两名地方官员作为成员，以此来构成鼓励公共与私人利益合作的桥梁。企业协会的努力方向是要建立一组战略发展目标和具体行动目标，以此来促进经济向积极的方向发展，而不是等问题出现之后，再设法去解决。

商会

　　地方商会通常关注工业增长和就业。在很多城市，商会还关注零售企业和市中心，并且已经成功地成为经济发展的代理人。这些组织代表了不同的商业利益和项目，包括要求有公平的税收政策，扩大和加强社区基础设施，鼓励地方政府利用其资源支持地方企业等。很多地方商会鼓励

135

开赞旅游业和特殊活动。美国商会在国家层面上为商业利益进行院外游说，通过多种计划来支持地方商会。比如，关注劳动力发展的竞争性劳动力研究所，以及帮助中小企业进入全球市场的援助团体草根贸易组织等。

经济发展项目

下文对经济发展项目计划的讨论可能不够全面，但从总体上概述了从联邦到州层面的经济发展项目。通过了解用于支持社区项目资金的潜在来源，规划师可以从中受益。

联邦政府项目

社区发展整体补助拨款（CDBGs）。类似于第7章提到的那样，社区发展整体补助拨款项目是美国住房和城市发展部（HUD）制定的最受欢迎也是最为成功的项目之一。它成立于1974年，作为《住房和城市发展法（CDBC）》的一部分，社区发展整体补助拨款项目每年为"享有资格的社区"——主要是大城市和城市化的县——提供补贴，使其能够开展有利于地方经济发展、社区复兴、完善社区服务设施的项目。1981年，修正案允许州政府为其他之前不能享受补助待遇，即人口小于50000的城市以及人口小于200000的县提供资金。

社区可以将资金用于支持发展自身的优势项目，而不是联邦政府规定的开支项目。这为地方政府提供了相当大的灵活性，但是地方政府必须将资金优先用于扶持中低收入居民的项目，特别是没有可供使用的资金来源的时候。

经济开发区。经济开发区，也被称之为复兴区或授权区，是一种在需要发展的区域内鼓励特殊经济投资项目的方法。设置这种区域常常能引向经济的复兴。其中最常见的激励政策之一是为地方企业减税。比如康涅狄格州允许经济开发区的企业5年内每年减税80%，州政府为由此损失

75%的地方政府财政收入买单。贷款项目和就业培训项目也可以有资格享受减税优惠。通常情况下，在促进投资的地区内最有效的激励措施仅仅只需要放松常规的管制，这一战略以最少的公共支出鼓励了私人投资。

小型企业管理处。小型企业管理处（SBA）是联邦最早支持的项目之一，成立于1953年。考虑到它们对国民经济具有的重要影响，该项目主要用于援助、咨询、支持和保护小型企业的利益，如前所述，大部分新增就业岗位都不是由大型企业，而是由小型企业（具体大小由其企业类型决定）提供。小型企业管理处为小型企业提供直接贷款，并作为小型企业向银行贷款的担保人。贷款项目中常见的是7（a）贷款保证项目，这个项目为无法通过常规途径筹款的小型企业提供帮助资金。这个项目的灵活性允许贷款能够用作多种用途，包括流动资金，机器设备，家具和固定设备，土地以及房屋。在一些情况下，它还可以用于还债。

小型企业管理处确保了相当比例的政府合同能够给予小型企业，基本方法是依据预测情况来预留部分合同。小型企业管理处下辖很多区域办公室，主要负责与公共及私人组织合作。1953年至今，近2000万个小型企业直接或间接接受了小型企业管理处的支持。仅2008年，小型企业管理处就提供超过20万笔贷款。它是美国企业在国家层面上最大的金融后盾。

小型企业投资公司（SBIC）是私有的合营公司。联邦政府利用它作为为小型企业提供公共风险资本的保荐人，主要方式是通过借助公共和私人资金提供长期贷款。通常情况下，小型企业投资公司可以为当前具有快速发展潜力的公司提供最长达20年的大笔贷款。这些投资由小型企业管理处管理。

小型企业创新研究（SBIR）项目为致力于发展新技术及其商业化的小型创新企业提供支持。通过赞助以及其他支持服务手段，小型企业创新研究项目使小型企业有能力在高度竞争的新技术领域承

担重要的研究和发展创新项目。它们能够为研究提供资金，也能保护企业不会因缺乏资金而失败。

外贸区。外贸区（FTZ）由社区建立，旨在促进地方经济中的国际贸易。外贸区通常选址在靠近进口货物的港口，比如海港或国际机场，在这里国内外商品交易被认为处在国家海关关税区之外，因此它们的交易可以免除关税和营业税，以及商品运进国家边界时必须交纳的费用。如果商品没有进入美国，那么它们的再出口也就不用交税，这样，外贸区就成为国际贸易的平台，允许储存其中的货物免交关税，直至其真正通过了美国关税口岸。通常，人们不用为贸易过程中的损失而多交关税。在外贸区生产的包含有外国原材料的商品可以交纳较低的关税税率。外贸区通过创造就业岗位，增加税基，与其他国家签订贸易合约，鼓励外贸区周边企业发展等方式，使当地社区获益。

目前美国有 125 个外贸区，一些外贸区的历史甚至可以追溯到 20 世纪 30 年代。得克萨斯的埃尔帕索 68 号外贸区是一个常规的贸易区，包括 21 个连续的地块，面积总计 3000 公顷。由于其位于埃尔帕索国际机场附近，空运服务对它的成功起到了很大帮助。在得克萨斯和墨西哥的边界处，还有它与墨西哥华雷斯市合作经营的双胞胎公司。

《劳动力再投资和成人教育法》。最新的劳动力法案（2003）旨在提高整个劳动力队伍的基本技能和专业技能。这个目标由一站式职业生涯中心系统来完成。法案鼓励州政府创立成人教育项

目并提供服务来帮助残障人士就业。其他的目标还包括建立与私人部门关联的青年发展计划、高中后教育和培训、社会服务以及其他致力于提高职业生涯机会的经济发展体系。

经济发展管理处。联邦政府的经济发展管理处（CDA）是与规划师切实相关的机构。它为那些负责综合经济发展战略（CEDS）的开发、实施、评估以及调整等任务的规划组织提供支持。《经济发展管理处支持规划组织》项目主要针对那些在较短时期内能够改善经济落后地区就业前景的工作上。合格的扶持对象包括社区发展机构、经济发展组织、美国原住民部落（印第安部落）以及其他非营利性区域规划组织。

经济发展管理处还为经济落后地区的公共工程项目投入资金，以通过提升社区基础设施水平来吸引新企业入住，鼓励现有企业的发展，推动地方经济的多元化，并支持私有部门的长期投资。当前的项目重点是发展新兴领域的产业集群，创造共生的发展环境。资金可以用于保障企业维持或提升发展水平，诸如供水和排水系统、工业区道路、工业和商务园、港口设施、铁路岔线、远程教育、技能培训中心、企业孵化器、棕地再开发、生态工业设施以及电信基础设施改善等。符合资格的项目还包括收购和开发公共土地，改善公共工程、公共服务或基础设施开发，或收购、设计、工程、建造、修复、更新、扩展或改善公有或是由公共运营的发展设施。项目还包括宽带设施的开发以及其他利于通信服务的项目和技术性设施建设。

住房。联邦层面上有 35 个住房项目。其中一些已经在第 7 章中加以详述。

州和地方项目

土地合并项目。城市政府在长期规划中的权力之一是根据公共目的对土地进行买卖，例如建设公园和公共设施。社区也可以将购得的小块土

图 9.12 埃尔帕索 68 号外贸区，埃尔帕索，得克萨斯州

地合并为更大的地块，然后卖给私有部门。由此，通过将税收产出较少的土地转化为能够产生更高财产税的热门地块，公共部门就为开发商降低土地成本起到了重要的作用。但是此类政策必须详细研究，因为在地产临时归政府所有的时间段内会使政府的税收下降。

除了公开购买之外，城市政府还有很多手段来获得土地。比如，通过取消赎回权，或是减少或减免土地所有人的拖欠税款以作为激励政策。所有人可以通过捐赠土地得到税费的减免，也可以通过州和联邦的更新项目来降低土地成本。还可以通过政府征用土地程序细则来获得土地，但是这些程序需要时间与昂贵的法律代价（比如，参见第14章中凯洛诉新伦敦市的案子康湟狄格）

与其他财产投资有着相似性，土地并成功与否的关键除了区位还是区位。一块用地是否距离主要公共交通很近？附近有没有补充性的商业设施？周边宜居环境是否较好？对于社区而言，位于社区发展方向上的土地非常重要。

规划师能够通过制定政策来确保结果的实现。第一步应该清点包括公有地块在内的社区资产，从而决定哪些土地没有达到预期的税收要求。其次，再开发计划中应包含可供收购、合并与开发的土地资产。潜在的环境关切可以通过第一阶段的环境评估方法（见第11章的环境评估流程）来加以强调。此外还可以设立土地银行。土地银行和待开发地块均可以由地方政府部门或者指定的非营利组织来进行管理。

最后一步是将这些土地资产市场化。方法包括减税、拨款或者贷款，或是通过完善供水和排水体系来提升资本价值，或者简单地为新开发提供快捷审批通道。如果运用得当的话，土地合并项目也能为开发商和社区双方都带来利益。

大学资源。地方经济发展的社区努力包括多个方面。高等教育机构越来越多地参与到就业岗位创造和地方经济复苏中来。综合性大学和学院提供了诸如师资力量、学生劳动力、实习生、经济分析师及特长人才等多种多样资源。新的建筑和设施吸引了人力和资源进入该地区，学生成为邻近区域零售行业的客源基础。威斯康星大学的社区和经济发展中心通过它的社区和经济发展工具箱——一个基于网络创立的资源库——制定包括开展经济分析、提供经济认证课程及发布相关主题的月刊等方法在内的经济发展行动来支撑地方发展。[20]

地方的规划师应该与大学人事部门进行合作，共同决定如何改善和提高大学和社区的状况。建立正式联系可使双方都能受益。

评估信息和创造激励

在规划中，那些需要重视的问题往往并不显而易见，因此界定问题是非常重要的。如果不了解问题之所在，就很难找到合适的解决方案。这时便需要问自己：我是否获得了准确的信息？我是否使用了这些信息来有效地确定可能的解决方案？我是否评估了各种可能的方案，并从中选出了最佳方案？

当你明确了问题之后，回顾社区和规划师的四类基本工具就可以用来帮助解决问题，这四类工具如同第4章所提出的那样：

· 提供或减少税收激励激励；
· 资本支出；
· 管制权；
· 土地资产买卖。

（关于管制权和土地资产买卖的其他情况可以参见第14章；关于税收激励以及资本开支，见第16章）

许多经济发展计划都希望利用大量资金来解决问题，因为他们相信事情都可以用钱来摆平。然而，事实上预算都是非常有限的。规划师可以采取一些使开支最小化的策略，或是吸引其他资源来解决资金问题。

规划师可以通过给人们以美好愿景来鼓励经济发展。当公共部门能够有效激励私人部门投资之时，经济开发效率就能最大化。规划师的工作是阐述建立在社区优势之上的社区更新的可能性。这种愿景是天生的"第五类"工具，也是最有效的工具。

练习9　制订江城的初步经济发展规划

你是江城规划部门的一员。使用本章的方法以及附录A中关于江城的信息来完成这个城市的初步经济发展方案，用于向规划负责人伯纳姆·丹尼尔汇报。评价标准如下：

· 对问题的阐述是否清晰；

· 方案是否与要解决的问题相关；

· 提出以最小的公共开支来鼓励私人投资的战略（记住，好的规划有利于减少成本）；

· 明确规划部门在这个过程中的作用；

· 报告要结构严密，表达清楚。

如果报告获得本丹尼尔先生同意，将被送至市议会成员；其他的城市部门代表；江城公民权益组织主席伊玛·皮普尔斯女士；商业协会的银行经理和代表诺曼·泰勒，以及其他的相关个人。

使用下面的表格来完成材料组织：
封面：
江城市中心的经济发展规划
编制单位_____
日期

第一部分：问题阐述
市中心主要为商业用途，且临近居住区。市中心的问题包括：

第二部分：发展潜力
市中心拥有经济发展规划所需要的一些特征。这些发展潜力包括：

第三部门：目标
江城市中心经济发展规划的目标是：

第四部分：经济发展规划的元素

撰写两三页文书，陈述你的经济发展规划中涵盖的重要内容；解释如何通过解决问题、挖掘潜力来实现你的发展目标。你的计划中应该包括一张清晰表明规划涉及范围的地图。

总结

地方经济与社区的复苏和增长之间有着很强的相关性。所有社区都应该制订良好的经济发展规划来维持其活力，使私人企业受益。经济增长不是自然进化过程的结果，而是来自由关键个人与组织所制定和执行的经济发展目标。经济发展规划作为社区综合发展计划的一个部分，应该包括土地使用、社会问题以及其他规划要素。

资料收集和制定现状清单为编制规划奠定了基础。市场分析有利于明确商业环境以吸引投资者。有力和细致的经济发展规划能够鼓励公私合作，帮助地方市政机构与私人开发商合作形成团队，通过项目建设，利用社区的优势和资源，建设项目。

很多联邦和州层面上的政府经济发展项目都在为社区提供援助，社区可以借助其中的公共支出，税收激励以及诸如区划制度等力量来为公共部门与私人部门的合作创造积极环境。通过这种方式，社区增长模式便从经济重构中产生。无论社区选择什么样的发展路径来保持活力，一项拥有恰当目标和战略的经济发展规划肯定是其中不可或缺的一部分。

第 10 章　交通规划

历史发展

美国的文化被交通系统的模式和技术所强烈地影响；从某种意义上讲，我们变成了交通系统的奴隶，而不是主人。要认清楚交通如何影响了美国社会并不难，但这种影响的范围可能会令人惊讶。从利用马和马车，到遍布全美的州际高速公路体系，再到最新的高速铁路和喷气式飞机，可以毫不夸张地说，美国的发展是由交通系统所引导的。西班牙探险家、法国商贸家和英国殖民者在新大陆的定居点模式就是以 16—17 世纪欧洲人横跨大西洋的航海技术为基础的。这些殖民力量建立的居民点，某种意义上参照了他们的交通模式：西班牙人在马背上穿越了未经探索的内陆；法国人在广袤的加拿大荒野、密西西比河流域和五大湖地区利用水道建立贸易路径；英国人通过海路和原始道路，定居于东海岸。西部领土的拓展依赖于崎岖地形上开拓的新路径。在 19 世纪早期，国家干道穿越阿巴拉契亚山脉；紧随第一批通往西部道路的是伊利运河，它从山间穿过，提供了从纽约到伊利湖的一条水路。19 世纪中期，贯穿北美大陆的铁路横跨洛基山脉，快速扩张的铁路交通网络直达太平洋沿岸。

19 世纪末 20 世纪初的若干年里，城际有轨铁路系统发展迅速。20 世纪之交，城际铁路是市内或邻近城市间最好的交通方式。城际有轨铁路实现电气化之后，中西部地区的乘客可以搭乘这

些线路到达千百英里之外的地方——比如，从俄亥俄州的辛辛那提到密歇根州的大急流城。

图 10.1　中西部城际轨道网

图 10.2　废弃的有轨电车

而自 1908 年亨利·福特引进现代轿车生产线之后，城际轨道交通逐渐失去主导地位。这种价格并不昂贵的汽车给了人们更多的自由空间。很快，许多城际运输公司不再盈利，因为乘客太少，运输的成本过高。通用公司的官员更加速了城际轨道交通的消亡，因为他们将其视为通用汽车销售的直接竞争者。这家雄厚的公司收购了很多城际运输公司，拆除了原有的轨道，使用以汽油为动力的公共汽车来取代原有的运输。到了 30 年代，整个国家的城际铁路系统事实上已经不复存在。这个曾经服务了全美众多人口的行业几乎在一夜之间消失了。

美国的城市沿着交通系统发展，在四个不同时代里体现出不同特征。在技术上，每一个时代都与新的交通方式变化紧密联系在一起，表现出由运输速度所允许的城市开发范围的拓展。研究表明，无论是以前还是今天，通勤者一般每天愿意花费 30—35 分钟的车程去工作。[1] 因此，城市开发的界限由时间而非实际的路程所决定。

第一个时代对应于殖民地城市，基于人行、马和马车——均为人的步行速度。城市的边界呈圆形拓展，由人们能够从住所到城市就业与商业中心的步行距离所决定。第二个时代的代表是城市轨道系统和有轨电车，这些交通工具使得人们能够居住得离市中心更远。城市沿着通勤铁路扩张，并进一步以人们从住所到铁路站的步行距离而延伸。

第三个时代始于亨利·福特和他无处不在的 T 型车，后者使得私人交通得以发展；为其新铺设的道路也使得人们能够搭乘舒适方便的交通工具直抵每家每户的后门。小汽车允许沿着任意道路以更远的距离通勤，城市再次回归到之前的圆形拓展时代。

州际高速公路系统开启了第四个时代，出现了以高速公路出入口为导向增长模式。高速公路出入口周边形成一些与中心城有着便捷联系的商业节点，而住宅和工业开发则位于城市边缘。高速公路同样提供了城市之间的便捷联系。

交通的影响

交通系统对社区具有多种影响。交通与土地使用联系紧密。土地的高强度利用使得土地上的使用活动增加，从而需要额外的交通为其服务。交通可达性的提升，刺激了土地的进一步开发，带来了更多的活动，需要额外的交通。相反，交通系统容量的提升，常常助长了额外的土地使用。因此，无论是在大尺度（整个城市区域）或是小尺度（单个开发项目）上，交通和土地使用之间均有着直接影响。

交通还对环境产生重要的影响，尤其是空气质量上。我们已经熟知的汽车尾气排放就造成了空气质量的显著下降。使用无铅汽油和高效燃气发动机能够减少单位车辆、单位里程的污染物排放水平，但是它带来的好处远远无法弥补车辆拥有量逐年增加带来的坏处。此外，道路建设和城

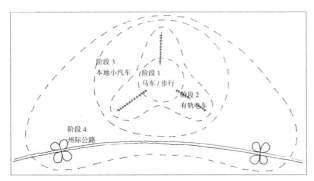

图 10.3　对应于城市增长四个时代的城市扩展方式

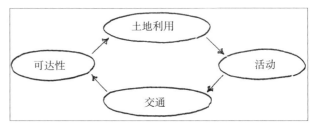

图 10.4　土地使用和交通的联系

市边缘地区的开发也会破坏湿地。在北部的一些州，冬天为使道路冰面融化而播撒的盐粒会破坏土壤、植被、钢筋和混凝土。噪声是使用车辆的又一个消极影响，一些社区建立起长达数英里的高墙，来为邻近居住区抵御高速公路噪声。

交通还对经济产生直接影响。汽车制造商和零部件供应商、石油公司、工程公司以及旅游和休闲产业都与交通有着紧密联系。经济顾问认为在经济衰退时期对新的交通系统进行投资能够直接刺激经济增长，尤其是路桥建设。

作为一个依托交通而形成的社会，美国能在多少程度上独立于交通呢？20世纪中叶的城市研究者刘易斯·芒福德质疑美国人已经确定的优先问题："后代可能会对我们仅仅为了满足获得时速60英里的交通系统，以及相联系的低密度区域的意愿和渴望，而牺牲子女教育，牺牲对老弱病残的医疗护理，牺牲艺术的发展，牺牲亲近自然的机会，感到不可思议。"[2]

我们是应该像芒福德所描述的那样将城市视作奉献给汽车上帝的贡品呢，还是将汽车视为一种为我们提供前所未有的机动性和舒适性的设备呢？就像城市主义者威尔弗瑞德·欧文斯所描述的那样：

> 人们偏好私人而非公共交通的理由并不是通常所宣称的那样出于消费者的任性或是他们对经济问题的漠视，大部分城市出行由私家车完成的根本原因还是在于私家车出行要优于任何其他的出行方式。尽管还有一些缺点，私家车还是能够提供舒适性、隐秘感、有限的步行、最少的等待，以及可以自由制定计划和路线等便利。它能保证有座位；使得人们免受酷热、寒冷和雨水的侵扰；它能够存放行李；搭乘其他乘客不会增加成本；对于大多数旅程，尤其是中心城的旅途，这种方式更为便捷、更加便宜。公共交通搭乘者则面对完全不同的情况。他们必须选择步行、等待、站立，面对各种情况。旅途成本高、速度慢，人们因为陈旧的设备和恶劣的通风（高峰期拥挤）而不适，在一天中有些时间车次较少，晚间不好搭乘，还有在郊区无法搭乘等问题。[3]

我们为了更好地满足交通需求，试图建造更多的基础设施，但带来的是喜忧参半的结果。通过建设更多的道路和拓宽原有道路来解决交通拥堵的做法，经常达不到预想的结果，带来的反而是更多的问题。如果建设更多的车道来缓解道路拥堵，人们就会行驶更远的距离，提高出行频率，直到道路再次出现拥堵（即所谓的潜在需求效益）。容纳更大车流量的道路建设会刺激沿途城市的开发，交通量依旧会增长直至发生拥堵。比如，密歇根州大急流城28号街最初是城市南部边缘的通过性道路，用以疏解城市内部的交通。然而，新建的5车道道路使其成为交通便捷，吸引人流和拥有很高商业开发价值的地段。这里很快成为这座城市最为拥堵的通道和该个州通行最缓慢的道路之一。城市交通系统和邻近地区土地使用的联系由此可见一斑；道路建设没有缓解交通压力，反而制造了交通拥堵。

图 10.5　28号街，大急流城，密歇根州，2009 年

聚焦波士顿"大开挖"

　　"大开挖"是中央干道／隧道项目（CA/T）的别称。这是一个让中央干道（93号州际高速

图 10.6 波士顿"大开挖"

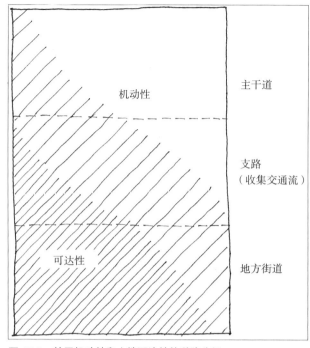

图 10.7 基于机动性和土地可达性的道路分级

公路）穿越波士顿中心长达 3.5 英里的巨型地下隧道改道项目，包括了泰德·威廉姆斯隧道的建设（从 90 号州际高速公路延伸至罗根国际机场），跨越查尔斯河的扎基姆·班克·希尔桥的建设，以及在原来的 I-93 高架路用地上的罗斯·肯尼迪绿道建设。

1959 年当这条穿越波士顿中心的高速公路建成时，预计每天能够运输 75000 辆车次。到 80 年代，运输量达到每天 20 万辆车次，其中时走时停的拥堵交通每天达到 10 小时。交通堵塞对车主造成的损失，包括堵塞的汽油费用、频发交通事故的成本和迟到的罚款，总额估计达到 5 亿美元。

根据规划方案，这里将建设一条新的地下高速道路。除掉超支、拖延以及较差的执行情况等一些问题，总体来看它被很多人士视为一个成功的项目。正如市长托马斯·莫尼诺为半个世纪以来市民得以第一次不穿过高速公路就能从市政大厅走到滨水区所言，"现在我们在城市中心拥有了美丽的开敞空间。它将中心城和滨水空间联系起来。专家担心的情况没有发生。"一项由高速公路管理局进行的研究发现，"大开挖"将穿越波士顿的时间从平均 19.5 分钟减少到平均 2.8 分钟。[4]

交通部的角色

美国交通部（DOT）是国家层面处理交通项目的中心机构。它提供从机动车安全信息、机场状况、游船景点，到与国家道路和高速公路体系相关的"联邦高速公路管理"计划等多种公民服务。

交通部的职责之一是管理 SAFETEA-LU 项目（安全、节约、机动、效率、平等法案：使用者的法律约束），它专注于联邦地面交通系统。该法案最初于 1991 年通过，原名《联合运输地面交通效率法》（ISTEA）。它使得人们逐渐关注人行、公交与自行车设施。法案标志着大都市规划组织开始与交通部门建立合作关系，从此关于交通的探讨在出现在更大层面上，牵涉更多的机构（如第 3 章所述）。尽管交通资金主要用于高速公路的建设和维护，一些升级项目将 10% 的可用资金用于安全、非机动化的交通，比如轨道和自行车道，以及与交通相关的历史遗产保护。

144

对社区规划师而言，交通部的工作涉及减缓交通拥堵、公交系统创新、包括道路设计在内的高速公路项目、高速景观及历史性桥梁项目以及其他类似的服务。重大环境需求以及安全的上学道路项目也进入了最近的修正案中。而交通部下辖的交通规划部门则旨在提升交通改善工作与州及地方的增长计划和经济发展模式之间的衔接。

基础设施设计

街道等级体系

街道是社区中的主要联系通道，它们的设计和交通模式对交通规划而言非常关键。道路等级体系概念的图示化表示可以阐明交通的机动性以及与土地使用可达性之间的关系及其对二者的影响。主干道提供了最大的交通量。为了实现这一目的，可能会发展出诸如限制出入口的高速公路或是限制从沿街用地进入道路的4—6车道的主路。这些对车行道、中间隔离带开口、互通式立交、信号灯以及道路连接等方面采用的控制和限制手段就是所谓的出入口管理。通过此类设计上的控制，主干道能够提供最大的交通运行效率，但到达目的地可达性方面存在不足。

接驳主干道的街道称之为支路（收集交通流道路）它们用来平衡交通的效率和可达性。支路可能会出现拥堵，但如果有效控制，能为沿途土地使用的出入提供极大的便利。

大部分联络主干道与周边用地的连接口都位于这些支路上。地方街道为用地提供了最便捷的出入口，但是牺牲了交通的行驶速度。作为最常见的街道类型，地方街道为绝大多数私人场所提供服务。

城市交通管理规划可能与人们的直觉相反。很多情况下，交通管理的目标并不是提高交通速度和效率，而是要降低交通效率。和行人一样，慢速的机动车有利于街道活动，提升街道活力。《纽约时报》报道，"通过观察，你们会认识到，如果你们产生较少的交通流量，发展慢速交通，就能在更好地发展社区的同时保障安全……交通工程师称之为'摩擦'，他们认为存在摩擦是不好的。然而对我们而言，摩擦却是好的。"[5]

规划师可以通过调整车道宽度、人行道、停车位及交通信号系统来控制交通速度。通过视觉提示提醒驾驶员引起注意的方法称为"宁静交通"措施；最常见的是使用路面减速装置，或是在路途中设有明显可见的限速标识，其他宁静交通措施包括道路交叉口处人行道的局部放宽、减小街道宽度、有意设置的转弯（急弯）；分流带，一种使得驾驶员必须转向的景观设施以及环形交叉口，它不仅可以使得交叉口处的交通减速，也能在适当地点有效地提高交通效率。

利用交通系统（机动车、换乘、步行等）在提升受欢迎活动地点之间联系的方法称为构建联络性。联络性路径赋予空间以活动，并未不同地区之间带来路径、节点、开敞空间等审慎的联系模式。不同活动节点之间的联络方式由于交通类型的不同而不同：机动车拥有更快的速度和难以预测的方向；公交则以中等速度沿着特定路线行驶；自行车和行人则是低速而自由的交通模式。

图 10.8　环形交叉口交通

聚焦提高连接性，切纳哈，伊利诺伊州
一项建设切纳哈的新镇区中心提议，试图创建能够提高联络性的街道模式。该社区在东南角与州际高速公路相连接。社区交通主轴提供了从入口进入社区的交通导向。社区中心点是一个联系不同社区功能的小型中央公园，自行车和步行可达。这种街道模式创造了多种房屋类型，确保人行道和自行车道能够覆盖整个区域。

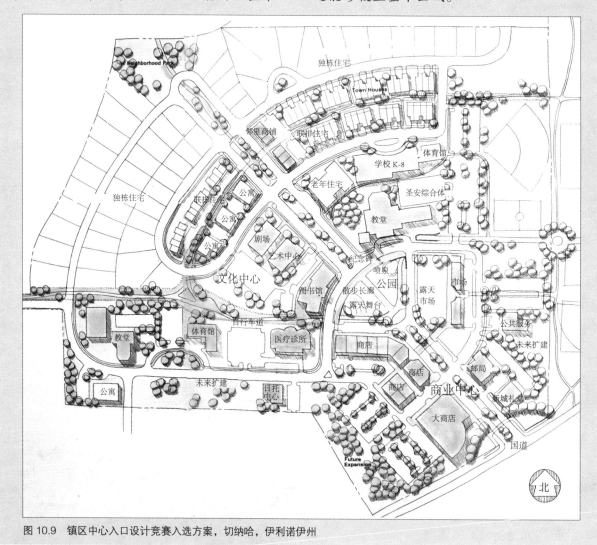

图 10.9　镇区中心入口设计竞赛入选方案，切纳哈，伊利诺伊州

图 10.10　沿皮马高速路的公路艺术，位于亚利桑那州斯科茨代尔的高速公路美化创意

联邦高速公路管理处和其他交通机构支持采用环境敏感方法进行道路设计。这一方法强调交通设施既应保留景观、审美、历史及环境资源，又保证安全和速度。这些机构鼓励包括居民在内的利益相关者在决策过程中的参与与合作。

停车

停车场是任何机动车交通系统中都会涉及的

主要设计元素。停车设施占据了商业设施场地设计的最大部分。郊区项目通常会提供一些土地来满足这一需求；而中心城区则没有足够的土地，因此，提供停车场地则成为社区复兴要努力解决的一个问题。尽管有规划师认为，作为社区复兴的一个工具（创造成功商业地区的主要策略是满足商品和服务需求），停车场被过于关注了，但是这里还是不得不需要再加以强调。

指导停车设施规划的一些基本准则是：（1）需要有明显可见的标识来引导交通流进入停车场，但不能有过多的标牌；（2）出入停车场的人行道设计应该尽量保证不与机动车发生冲突；（3）在建筑入口附近为残障人设计足量的停车空间。

在停车场中，入口通道应该从停车通道中分离出来。同时，要为乘客设计可以方便下车的场地。卡车以及服务车辆进入建筑物的通道应该与常规的停车场相分离。许多标准都要纳入区划条例之中，而所有这些条例都代表着基于使用便利性的良好设计原则。

当需要大面积铺地用以停车空间时，应该利用景观、矮墙，以及其他装置，将大面积停车场地分隔成较小的部分；同时，不要形成难以受安全监控的区域。停车过道不应该长于超过30个连续车位。从审美角度考虑，停车场边缘应该起到隐蔽作用，从而能够遮挡机动车，达到美化的效果。

很多区划条例都要求停车场地的规模设计要满足最大的可能容量：在商业区域，这种情况一般出现在感恩节后和圣诞节前的最后一个周六，这也是一年中唯一一会使停车场爆满的一天。当前，很多社区都在对这么高的停车要求进行重新考虑。较小的停车场地减少了总的铺地量，从而减少了土地使用量和沥青热积累，减缓了排水问题，体现了对环境问题的关注。传统的硬质铺地停车场无法抵御雨水的侵害，容易损坏，腐蚀，尤其在恶劣的风暴天气，易被洪水破坏。新的铺地材质，比如透水沥青和混凝土，能够允许雨水穿过铺地，

从而解决潜在的场地排水问题。足够的排水系统很重要；有时可能需要设置储水池和泄水池。

停车场的成本问题是主要要考虑的问题。相比于地下和地上停车场，地面停车场要便宜许多。地面停车场的单位造价成本平均在2000—3000美元之间，而地上的停车建筑物则平均为20000—25000美元，地下停车场则为30000—40000美元。[6]由于它的高成本，地上及地下停车场只出现在地价非常昂贵的高密度城市区域；而由于能够节省车道空间，昂贵的升降式立体停车场能够在给定大小的空间里创造出更多的停车空间，因此也被使用。

规划共享停车场，即机动车在每天不同时间段交错使用同一场地，从而最大化的提高停车场利用效率，进而一定程度地降低停车成本。据估计，不同用地性质上的停车场使用率随时间不同而不同。这一信息可以用于计算可能的共享停车使用程度。比如，办公楼停车场多数在傍晚和周末可用于共享，而会议中心的停车场则经常使用，在此建立共享停车机制的可行性不高。

土地利用	周一——周五 8am-6pm	周一——周五 6pm-半夜	周六—周日 8am-6pm	周六—周日 6pm-半夜
居住	60%	100%	80%	100%
办公	100%	20%	5%	5%
零售/商业	90%	80%	100%	70%
餐饮	70%	100%	70%	100%
电影院	40%	80%	80%	100%
会议	100%	100%	100%	100%
宗教场所	10%	5%	100%	50%

图 10.11 停车场使用效率表[7]

一些社区提供替代停车付款（PILOP）（开发商将建设停车设施的义务和资金交由城市，由城市集中建设停车场所，供业主共享使用。非业主则有偿使用——译者注）。这类开发商免除提供停车场的责任，是因为城市愿意承担这部分责任，并将其作为被精心规划的停车系统一个部分。在替代停车

付款模式下，停车场所并不是单一土地使用，而是被多种邻近的房地产共享使用。比如，城市可能为新的开发项目提供停车场所，并将其与其他市政场所、建筑物、公交站点以及其他从公众利益角度考虑的开发项目捆绑。市政府通过两种方式获益：一是从开发商处获得资金（一般为：每个单位空间为3000~10000美元）来建设停车设施；二是通过这些设施获得诸如停车收费的额外财政收入。

交通模型

计算机模型为交通规划提供了一种规划高速公路和其他交通模式的方法。建模能够预测出行需求，而出行需求正是在规划和设定开支优先顺序中的关键组成。这一过程将公交站点、土地使用、发展问题以及空气质量分析等因素一并纳入考虑。规划师需要理解这些模型的计算结果，从而建立恰当的交通系统。出行需求建模通过计算上万个出行者关于如何、在哪、何时出行的个人决定，从而完成数据统计。

人们最为熟知且最常使用的交通模型是城市交通建模系统（UTMS）。其中用到的四个用于预测出行行为的要素是：（1）从起点区到终点区的行程的数量；（2）从起点到终点的行程可能性；（3）选用的交通模式（火车、公共汽车、私人小汽车、自行车或是步行）；（4）从起点到终点选择的路径。城市交通建模系统（UTMS）的计算机模型能够预测不同情况下，不同时间段内交通资源的需求量。

比如，城市中心一条交通繁忙的主要林荫道必须关闭一段时间，用以维护和重建。规划师需要对由此造成的交通拥堵进行决策研究，使其影响最小化。分析的第一步是判断出每天高峰期该道路的车行量。这一信息可以从交通部门获得；此外，在道路关闭之前，也可以通过使用总容量计数器进行计数，使用空气脉冲软管来记录跨过车道的汽车轴数（两次脉冲意味着一辆车驶过）。

通过随机调查使用该路径的人，规划师可以获得出发和到达不同起终点路径的出行数据。或者，可以通过分析居住、商业和工业这三种最主要的土地使用类型来得到信息。居住区通常就是出发区，因为很多人都是从家里出发的。出行量的估计可以基于家庭数量、家庭的平均人数以及户均拥有的机动车数量；这些数据都可以从普查数据中得到。工业、办公及商业地段则被认为是出行的目的地。出行数量由几个因素决定，其中最常见的是每平方英尺的设施数量或雇工数量。起点和终点的数据能够显示当前经过某条道路的当地车行量和过境车行量，从而方便根据具体情况进行调整。

第三个步骤是检查个人出行使用的交通方式。以之前提到的林荫道例子来说，其主要的交通是由小汽车完成的，这会在建设期中造成堵塞。因此，如果鼓励驾驶者采用公交，交通问题自然能够最大限度得到缓解。然而，如果使用道路的是重型卡车，它的重量使其无法通过当地的一般道路，那么在这种情况下，应该明确绕行路径。

建模系统的最后一步聚焦于实际使用的路径。

出行方式	通勤人数	比例
从业人员总数	128279000	100.0
汽车/卡车/货车	112736000	87.9
独自驾驶	97102000	75.7
拼车	15634000	12.2
公共交通	6068000	4.7
公共汽车/有轨电车	3207000	2.5
地铁/高架轨道	1886000	1.5
出租车	200000	0.2
摩托车	142000	0.1
自行车	488000	0.4
步行	3759000	2.9
其他方式	901000	0.7
在家工作，无通勤出行	4182000	3.3

图 10.12　美国当前的通勤交通模式 [8]

它将小汽车和卡车分配到建设期间可能使用的路网中，或是可能使用的地铁或公交线路中。还是以林荫道的例子来说明。其结果决定在建设期间该选择哪条替代道路。可能有两条地方道路会被暂时改成单行线，选出其中一条作为卡车的道路。借助计算机模型，交通规划师能够对建设之前应该如何做出改变提出建议。

交通规划师通过城市交通建模系统来完成几年前几乎不可能完成的计算。但是此类模型解决不了交通规划中的全部问题。它们无法考虑环境的影响、能源的使用或是政治因素。尽管如此，这些问题有时可以通过使用专门研制的可应用子模型来解决。

练习 10　江城的交通研究

江城的城市委员会认为需要增大车站路的交通容量以减少拥堵。研究范围从江街开始，沿着伊格尔河上的单车道桥延伸到艾丽的移动家庭公园以及图斯特斯湿地南面的卡特莱特农场入口周边。这里将实施一个建设方案，计划完成一个全新、巨大的综合性开发建设（见第 12 章的描述）。

委员会的成员将会咨询规划师，了解如何收集建模所需要的交通资料。根据 UTMS 模型系统，准备一张清单，记录这个过程中四个步骤每步所需的信息，解释这些信息如何获得。使用下表来记录这些信息。

a= 需要的信息

b= 如何获得这些信息

UTMS 步骤 1

a＿＿＿＿＿＿＿＿＿＿＿＿＿＿＿＿＿

b＿＿＿＿＿＿＿＿＿＿＿＿＿＿＿＿＿

步骤 2

a＿＿＿＿＿＿＿＿＿＿＿＿＿＿＿＿＿

b＿＿＿＿＿＿＿＿＿＿＿＿＿＿＿＿＿

步骤 3

a＿＿＿＿＿＿＿＿＿＿＿＿＿＿＿＿＿

b＿＿＿＿＿＿＿＿＿＿＿＿＿＿＿＿＿

步骤 4

a＿＿＿＿＿＿＿＿＿＿＿＿＿＿＿＿＿

b＿＿＿＿＿＿＿＿＿＿＿＿＿＿＿＿＿

公共交通的角色

公共交通系统在解决美国社区的交通问题中扮演着非常重要的角色。这些系统提供多种选择，使得居民不需要汽车就能完全参与到社区活动之中，从而为儿童、不开车的老年人、残障人士以及买不起车的人们做出安排。公共交通不仅能够服务这些人，而且相对于使用私人小汽车而言更有效率，并且有利于环境。比如，电力轻轨系统只使用少量电能，因而不会增加太多的碳排放。

联邦公交管理处（FTA）是负责使用联邦资金来支持公交系统发展的机构，他们负责公共汽车、地铁、电车、通勤铁路、轻轨、单轨铁路、客船以及爬坡铁路等。联邦公交管理处为大都市区及全美范围内规划中的多种交通方式提供许可项目以及环境分析和评估方面的支持。最近几十年，许多新型轨道和联运交通系统相继建立起来。

现代轻轨

最近几十年，城市开始采用称之为轻轨电车（LRVs）的新型电力交通系统。通过这个系统，可以在短时间内运输大量乘客，并且产生较少的噪声和空气污染，较为环保。这其中，很多著名的轻轨系统都与公交线路捆绑在一起，通过两者时刻表相衔接的换乘线路来扩大服务范围。

轻轨系统有数量众多的成功案例。俄勒冈州波特兰的公共交通系统（Tri-Met）每年都在刷新客运量记录。而 2009 年日均载客近 100 万人的首都华盛顿地铁系统，很好地将首都和周边的马里兰州与弗吉尼亚州联系起来。[9]1892 年就成功运营的芝加哥高架铁路（EI）通过增添新的轻轨环线规避了芝加哥卢普区的拥堵；作为加州第一个现

图 10.13　圣迭戈有轨电车

图 10.14　轮渡，西雅图，华盛顿州

代轻轨系统，圣迭戈有轨电车于 1981 年正式运营。这一系统拥有长达 53 英里的铁轨，路径可以从南面的圣迭戈一直延伸到墨西哥边界的圣伊西德罗，每天能够运输超过 3500 万乘客。目前，这一系统的未来发展规划正在制订中。

轮渡

除了地面公交系统外，还有其他的交通方式作为补充。一些沿海城市几十年来都依靠轮渡来完成交通运输任务。比如，日间有 5 艘船只运营的纽约市斯塔滕岛渡轮每天完成 6 万名旅客的运输任务。而阿拉斯加海上高速客轮系统能为那些位置偏远，不通公路的阿拉斯加城市提供交通联系。这是一个全年提供服务的客运系统，通过内线航道将华盛顿州的贝灵汉与该州的其他一些城市，以及包括首府朱诺在内的阿拉斯加州东南和西南部的一些大城市连接了起来。斑布里奇岛上的 2 万社区居民很喜欢他们在斑布里奇岛渡船上度过前往西雅图市中心的 35 分钟海上通勤时光。在此期间，他们能欣赏美丽的天际线、太空针、雷尼尔山以及另一个方向上奥林匹克山的风景。

在旧金山，金门渡轮将主城与索萨利托和拉克斯珀联系在一起。而基韦斯特渡轮通过双体船上 3 小时的航程联系了西佛罗里达海岸和基韦斯特的迈尔斯堡（否则便需要 7 小时的车程）。缅因州渡轮将内陆和海岸周边的小岛，以及季节性地与新斯科舍连接在一起。

缆车

北美有两座城市通过空中缆车系统进行交通联系，取得了非常好的效果。不列颠哥伦比亚省的温哥华在市中心就有空中缆车系统，可以将乘客送达周边的山区。纽约市卢瑟福岛缆车将通勤

图 10.15　升级后的曼哈顿与卢瑟福岛空中缆车草图，纽约市

族从东河某小岛上的一个新建社区通过这一空中交通线路,穿过河面,运送到位于曼哈顿的市中心。

个人交通选择

自行车

美国有 40% 的机动车出行车程不超过 2 英里,这一距离大约是自行车 15 分钟的车程。自行车可以作为通勤者的一个可行选择。如何将自行车融入总体的城市交通系统?无论是作为道路还是人行系统的一个部分,自行车道线都应该被清楚地标示出来。

自行车道有多种类型。1 级自行车道是指:"在物理上与机动车交通分离,由开敞空间或是隔离物隔开,具有优先权或者单独优先权的自行车道。这些道路也会被行人、滑冰者、坐轮椅者、慢跑者以及其他非机动车使用者使用。"2 级自行车道指:"一段通过设计有条纹、信号以及铺地标记,优先或专门为自行车使用的道路中的一个部分。其中,自行车道为单行车道,与机动车交通方向相协调。"3 级自行车道是指:"通过共享的信号系统,借助信号灯调控自行车和机动车行驶的道路。其中可能伴有铺装的路肩或 / 和路牙。自行车交通与机动车交通同向,

图 10.17 与道路整合在一起的自行车道(2 级自行车道),马萨诸塞州,剑桥

1 级自行车道:独立路权

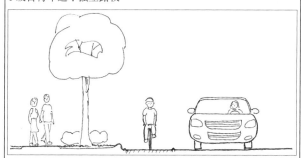

2 级自行车道:位于车行道上的专用自行车道

3 级自行车道:与机动车共享道路

图 10.16 从道路分离出来的自行车道(1 级自行车道),马萨诸塞州,剑桥

图 10.18 自行车道分级

并且在道路的同侧。"[10]

其他需要注意的设计元素包括开口朝向自行车道的机动车道。对于这类路道，应该通过铺装以防止道路边缘的砾石堆积。路边雨水沟盖格栅应与自行车道垂直，而不是平行。桥上的人行道路应该足够宽，这样能够允许行人和自行车平行穿过。

那些认可自行车对多类型的地方交通体系所作贡献的社区，应该设法满足骑自行车者的使用需求。比如在公交车和通勤铁路车厢设置自行车承载支架，从而使得通勤者能够骑车到车站，然后搭载公共交通抵达他们的工作场所，从而减少小汽车的需求量。在加利福尼亚州奥克兰所使用的"踏板车"系统就是这类交通工具。

一些城市为了将自行车发展成为主要的交通方式，做出了一些重要的承诺。西雅图的自行车和人行道项目雇用了6名全职雇员，每年花费400万美元用于自行车和人行交通系统的改善。城市有150英里的多用途路径网络和一个专门的计划，来回应公众改善交通的呼声。在马萨诸塞州的剑桥，4人专门负责协调自行车道系统的延伸工作。科罗拉多州的博尔德正在进行一项活动，将行人、自行车与公交结合起来，以此来减少私人机动车的使用。

图 10.19 "踏板车"系统，奥克兰，加利福尼亚州

步行

可步行应该成为任何城市或郊区交通规划的一项目标。只要人们步行穿过社区，经常与邻居见面，就能够增强他们对场所的归属感。步行能够消弭由于郊区土地细分带来的相互隔离。此外，步行是最古老、最健康和最便宜的交通方式，也是任何一份规划中努力提升交通效率的关键组成部分。可步行的邻里能够在没有公交条件下得到很好的发展，另一方面，公交也同时需要可步行的邻里。

行人需要路径和终点。如果一个场所没有人行道，就不能给行人以安全的环境。同理，如果有人行道，却没有合乎常理的起终点，也很难引起人们兴趣去行走；一条人行道不能通向某个目的地，它就不太可能被使用。为了提高效率，人行路线应该优先选址围绕一些关键场所，比如学校，市政大楼、购物中心、交通站点及老年活动中心。

人行社区必须注意安全。步行道应该与机动交通保持一定的安全距离。行人不应该紧贴机动车道行走，其间应该设置缓冲空间。停泊的车辆可以起到这一作用。车辆行走得越快，缓冲区域则应设计得越宽。在车祸频发的交叉口处，应该通过设计，使得行人能够被驾驶者所见，行为也易于被预测。人行横道应该明确划定。适当提升人行道的等级，会减缓这些地方的车行速度。在较宽的道路中设置安全岛，或是在人行横道线处缩窄道路宽度，就能够有效地减少行人受车辆伤害的交通事故发生数量。

在乡村地区，沿道路设置的宽路肩能够作为人行和自行车道使用。根据不同的交通流速度，在大多数情况下3—4英尺宽的路肩能够保证安全。当速度达到每小时50英里或更高时，需要有更宽的路肩才能更好地保证安全。通过不同的铺地材料，或是用对比色来喷涂人行道，以及改变路肩的外形特点，可以提高安全系数。特别注意的是还要重视人行道的除雪措施。

图 10.20　滨水步道系统，圣安东尼奥，得克萨斯州

马里兰州的蒙哥马利县，设立了一个顾问委员会，专门负责行人的安全问题，要求公共或私人项目关注行人的影响。在经历过一段行人死亡率高于自杀死亡率的时期之后，地方官员决定采取措施保障行人安全。[11]

如前所述，行人是一个成功的市中心混合活动的关键成分；通过一些简单的步骤，包括隔声、隔热，以及为街道铺设路面等，为行人创造一个舒适的环境是可取的措施。芝加哥的一所大学在研究市中心活力时发现，检测城市中心区健康的最佳指标是行人的数量。[12] 在西雅图的一项调查中，代表邻里商业利益的社区领袖们认为，人行活动是代表邻里商业区活跃程度的重要指标。[13] 圣安东尼奥的滨水步道系统为人们提供了一套完整的步行体系和比城市中心街道网格低一层的零售空间，并带来了许多休闲散步活动，从而提高了商业利润。

聚焦莱克伍德的步行中心城

科罗拉多州莱克伍德虽然是该州第四大城市，但是却没有市中心。所以居民经常光顾建于 20 世纪 70 年代的区域性购物广场贝尔马。90 年代中期，这个 140 万平方尺的商场衰败之后，一个投资团队与该市政府接洽，制订了将它传统的购物中心布局改造成一个由 19 块街区混合利用功能组成的步行城市中心的规划，计划建设供 1300 个居民居住的住房，以及办公楼、超市、电影院、停车场、广场以及一座大型议事中心。新的街道穿过旧的停车场，将地段场所与周边环境相融合。现存建筑通过立面改造，修缮成新的小尺度沿街立面，从而丰富视觉变化。莱克伍德就这样逐渐完成了它的市中心再开发。

图 10.21　实施中的贝尔马改造工程，莱克伍德，科罗拉多州

设计生活

交通导向开发

根据联邦交通部委托完成的一项研究，2025 年之前，美国将有超过 1500 万个家庭将在公交站点附近购房或者租房，两倍于今天的数量。[14] 围绕拥有良好换乘系统的高密度核心开发的社区，能够为居民提供一系列选择，使得居民不会过度依赖某一种交通方式。诸如纽约、波士顿、芝加哥等现已拥有良好交通体系的地区，以及洛杉矶等正在发展这一体系的地区，对交通导向开发（TOD）模式都有极大的需求。[15] TOD 模式包括土地混合使用，以及由中心地区附近公交终点站提

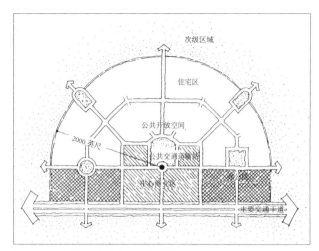

图 10.22　图示以交通为导向的开发

供的相应服务构成的强大步行环境。公交站点附近的区域通常适合步行，在很近的距离内就能到达很多不同的目的地。功能上，TOD 模式将土地使用结合在一起。就像规划师彼得·卡尔索普所说，"对于成功的区域开发而言，公交站点附近环境的重要性不比它提供的服务要低。"[16]

TOD 模式的开发应该涵盖便利店、办公、食品店、餐厅、商住、服务业、商业以及娱乐业等。不应该鼓励汽车销售店、洗车店、快餐店或汽车旅馆等与行人需求不相容商业开发。开发应该限定在公交站点周边 2000 英尺（舒适的步行距离）以内。很多非通勤交通能在标准的 TOD 混合开发区域中完成：在混合开发中，10% 的土地为公共空间，30% 为核心商业和就业，而 60% 为居住。对于 TOD 规划，即便地段内尚无现有交通，也存在将来引进更多高效低价交通的可能。

安全的上学道路

2001 年对消费者的一项研究发现，78% 的调查对象希望住在一个使他们孩子能够步行，或是骑自行车上学的社区，只有 19% 的家长希望驾车送孩子到更大的区域性学校上学。[17]40 年前，有一半的孩子通过步行或骑自行车上学；而到了 2009 年，这一数字下降到了 1/10。[18] 人

们的预期，以及实际对待孩子上学所采用的交通方式之间的差距，被鼓励兴建大型综合性学校的经济措施搞得更加复杂；结果是孩子们与就近的学校之间无法产生更多联系，孩子们也不能通过步行或骑自行车进行锻炼。这也造成了当前的少年肥胖问题。

安全上学道路国家中心鼓励社区采取提高安全性的战略，创造适合孩子们步行和骑自行车的安全上学道路。学校也会为成功实施这项战略承担一部分责任。从规划角度看，这项任务要求对不同路径的安全与便捷性进行评估，尤其是对那些繁忙的交叉口进行评估，从而确定改善的优先顺序。在佛蒙特州的伯林顿，家长们成立了步行团队，在领队的照看下带领孩子们步行通过一段繁忙的道路。这一"步行校车"项目成功地鼓励了更多学生步行上学，也为参与这些项目的学生提供了更多的安全保障。

居住邻近工作

对通勤者而言，最重要的两种土地使用类型是他们的家和工作场所。20 世纪以来，城市开发模式和生活方式的发展，使得居民能够住在远离工作地点的地方，家庭住址和工作地点之间的距离越来越远。更直接说（至少是产生这种现象的原因），产生这种与交通相关的问题，应该从对待交通的态度和政策上找原因。如果美国人住得离工作地点更近，这种变化对我们的社区可能会产生更大影响，它可能会促进人们的沟通和交流。面向未来，这种转变对公共部门来说几乎不费成本，但对大多数人来说，能够导向更加丰富多彩的生活方式的转变。并减少通勤交通时间和成本。此外，它还能对城市更新，对城市的可持续发展产生积极影响。

有些人可能认为"居住邻近工作"的政策，是政府告诉居民应该在那儿居住或者工作。但实际上政府一直在何处建设道路、建造下水管道，

154

或划分居住边界，或学校选址等方面进行决策，以履行这一政策。一个世纪以来，通过一系列政策，政府提供了一个巨大的高速公路和道路系统，让美国人逐渐忽略了旅行费用。政府通过提供住房按揭保险等奖励政策，鼓励建设新的住房，而不是翻新现有住房；为郊区化地区提供公共服务，以及制订类似计划为乡村地区开发提供公共服务，却很少关注城市中心的现有土地使用。

"居住邻近工作"的政策并不意味着必须放弃郊区，返回中心城市。当前，工作岗位已经遍布整个国家。在很多城市，工作随着居民转移到了土地相对便宜，法规相对宽松的城市边缘。如果你的工作地点是郊区，那么住在郊区附近就是一个很好的选择。但是如果你在城里工作，那么最好的居住场所是住得离工作地点更近一些。这一方法不仅能够减轻拥堵和污染，但也将加强和提高社区认可度。居民将对他们的生活和工作产生更强的归属感。

规划师需要引导人们在态度和意识上发生转变。人们应该步行工作，从附近的商店购买食品杂货，让孩子骑自行车去参加足球训练，而不是驾车完成这些事情。这种方式是适应21世纪的健康生活方式，这种可持续的方式也对于环境保护产生很好的影响。

总结

美国城市和社区的发展演变，与交通方式的发展有紧密联系。从18世纪的殖民地定居点道路和水道，到19世纪的铁路，再到20世纪的机动车和高速公路，交通方式的改变，改变了美国人的主要生活方式。土地使用、城市开发和交通系统之间长期保持着紧密联系。城市开发刺激了道路建设的需求；交通的发展也能带动城市的建设。这一循环对周边的土地价值产生相应的效果。

交通规划事实上能够补充社区规划的各个方面，也是构成城市土地使用的主要部分。社区规划师应该与交通规划师合作，共同改善交通系统，同时减少拥堵，环境污染以及不合适的土地开发。

交通建模是预测未来交通流量的主要途径。交通管理策略，比如建立联络性、环境敏感设计、交通限行以及停车方面的措施，都是规划的重要组成部分。而轻轨、轮渡、自行车和步行等各种交通方式能为改善社区交通提供不同的选择。公交导向开发，即在公交站点周边引导城市发展的模式，作为带动公交站点周边的土地开发的方法正得到越来越多的使用。在制订综合性的交通规划中，确保到达学校的步行路径的安全以及鼓励工作地点附近就近居住都对社区生活有着颇多益处。

第 11 章　环境规划

环境系统

环境规划涉及的工作对象大体可以分为两类：地表覆盖和土地使用。地表覆盖是自然条件的有形呈现与景观环境的人造特征，比如农田、树林、水体和建筑物。土地使用，顾名思义是指地物的属性。例如农业耕作、家庭居住或工业场址。地表覆盖主要表示土地上的有形存在，而土地使用还包含了地表是怎样使用的。环境问题可以在更宽泛的术语中进行讨论，包括政治、文化、历史、行为和健康。规划师在碰到与规划环境有关的事务时，需要理解这类系统的内在动力机制。

环境规划与地方、区域和全球都有关，跨越了很多学科。地震、干旱、原野大火（自然或人为的）和大洪水等这类自然事件对地球的生态系统和社会都产生了短期和长期的影响。地方传统、经济和场地设施可能影响在危险地区建立社区的决定。当人们住在有漫滩，海岸侵蚀这类众所周知的易于受到自然威胁的地区，甚至在破坏性灾难发生之后仍然需要住在这些地区的时候，规划可以协助他们作出更恰当的决定。

联邦和州层面的环境政策和项目

联邦政府为国家和州一级的环境立法提供资金，并进行监督指导。环境项目包括了水和大气质量控制，固体废物和有害废物处理等。联邦政府也为社区提供相关的社会服务。美国气象局通过使用新技术和电脑建模程序进行预报、警示社区为突发的气象事件进行准备。联邦紧急情况管理机构（FEMA）训练地方居民和机构以确保他们能迅速应对灾难，并帮助受灾社区。

联邦政府通过规范建筑设计从而为可持续性作出了实质性的贡献。1999 年 13123 号总统令"节能管理的政府绿色行动计划"授权将可持续设计原则用于新设施的选址、设计和建设。目前，政府鼓励购买环境健康的产品，包括生物材料、更多的高效能电子产品以及更健康且更节能的高性能建筑。

在 20 世纪 70 年代初期，国家开始引进环境规章来处理海岸保护、固体废弃物管理、有害废弃物控制、湿地保护以及内陆湖和河流保护等事务。国家通过立法授予地方政府制定综合的环境规划和通过区划和场地规划审查来管制环保行动的权力。

环境评估和环境影响声明

1969 年《国家环境政策法》（NEPA）要求，当一个项目涉及联邦时，必须预备一份环境评估文件（EA）来提供有关环境影响的充分的证据和分析。在利用这些资源时，若出现了无法解决的冲突，则应提供一个替代方案来帮助决策。环境评估要么得出没有发现重大影响（FONSI）的结论，或者要求发布意向通知预备环境影响声明（EIS）。

环境影响声明是对任何项目及其替代项目的潜在环境影响所作的批判性检查。要决定是否有必要做出环境影响声明就必须对以下标准进行评估：土地使用的改变程度、与周围地区的相容性、受影响的人口数量、对重要环境资源的影响、野生动物种群数量或聚居地、对空气质量和水质的影响、对指定的历史遗产的影响及对公众来说紧迫的威胁或危害等。一些州采用了相似的规章和程序来处理州层面的活动。[1]

开发项目一般要通过环境影响声明，环境评估或者一般许可程序的评估审查，它们执行联邦或州层面的程序，由地方一级实施。协调会议由一家主导机构（例如交通部门或城市规划委员会）主持，参会者还应包括来自评估机构的代表。那些需要通过环境影响声明程序的项目，通常要做田野调查、抽样检查和数据生成或建模。它们进行分阶段管理，描述如下：

阶段一：环境评估。评估一个地块是否被污染被认为是任何房地产所有者的应尽职责。地块环境评估提供了这类原始基础信息。阶段一的评估通常由环境顾问执行，依据的是美国检测与材料协会（ASTM）和"所有适当的调查"组织（AAI）制定的联邦准则。这个过程涉及查验地块之前的历史和使用用途，以此了解是否曾使用过有害材料（例如油漆店的石棉或铅皮）。对地块及其周边地区的现场调查则用于判定在土壤表面是否存在污染（例如老铸造厂的铁熔渣或废弃的汽油桶）。阶段一的评估应该包括对先前土地所有者和当地官员的采访，他们可能会提供这个地块的第一手历史信息。调查者还要从公共安全官员那里搜集数据，收集水文和地下水图纸、有关空气的图表，以及先前这个地块和毗邻地块评估中与任何污染地块有关的联邦或州一级报告。如果发现有任何被污染的可能性，则必须进行进一步的检测。如果阶段一的报告认为不存在污染的可能，相信阶段二的研究就没有必要了。

场地评估和阶段一的报告是土地开发的正常开销支出，因为这样可以避免在场地开发建设深入推进时可能招致的复杂问题和高昂罚款。有些时候，现有的业主们害怕进行此类评估，因为如果发现严重污染，他们可能要在出卖地块或设施之前，承担高昂的清理污染的责任。

阶段二：环境调查。如果阶段一认为存在场地污染的可能性，就必须要进行阶段二的调查。在阶段二，要对土壤、水、空气进行实验室取样分析并确定环境污染的地点、类型和程度。同时，调查者需要寻找造成问题的原因、污染的地理分布、扩散的方向，污染的集中程度，以及对于人类生命和生态系统其他部分的风险程度。这些都要在报告中加以总结，并详述发现的污染物，以及推荐的清除措施。报告还要包含污染清理目标、将来的土地使用限制、需要采取的修复技术及其组合、与修复相关联的风险、实施战略的选择以及一个衡量成效的日程表。

阶段三：评估和修复选项。阶段三通过对现有污染水平与联邦、州与地方对不同类型开发要求的比较来详细评定具体的修复计划。它所允许的风险的程度取决于污染的类型、数量和强度以及场地的物理特征（它是否向一条溪流或河道倾斜）及其周边的土地使用用途和人口。对于再开发的标准来说，居住用地要比商业或工业用地更为严格。

场地的修复可以通过不同的方法来完成，包括将不渗透的表层覆盖物作为隔离体（比如沥青）覆盖到被污染的土壤之上；利用化学方法来中和土壤，无害化地使污染物还原；或者利用植物修复，使用一些特定的具有从土壤中提取重金属能力的植物，将重金属浓缩到茎和叶之中，以便于清除。有时候，将受污染的土壤挖掘出来，运送到有害废弃物堆场之上，之后用清洁土壤来替换也是必要的。

只有规模很小，或者环境影响不那么重要，并得到没有发现重大影响（FONSI）结果的项

157

目，才可以走一个简短的环境评估程序，包括有限的现场工作、现状数据分析和文献评估结果。一般程度许可的项目包含有现有结构和设施的修复和替换，以及确定这些修复和替换是否像任务声明定义的一样属于自然资源常规管理的一个部分。

聚焦哥伦比亚河跨河通道改进项目[2]

　　哥伦比亚河跨河通道改进项目是应用"环境影响意向声明"（EIS）的一个佳例。项目报告描述了改进现有1—5个横跨哥伦比亚河项目的必要性，这些项目将俄勒冈州的波特兰与华盛顿州的温哥华相连。俄勒冈州和华盛顿州交通部门共同准备了这份报告。它为桥梁、公路、运输、货运、自行车和步行改进项目与策略探索了不同的选择以降低出行需求，并准备了EIS草案提交公众和机构审查。基于公共评论和专案组推荐，合作机构提出了用轻轨代替桥梁的地方首选方案（LPA）。最终的EIS详述

图11.1　俄勒冈州波特兰通向华盛顿州温哥华的哥伦比亚河跨河通道原来的状况。2008年（上图）；建议的跨河通道（下图）

了对潜在社区的额外分析和项目的环境影响。2010年最终EIS报告正式出版之前，有关机构和周边邻里组织审查了这份文件。

　　哥伦比亚河跨河通道项目报告展示了一个典型的"环境影响意向声明"所包含内容。它的五个章节的题目是：

1. 项目的目的与需求；
2. 多方案描述；
3. 当前情况与环境结果；
4. 财政分析；
5. 评估草案。

　　报告第3章的内容集中在环境因素上，并分成几个条目，标题为：土地使用与经济活动、邻里和环境正义、公园和娱乐、历史和考古学资源、视觉和审美质量、空气质量、噪声和振动、能源、电场和磁场、生态系统、湿地和管辖水域、地质和土壤、有害物质和累积影响。这些章节一同展示了对项目环境影响的全面评价。

地方层面的环境规划

　　住宅地产买卖通常不需要进行环境评估，尽管一些贷款人可能需要将它作为批准程序的一个部分。交易筛选（transaction screen）主要包含对场地勘测和市政档案文件的评估，以此确定是否可能有对房地产不利影响的情况。常见问题包括污水处理系统和燃料存储罐等。

　　大型开发项目的开发者往往召集一组专家进158行项目规划，通常至少在项目开始时要有一位环境专家参与其中。专家的职责可能涉及检查场地的开发因素，例如斜坡、土壤侵蚀、排水系统、野生动物栖息地和土地使用状态。工作中涉及的湿地或野生动物栖息地等问题可以单项个别处理；而类似于暴雨径流管理的决策则需要工程师和公

共官员之间进行跨学科研究和合作。许多环境问题逾越了传统的学科分工。

棕地

棕地是指被废弃或未被充分利用的土地资产，包括曾经的垃圾填埋场。由于可能含有未被妥善处理的化学或工业废料，棕地的提升或再开发不能不采取相应的修复措施去稳固或隔离存在的问题。这些废物一般可以分为 4 类：（1）溶剂，类似于油漆稀释剂和干洗液，通常由汽车修理店、工业、私宅和干洗店产生；（2）重金属，包括铅、铬、镉、砷、汞等，通常由金属电镀和涂装，制造和铸造形成；（3）油类污染，类似于汽油和机油，在地下贮藏沟、加油站、输油管以及私宅的一些地方都有发现，以及（4）杀虫剂和除草剂，私宅、农场、工厂和灭虫机构多有使用。修复措施可能只需要最低限度的工作，或者也可能是范围广泛且花费昂贵的土地回收工作，由此使得这些房地产无法销售，从而被它们的主人废弃。

一些州和地方政府以税金补偿和／或对土地所有者、投资人或棕地承租人等个人办理的特殊活动税款抵免的形式提供公共财政支持。美国环境保护署棕地经济重建计划可以为开发的初始阶段提供资金；各州可以通过税收增额筹资方案提供援助（见第 16 章关于税收增额筹资的信息）。在其他情况下，私人贷款人是拆除、挖掘、迁移废物和重建所需资本的唯一来源。无论谁出钱，棕地的污染清除工作都受到联邦政府密切监控，并常常要求遵循《国家环境政策法》（NEPA）的程序。

社区成员和规划师必须决定在给定的管辖权范围由何类机构负责监督修复工作。场地污染清除可能会归入《联邦资源保护和恢复法》（RCRA）的管辖范围，但由于各州的管理机构不同，为此可能涉及不止一个机构。例如在纽约州，《州环境质量审查法》（SEQRA）要求地方政府机构将环境影响

图 11.2　迪布瓦啤酒公司的综合设施，迪布瓦，宾夕法尼亚州。建于 1897 年的一个工业建筑，它在 1972 年结束运营；公开宣布为一个棕地地块，2008 年完成拆除并准备计划建设为一个新的医疗综合设施和妇女健康中心

与社会经济因素等一视同仁。《加利福尼亚环境质量法》（CEQA）则要求所有项目都进行环境审查。如果有可能发生破坏环境的情况，就需要向州政府提交一份环境影响报告，这个过程需要 6 个月。

环境既是资源又是威胁

环境既是资源又是威胁，有时它兼有两者的性质。同一国家的不同地区可能有截然不同的环境问题，它们中的每一个都是独特的挑战。

海岸线和沿海地区

大部分美国人生活在沿海和北美五大湖岸线地区，水陆交接的地区被认为是最适宜生活的地区，但是它们都可能引起重大的人类和环境问题，进而影响它们的经济价值。例如，海岸侵蚀和洪水可能是由一些内陆活动引起的，造成的河流淤沙使得洪水被输送到相邻区域，特别是在江河入海口流速减缓的区域。在暴雨期，江河水可能会被逼退到陆地上。岛屿上的度假社区和私宅也同样容易受到侵蚀的破坏。

多年来，严重的风暴不仅迫使人们迁移，也使许多房地产被海洋或大湖所吞噬。惊心动魄的

159

图 11.3 被海岸侵蚀损坏的房屋，帕西菲卡，加利福尼亚州

图 11.4 生态脆弱的海岸线地区的建设项目，巴德海德岛，北卡罗来纳州

施延伸到生态脆弱地区来实现这一目标。当这种方法不可行时，规划师可以与社区合作，通过设立精心编制的区划条例，来限制滨水及其附近地区的土地使用强度。条例应该禁止近海水域的人工填土，严格限制高危脆弱地区的未来开发。规划师与社区应要求对本地生植物进行保护，建立植被缓冲区，同时应加强建筑规范，要求设置更坚固的防洪水墙体和更安全的屋顶。交通规划应要求采取措施以保障居住在此的居民及其财产的安全。

案例研究　切萨皮克湾危急地区计划[3]

自 20 世纪 80 年代中期以来，与公民团体和私营业主保持合作关系的州和地方官员一直在努力落实《马里兰州切萨皮克湾危急地区计划》。1984 年，州立法机关通过了《切萨皮克湾危急地区法》，设立了由 24 位成员组成的委员会专门负责制定环境和土地使用标准，来提升切萨皮克海湾及其支流附近的水质和野生动物栖息地。危急地区标准成为地方政府规定土地使用和环保法规的一个范本。

根据标准，距离滩涂湿地或支流边缘 1000 英尺以内所有土地都必须进行土地使用分类。在

图 11.5 马里兰东岸湿地，切萨皮克湾，马里兰州

照片将这些山顶滑坡时房屋倒塌跌入太平洋、密歇根湖和其他地方的情况记录了下来。

即使是在内陆地区，低洼地区和河流边缘也会受到恶劣天气的破坏影响。这些社区应该制订规划，以对潜在的风暴对城市的破坏进行管理。虽然陆军工程兵部队可能已经建造了钢筋混凝土物理屏障，但土地使用规划师仍然可以选择其他更有效的措施。最好的解决办法可能是减少危险区域内的居民数量。社区可以通过避免将基础设

包括城市和城市滨水区在内的高强度开发地区（IDA），如巴尔的摩内港，大部分土地使用类别是允许的，但必须依法服从严格的雨洪管理和水质改善措施的依法管理。

有限开发地区（LDA）允许大部分的土地使用类别，但不透水地面一般仅限于不超过15%的用地面积；重要森林和离岸缓冲区的保护和强化标准，要求有限开发地区内的任何开发项目必须包含专用的开敞空间。在资源保护区（RCA）的开发，则被限制在每20英亩一个住宅单位。危急地区内的土地绝大多数属于这一分类。（司法管辖权拥有将资源保护区的一小部分土地提升到一个更加紧凑的土地使用要求，以适应有限度的增长。）

生活在美国马里兰州，特别是沿海低地社区的广大市民，都受过关于危急地区计划及其实施条例的良好教育。当地环保团体密切监督开发活动以及地方土地使用法律的潜在变化，以确保人们遵守和执行法律。自设立起的20年间，通过国家机构和委员会、地方政府、公民组织、私营业主的环保努力，危急地区计划持续引领了地方的土地使用和管理。

海平面的长期变化是一个更大的问题；它是一个渐进的过程，被许多岛屿和沿海国家真实地记录下来。更高的海平面可能会淹没城市，迫使居民迁移，且极大程度地扰乱社会秩序。规划师和环保主义者必须发挥作用，制定并执行政策和方案，以尽量减少其对全球气候变化的危险。

内陆洪水

河流是世界上最重要的资源之一，其附近拥有肥沃的低洼土地，在历史上一直就是定居的首选地区。它能够为人们提供水源、灌溉、人流和货物的运输通道、电力、食品、垃圾清理，以及旅游开发和地方休闲活动。随着许多地方的土地使用强度不断提高，人们愈发重视这些自然资源区。城市开发形成了面积巨大的不透水地面（主要是由屋顶和拥有不透水表面的路面组成），阻碍了正常的地表水渗透，加快了雨水径流。其结果是增加了土壤的侵蚀和沉积程度，减少了河流的输水能力。

洪泛区也是需要重点关注的生态敏感地区。基于陆军工程师或其他合格的政府机构完成的测量调查，可以在地图上划定洪泛区，从而表示出潜在的洪水泛滥可能达到的影响范围。他们是社区总体规划中确定土地用途和开发边界的重要资料。人们应该假设在洪泛区内的任何建设最终都可能会受到一定程度的自然灾害破坏。工程师需要制订解决方案，通过修建堤坝和防洪堤来抵御洪水。这些努力有助于缓解小洪水，但抵御洪水、保护河岸的行为，也会刺激沿河的土地开发，并最终招致更大的损失。每一类高强度的物理性适应措施都将导致付出更大的代价。

社区总体规划应该包含环境内容，其中包括有关禁止不必要和不恰当地开发洪泛区的条文。国家洪泛区保险计划为社区提供补贴保障，要求其遵守规定。为了符合资格，地方政府必须在洪水易发地区规范城市开发行为，并设定高标准的建筑规范。这包括土地使用分区管制，场地规划的强制规定，适当的土地划分，以及确定大的地块。例如房屋建设可能会被禁止，只允许建设高尔夫球场和静态娱乐活动。在这些区域，保持原生植被，鼓励建设绿化带和缓冲带实为明智之举。

湿地

湿地指一年中全部或部分时间被水覆盖的土地。它们常常位于海滨浅滩区或地面下沉后的内陆地区，或是以不透水土壤作为基础的地区，曾经的冰川区也有许多湿地；一些河岸附近也能发现许多湿地。它们的特点是极其潮湿的土壤和独

图 11.6　拥有步行道路的滩涂湿地，科德角，马萨诸塞州

特的植被，如香蒲和芦苇，通常是水禽和两栖类动物的栖息地。

　　湿地能够在储存区域雨水和收集沉积物（如污染物）上发挥重要作用，他们充当过滤器和涵养区，在补充地下水方面起着重要作用。没有湿地，地下含水层就会失去水分，同时土壤可能变得干枯。社区规划师可以通过地方分区规划及场地规划审查来保护湿地，在湿地周边一段距离内管制疏浚或填埋，或禁止土地开发；也可以应用限制性规定和缓冲带等方法来进行控制。

聚焦卡特里娜飓风和三角洲湿地

　　在 2005 年卡特里娜飓风面前，新奥尔良防护风暴潮和洪水的自然和人造屏障被证明存在严重不足。湿地的缺乏导致了巨大的破坏。在密西西比河三角洲，湿地位于围绕着汇入墨西哥湾的河口区域。这些浅水区是由冲刷下来的淤泥落户在河口所形成，它们通过减少从海洋中侵袭而来的风暴的能量，而发挥了自然防御的作用。湿地每延伸 1 英里能够多吸收 1 英尺高的风暴潮。

　　新奥尔良湿地被密西西比沿河岸边建设的防洪

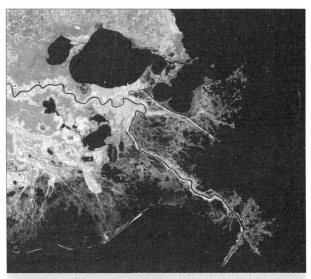

图 11.7　密西西比三角洲湿地地区，新奥尔良

堤和风暴墙所侵蚀，从而减少了自然湿地的面积，并大规模消减了城市的第一道防线。在过去的几十年里，那里一共丢失了 25—35 平方英里的湿地。2009 年，该三角洲地区被称为"地球上消失最快的土地"。[4]

　　沿海地区成为美国能源生产、渔业和航运的枢纽，但容易招受各类灾难性事件。2010 年 4 月 20 日，墨西哥湾的一个石油钻井平台发生爆炸。之后每天都有数千万桶原油喷涌进入海湾，这起事件成为美国历史上最严重的环境灾难之一。一个重要教训就是，即使石油平台有多个保障系统，也无法防止灾难性事故。

地震

　　地震一般认为是一种只发生在美国西海岸的现象，但事实上它不只发生在加利福尼亚州、俄勒冈州、华盛顿州、阿拉斯加州，也发生在美国的其他地方。地震可以造成巨大的破坏：建筑物倒塌、基础设施毁坏、交通瘫痪，随之可能发生火灾和洪水。与对待其他自然灾害一样，规划师必须要注意规避它对社区可能造成的不良影响。

图 11.8　洛马普利塔大地震的破坏情况，旧金山，1989 年

地震带的位置是众所周知的。人们记录断裂层的位置，以及相关的变量，比如地表材料表现的类型。松散不结实的地面材料导致的破坏要大于基岩。地震时会使土壤液化，降低了饱和土壤的强度和稳定性。相关图纸可以显示哪些区域将有可能产生液化，也可以显示地表移动的程度、下伏岩石的倾斜和应力、地应力、地下水埋深、动物行为以及其他前兆，但一直以来，在地震预测上做出的努力都相对无效。如果在一次有序撤离之后，地震却没有发生，人们就会变得不太留意下一次警告。与此同时，不必要地大规模动员人们撤离也会造成社会和经济混乱。

规划师和建筑检查员可启动区划要求，并通过严格的建筑法规来缓解地震风险。沿断裂层的区划用地只能允许低强度开发的使用用途，比如静态休闲开敞空间，包括慢跑、登山和自行车骑行等活动。地震带地区的建设规章应该严格保证所有结构经过工程分析能够符合抗震要求。交通规划也应该将安全避难，输送救援人员和必要救灾物资进入灾区的要求，纳入考虑范畴。

可持续性和规划

可持续性聚焦于自然和建筑环境，但它也与社会和经济等其他因素密切关联。可持续性的 3E 是指繁荣的经济，优质的环境和公平的社会（a prosperoas economy，an quality environment，and social equity）。联合国推行的 3E 考核，提醒我们注意"可持续的社会意味着今天的需求不能影响下一代满足他们自己的需求"。[5] 因此，所有土地开发都必须包含保护性措施。

聚焦芝加哥的可持续性

1989 年以来，芝加哥市市长理查德·M·戴利推动的环境项目，可以作为其他城市的参考范本。这类项目开始于市政厅的屋顶花园，之后屋顶花园的想法扩大到了警署、消防站、学校以及图书馆等公共和私人财产，到目前为止已经建立起面积 350 万平方英尺约 250 个绿地花园。[6] 这些屋顶花园能在风暴天气缓解排水压力，也能调节城市的热岛效应。

图 11.9　芝加哥市政厅的屋顶花园

城市也通过推广城市农贸市场来积累地方支持，增大地方有机食物的消费来鼓励可持续发展。这一项目为地方经济创造了上千万美元的财富。通过援助周边的农业产业园，为其提供植被、材料和技术支持，这些农业产业园也给地方带来产量可观的农业产品。

戴利市长是土地使用规划的强力支持者。规划部门划定了可以作为开敞空间的公共及私有土地，并制订了计划，预计在2010年将有超过100处场址得到保护，其中包括面积达3900公顷的卡柳梅特开敞空间储备区。这一场地中有超过3000公顷土地被划为棕地，但其中大部分是作为成千上万种濒危物种栖息地的湿地和沼泽地。此外，芝加哥有一个全市范围的棕地开发计划，计划于2007年前将1000公顷棕地恢复它们的生产性使用功能。

从不同角度看待可持续发展问题会有不同看法。建筑师将它们置于建筑设计的背景环境之中——建筑结构能否很好得到围护，是否拥有有效的供热和制冷系统，能否节约建设材料，能源是否高效等。环境规划师关注开敞空间、野外环境、水体和空气污染，以及气候变化。规划师具有更加全面的视角，涵盖了从单体建筑到更广阔的区域及全球视野的整个范畴。他们在制订可持续发展规划过程中，第一步需要复核和调整社区的区划条例，从而能够确保鼓励可持续发展的行动，为开发活动提供适当激励。一些城市则提议，新的开发项目应该是碳中性的，从而能够通过一些良好的技术，比如通过植树等，来消减能源排放中的碳。城市地区应该从将空置场地转化为城市农业用地的过程中获益；1公顷土地能够创造价值上万美元价值的食物。社区总体规划应该包括可持续发展的总体目标、具体目标、战略，以及用于进行变化比较的标准。

聚焦规划和气候变化立法，圣贝纳迪诺县

2007年，加利福尼亚州圣贝纳迪诺县被州检察长起诉，因为新的开发规划不包括应对全球气候变暖的条款。相应的最新变化已经明确，

全球气候变暖是全世界乃至该县面临的最为重大的问题，《国家环境保护法》也已要求重视强调环境影响。该县同意建立温室气体减排计划，确定所有污染物排放的来源，并就减排目标达成协议。

由于环境保护倡导者坚持认为应对气候变化问题的解决方案之一，就是要采用应对增长、开发和社区规划实践的新方法，圣贝纳迪诺的诉讼案件得到了地方政府规划部门的回应。一些行政区的政府在他们新的总体规划中呼吁进行影响研究，审查因开发及包括野外火灾、栖息地的破坏、虫害、损耗地下水资源等其他问题导致的温室气体排放，以及保护居民健康、安全和福利的需求。

总结

联邦和州政府在环境保护工作中应该扮演重要角色。联邦机构和部门需要为那些被自然灾害和人为灾害威胁到的社区提供支持。联邦政府在资料收集、预报、减缓灾害损失与修复受灾地区等问题上起到关键作用。它的下属分支机构包括了美国气象服务、工程兵部门、美国地理服务、内政部和联邦能源管理机构。联邦立法机构最初于1969年颁布的《国家环境政策法》规定，为达到保护空气、水和土地的目的，拟议的项目必须事先声明对环境的可能影响。包括环境影响声明和环境评估两份报告，能够阐明项目对环境资源可能产生的消极影响。国家层面的许多环保行为都在州层面得到了反映。

地方的环境专家通过阶段一的研究来判断污染，从而进行环境影响分析。如果存在问题，则在阶段二完成一份报告，对问题的类型和严重程度进行描述。之后，阶段三则对修复技术进行研究和描述。对污染区域（也就是通常所说的棕地）

的再开发，由于需要修订地方条例，因此，对规划师提出了挑战和机遇。

除去这些与场地有关的问题之外，规划师还必须考虑宏观环境事件。他们需要采取先发制人的措施，以制止一些可能引起未知环境问题的人类开发。这些开发主要位于沿海地区和洪泛区，除此之外，还包括地震断裂层和受到严重侵蚀的地区。

社区在总体规划和区划条例中设定开发和土地使用的目标。当考虑环境问题时，必须注意服从州和联邦政府的一些法律法规。规划师应该同时考虑正面的环境资源以及负面的自然威胁和灾害地区，之后通过适当的区划来完善总体规划。这些灾害区中有一些生态脆弱的区域，尽管非常宜居、适合开发，但也必须慎重考虑。规划师需要采用积极的手段来维持生态环境的可持续发展。

第12章　乡村和城乡过渡地区土地使用规划

美国的乡村土地使用

开敞空间的丧失是规划主要关注的事情之一，这些未建设用地承担着一系列必要的和值得拥有的功能。它们可以为当地居民和农场主提供直接用水，并且作为地下水补给区，为水井提供水源。开敞空间同时也是地方植被和野生动物的栖息地。树木和地被植物净化空气，稳固土壤结构，防止水土流失。当林地被选择性地砍伐成木料，并作为森林管理项目一部分时候，则具有经济价值。野兽穿过草地，羊群在牧场里吃草，为风景增添了如画的品质。

大、小农场构成了美国开敞空间的主要部分，其富饶的土地是全世界最有生产力的农业系统之一。如今，农商合作的农场控制着全美的食品生产，但是家庭式农场也不断地满足着消费者对地方（或者有机）食品的需求，同时也附带为美国和世界的

食品供应作出贡献。农业生产活动过程中也创造了其他就业，如交通、包装、销售、批发、检查和零售等。这类经济为国家财富制造出数百万计的税收，相应地，它的产品出口也可以促进美国的贸易平衡。

旧农庄是国家文化遗产的一部分。那些存活了超过一个世纪的农场，可能还有那些由至今还成活着的树和灌木所组成的栅栏，它们包围着曾由牲口耕作的小地块。那些早些年没有充分使用的仓库、风车以及看上去锃光发亮的筒仓等，都在唤起我们对过去的回忆。乡村保护者们力求保护这些历史性的人工制品，倡导对这些建筑和构筑物进行整治和适应性地再利用，从而为居住区、办公区、舞厅和其他功能服务。

乡村土地的威胁

纵观历史，栖息地的选择出于各种理性原因。地形适宜和土壤肥沃的地方用作农场，可航行的水道用作交通线路，社区之间的节点上那些易于开发的土地则用作商业贸易。最后，定居者建造了磨坊、饲料库，开始了与农场相关的活动，居住则接踵而至。

20世纪中叶，美国国土仍旧被清晰地划分成城市和乡村两种类型。然而，第二次世界大战征召了成千上万国家儿女为其服务。工业移民来到城市从事与战争相关的工作，填满了所有的住房。战后，随着军人们退伍，他们带着他们的年轻家庭在新近开发的郊区寻找住房定居。这样的汇集催生了对基

图12.1　旧谷仓是美国乡村遗产的组成部分

础设施的需求，城市人口的高度密集迫使许多之前的居民搬到了城市外围。郊区化以及随后的扩张就一直没有停止过，从东南的亚特兰大到西北的西雅图，从像匹兹堡这样的落日城市，到像菲尼克斯这样快速扩张的朝阳城市，比比皆是。虽然这些变化为成百上千的美国人提供了住所，但也造成了对农场的蚕食，并促进了大面积土地的浪费式开发利用。郊区增长带来的单一功能区的不断扩大，这些区域是由开发商通过各种渠道获取的小块土地，通常与社区规划目标没有什么关联。

这种对乡村土地持续的威胁是严峻的。在 20 世纪六七十年代早期环境运动的发起时期，人们关注了大面积乡村土地的消失现象，并促使联邦政府向大众告知此事。国家农业用地研究报告得出结论，源自农业用途、森林以及开敞空间的土地正在以一种令人警示的速度发生流转。每年有

图 12.2　新建住房占用了农田，达拉斯县，艾奥瓦州，得梅因市以西

100 万公顷的原始农业用地转化为其他的土地用途。根据美国农业局 2006 年的一项报告，在全美近 23 亿英亩的总用地中，农业用地占到了 52%，其中牧场（草地和山脉，农田和农作林）占到了 2/3。大约 9400 万英亩（占总面积的 4.2%）被用作乡村居住用地。城市用地才占到 6000 万英亩，即总面积的 2.6%。[1] 由此看来，乡村居住用地要比所有城市用地占据的区域都要大。

除此之外，城市的蔓延发展带来的财政影响也是十分显著的。加利福尼亚州萨克拉门托商务期刊的一篇文章这么描述："蔓延的社区需要更长的公路，增加了新的给水排水管道和连接投资成本，大概为 20%—40%，从成本上对警察局和消防局还有学校等其他方面也产生了影响。而这些成本则通过更高的税收转移到商业业主和居民身上，有时候则通过较少的公共服务支出来弥补。在许多案例里，蔓延发展并没有创造出足够的土地税收来弥补这些额外成本。"[2] 实际上，城市社区资助了郊区的成长。在洛杉矶、华盛顿 / 巴尔的摩还有旧金山湾区等美国蔓延成本最高的地区，预计在 2000—2025 年期间，蔓延成本大约分别为 5350 亿、3840 亿和 3780 亿美元；以人均计算，拉斯韦加斯平均每人要为蔓延支付 72697 美元。正如《蔓延成本》的作者指出的，如果我们能够转换成更为紧凑的发展模式的话，那么可以节约数十亿美元。[3]

农业土地利用的经济性

小农场最容易受到土地经济的侵害，它们享受不到那些与大面积农作物生产相关的经济效益。农场机械是一项主要的资本投资，种子和灌溉也是一项主要开支。小农场主必须同时承受他们自己和家人未来的健康和退休带来的经济压力。随着郊区化侵入，土地税增加，也将导致农场主全部生活开销的增加。在这样高昂成本下，一个农场主手头可能有大量土地但缺乏现金资本。

图 12.3　待销售的大块土地

167

那些自己不能或者并不希望通过转向高附加值经济作物或者其他方式而继续留在土地上的农场主可以出售他们的地产作为居住用地，以获取土地开发的现金价值。譬如 10 公顷的地块或者更小的小片农场地对于城市买主和开发商而言比较有吸引力。这种变化或许显而易见，或许仍旧十分微妙，那些用来出售土地的广告牌或者农场的拍卖牌就是这类现象的标志。

随着农场被划分成细小的土地来出售，一系列社会问题便接踵而至，从而为农场社区带来更多的压力。除了引起地方土地税的升值之外，新来的居民将会渐渐发现邻居遗留下来的农业场景、气味还有声音什么的，并不是那么宜人。他们通常希望在乡村得到城市服务，对能源、警力、水源和废弃物处理系统的需求，也为地方社区造成了一定的财政压力。

练习 11　江城卡特莱特农场的变迁

一个新的工业项目即将在江城周边进行选址，并预计会带来一些新的居民。因此，莫纳达开发公司希望买下卡特莱特农场，因为这个农场恰好坐落在城市里面，北部毗邻河流。莫纳达计划建设一个新的混合用地，包括 60—70 个单位的联排住宅，有限的连锁店和办公区域。

这个小型农作物农场目前仍由他的主人，鲍勃和简·卡特莱特夫妇运作。他们家族自从 1868 年开始就拥有了这块土地。现在他们准备退休，知道把土地卖给开发商后带来的经济利益。

这个项目将会为这个城市带来好处是，通过增加住宅，吸引新的居民，这些人能够持续的为当地财政收入作出贡献。多数居民对这个项目是欢迎的，但是下面的重要规划事项也必须予以强调：

1. 车站街的单车道桥，对于日益增加的交通量而言是不够的，必须建设一个双车道桥。

2. 来自场地的大部分交通可以通过城市中心区到达比尔特莫大街，即最初的国道。但是现存的城市中心区街道过于狭窄，已经不足以应付增加的交通量。

3. 需要增加公立学校来安顿增加的学生。

4. 市议会正在考虑必要的改善基金。

5. 农场目前仍划定为农业区域，但新的开发并不适合这类土地使用。

6. 房地产的土地标高仅仅比河道高出 5 英尺，

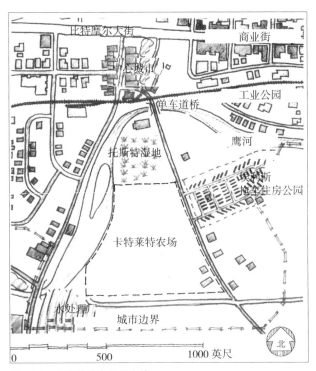

图 12.4　卡特莱特农场所在地

会遭受洪水的侵袭。位于地段北面的托斯特洪泛区是一块受到规划保护的湿地。在夏天时候那里将会滋生蚊虫，对于新的居民而言，这会是一个十分令人困扰的事情。

作为城市的助理规划师，市议会要求你处理这些事宜。决定下一步该怎么做是批准程序的第一步，必须注意这类规模的项目并不在当前城市总体规划和技术改造费用预算之内。用一个500—700字的初步报告，来讨论对这个计划开发项目的选址对社区的所有影响。通过成本和收益研究，向市议会解释可以处理好上述担忧问题的方法是什么（没有必要通过了解场地设计来告知这些事宜）。市议会成员迫切需要你对现状作出评估。

行政兼并

行政兼并，抑或行政边界的改变，是土地从一种行政管辖状态向另一种管辖状态的转变，通常是由于人口扩张而使得边远的农业镇变成邻近的城市。它可以使城市服务得到有秩序的增长和扩张，同时也扩大了政府收税的边界，以容纳那些从城市服务（比如给水排水、消防和日常安全、街道维护）和基础设施（比如图书馆）获益的人。如果学区范围与行政边界相互独立的话，自治的学校系统可能要从行政兼并中排除在外。

在行政兼并过程中，规划师的角色是提供信息和提出建议。政府部门则拥有最终决定权基于边界改变能否为大多数人带来好处而决定是否接受新的边界。行政兼并很少有立即完成的。由于涉及边界双方的居民和政府，行政兼并可能会引起异议。那些参与行政兼并的区域通常会从城市政府手中获益，但同时也需要为此付出相应代价：通常涉及增加土地税，区划可能会有更多的限制，业主的义务也会随之增加。毫无疑问，对于单个房地产业主而

言，行政兼并可能正合其意，甚至他会提交一份请愿书来要求合并一个地块；如果得到同意的话，业主就可以作为新区居民，承担相应的权利和义务。

乡村和城乡过渡地区的规划

为那些远离城市的区域做规划，自古以来就是一项发展缓慢的工作。对于定居者而言，土地是最重要的。能够随人所愿自由支配土地被视为是美国的核心价值观[4]，且这种认识趋势还在继续。农场社区通常会拒绝政府关于调整土地使用的想法，并认为规划对其土地所有权强加的一个不必要的限制。由于80%的美国人口居住在或者邻近高度密集的城市地区，城市而非农村成为规划师教育的重点也就不足为奇了。结果即便在那些需

图12.5 拉里莫县的开发，科罗拉多州

求最为明显的地方，乡村规划也往往总是限制那些位于城市边缘的农场土地转化为郊区社区。

乡村地区的土地所有者们一直跟当局（国家森林服务局、土地管理局、环境保护机构）在一些政策调整上闹得不可开交。他们认为这些政策调整伤害到他们的商业运作和私人土地的使用，比如湿地及洪水冲刷后的河床不允许被用来进行开发，说是会危及物种的栖息地，因此必须受到保护。但是，那些远离城市的乡村地区同样也受到开发的压力，也需要不同程度的保护。一个地方的地理要素需要进行规划：山区、沙漠和平原都有坡度、土质、水源等土地使用限制性因素。理解乡村社区及其强大的经济动力和地理限制将会帮助规划师们制定更具现实意义的政策和项目，使之符合乡村自身而不是城市的情况。乡村规划应该平衡公共利益和土地所有者的利益。

乡村规划师应该认识到，一些土地使用的矛盾不是形而下，而是形而上的，它们是一种生活方式或是对待环境态度的产物。幸运的是，并非所有乡村居民都反对调整土地使用。改变人口构成会带来眼前的变化。随着交通体系的拓展使得新一代定居者有机会在更偏僻的地方寻找开敞空间和优美的景致，大自然似乎越发值得保护而不是开采和利用。

聚焦一个乡村规划师的经历

下面的通信来自一个规划专业的毕业生。他描述了自己作为北美大平原地区的一个乡村规划专家是如何跟当地居民打交道的：

1月5日："我已经在这里待了1个星期，想来有必要给你写一封信。现在由于水牛而不是驾驶者的缘故，我必须在一条40英里长的交通道上减慢速度了。这里的乡村人烟稀少，但由于快速增长的人口和缺乏土地使用规则导致

出现许多规划上的问题。很多大农场和土地拥有者们正在把自己的土地分块出售，卖给外省的退休人员。管理这些小地块使得我们的办公室非常忙碌。我们没有任何工具来控制事态发展的速度或者方向。由于几乎没有区划规定和建筑规范，我们现在唯一拥有的规划工具就是利用上下水系统的设计和批准，以及道路设计和可达性管理来加以控制。

除了对原有的总体规划（竟然只有2页纸）进行升级外，我们现在还试图研究并采用一份区划，但是又遇到很多很多的阻挠。我曾被警告说，村里的绞刑树等着那些前来提出改变现状想法的人。但是，我认为考虑到城镇里那些耸立的高楼，人们会更加愿意接受土地使用管制的观点。

3月1日："乡村专员联盟早先设立了一个区划委员会，并给他们下达了指示，为这个乡村制定一份区划。这个委员会已经建立快1年了。由于可以跟区划委员会直接交流，我有机会观察他们最近的几次工作会议。我发现委员会充满了各种各样对区划持反对意见的成员。花在争论区划的必要性上所用的时间，与依据区划导则否决一个开发所花的时间差不多，而后者才是他们的职责范围……由于没有好的总体规划，就不能决定区划有没有必要。编制土地使用文本和区划文本仅仅只是达成想法工作的冰山一角。为社区作指导真是一个让人望而却步的工作。"

3月13日："区划：西部最令人恐惧的两个字。"我认为这个引用十分精确地描述了这里的乡村土地所有者的精神状态。他们坚决反对任何在他们土地上以任何理由设置的任何土地使用限制。他们看起来对自己的短视和自私十分满意。除此之外，他们担心所谓的土地使用限制是政府用来征收更多税收的托词。

"今晚我把自己制定的区划文件递交给区划委员会，以供审查和修改。除此之外，在GIS技术的

帮助下，我已经绘制了一张地图，可以描出当前土地使用的轮廓。这个村子人烟稀少，至少有 50% 的土地为联邦政府（国家森林，草原和公园）或者州政府（公园）所有。我的地图将其他的土地划分为农田（大多数）或者是乡村住宅。我现在没有看出还需要其他什么指定土地类型。但是，我觉得即使这么点指定土地类型依旧会招致一些反对区划人士的消极反应，他们一定会说他们的土地权被夺走了。"

4 月 10 日："总体规划是一个宏大且有点带有个人发挥的工作。社区里一些人士坚决反对改动什么或担心由此使自己受到什么威胁。我必须在许多社会政治事务上面，以及打心眼里对政府干预感到恐惧的人进行斡旋。我感觉到，为了让这件事获得成功，必须要做'规划的规划'，必须仔细以及有策略地把这个社区引入到总体规划的概念里面来。我想在引入之前先获得支持。那么社区及其政治领袖就需要在这样一个事实面前得到教育，即总体规划是无害的，也不会让他们他自己失去原有的财产权。"

绘制乡村和城乡过渡地区的地图

一旦一个城市、乡镇或者代表乡村地区的县级政府决定要制订规划或者修改原来的规划，规划师就要开始绘制土地使用的现状图。五个土地使用分类如下：工业、商业、居住、农业和开敞空间。（这些类别可以根据情况作进一步的细分，但是在最初阶段，这五个分类就已经足够）第二步是制订一个总体规划，包括为社区确立目标，这些目标要根据居民状况进行综合收集。目标可能包括有促进经济发展；鼓励低密度、组团式的居住区增长；或者支持农业、保护开敞空间以及环境价值和其他目标等。

地形图

地形图是规划师和开发者使用的最重要的工具，尤其在乡村和城乡过渡区域里。所谓"地形图"指的是一种由美国地理勘测局出于展示土地特征的最初目的而制作的地图，它们通过使用等高线来描述土地海拔高度。这些地图通常采用方形网格为参照系来确定地形。它的名称源于四边形格网中绘制有永久性地形特征的图纸。

图 12.6　方格网地形图图纸一角的题头，沃什特瑙县，密歇根州。相邻格网的数字号码被标注在每张地图的侧边

经纬度以度（°）、分（′）、秒（″）的形式表达南北距赤道及东西距本初子午线的角度距离。由于四边形格网覆盖在不同土地区域上，规划人员经常会使用每 15′ 或者 7.5′ 经纬度相间隔的地形图。城镇和定位线（源自 1785 年土地条例对国会土地调查的采用，详见第 13 章）会被显示出来，包括用来描述私人房地产的分区号。比例尺用英尺、英里和公里为单位，以位于地图下方的线段长度来表示。第二种方式就是数字比例尺，以地图上的 1 英寸代表了实际长度，通常为 1：24000。

下面一个方格网地图代表的是密歇根州的沃什特瑙县，展示了土地表面的一些常见的特征（同样的方格网地图彩色版本见附录 D）。黑色的方块或者三角形代表的是建筑物；波浪状带有阴影区域（原本是蓝色）代表水面；颜色较暗（红色或者粉色）的是城市地区。其他的符号代表了湿地（胡萝卜叶的颜色）或者林区（扇贝形状）。方形路网正好对应 1 平方英里分区的边界，这源自国会土地调查的测量线，它们常被用作早期道路的定线。一个比较好定位点是高速公路首蓿叶式的交叉口，它连接了美国东 / 西 I-94 和南 / 北 23 号公路，两者都是有出入口限制的高速公路。

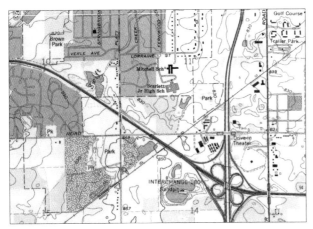

图 12.7 伊普西兰蒂西部的方格网地图细部，沃什特瑙，密歇根州

地图上显示的等高线代表了连续的高程点，表示海拔高度。如果检查不同等高线之间的相互关系就能显示土地的相对坡度。在地图上，首蓿叶交叉口西部和西南部的等高线在空间上被隔开的距离相对较宽，暗示着是这里是一块平地；西北部的等高线相互间靠得很近，则意味着这里是较陡的坡地。土地表面上的洼地由小刻度点标注，这些刻度点指向最近等高线的中心，正如立交桥西南部的沙坑显示那样。挖掘沙坑留下的凹陷位于高速公路十字交叉口的地方，它们提供建筑材料，被交通部用来建造跨线桥。当地下水位升高时，这些沙坑通常充满了水。

练习 12　江城等高线的解读

江城等高线地图上的每条等高线之间有 5 英尺的高差。这张地图可以用来判断地面坡度。通过使用右下角的比例尺，你可以计算出坡度的大小；将垂直向距离除以水平距离，然后再乘以 100 就是坡度。比如说，竖向 10 英尺除以水平向 10 英尺（10/10=1.0，再乘以 100）代表了坡度为 100% 的坡地；竖向 10 英尺，水平向 50 英尺则是 20% 的坡度。

基于等高线地图，请回答下面问题：

1. 在老比特摩尔农庄中最低和最高的海拔高

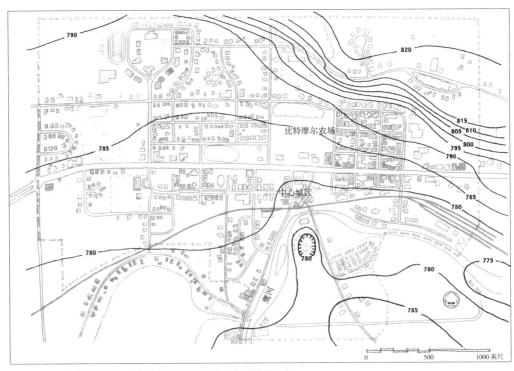

图 12.8　江城等高线地图（与之相关的城市地图参见附录 A）

度是多少?

2. 伊格尔河流向哪个方向?

3. 如果这张地图上的河流正常情况下在 780—774 英尺的海拔高度上流淌,请画出一条线来说明若河水上升 5 英尺后将会被淹没的土地范围。

4.(a)这个城市中的最大坡度位于什么地方?(通过选定等高线来表示)

4.(b)该处的坡度是多少?

航拍照片

对于规划师而言,航拍照片是一个十分有用的工具,因为航拍照片描绘出准确的视觉图像,可以配合地图来管理土地投资商。照片能够提供土地覆盖数据,但不是土地使用数据。比如说,一张航拍照片可以展示一片由树林覆盖的区域,但不能展示这片树林的基础用途(例如商业林地、野生动物栖息地、娱乐休闲用地,还是具有空气清新作用的环境用途)。相似地,航拍照片所显示的大型建筑物也难以区分到底是仓库、学校、办公楼还是多户居住单元,虽然一个训练良好的航拍照片检查员可以找到一些线索来缩小它与土地使用实际可能之间的差距。但是,航拍照片有其相对比较便宜的优势,而且如果照片拍摄的时间跨了多个年度的话,更可以暴露出土地覆盖的明显变化。除此之外,使用两张邻近重叠的照片创造一个具有三维立体效果的立体图像,能够形成一些有关相对高差的信息。规划

图 12.9 航拍照片,沃什特瑙县,密歇根州,2007 年

师开始越来越多地使用谷歌地图等类似的工具来制作航拍照片信息。

将一张航拍照片与图 12.7 展示的一个带有相同信息的沃什特瑙县地图相比较,可以看出方格网地形图与航拍照片是如何互补的。方格网地形图展示的是一张地图通常具有的数据信息,也就是经纬度、指北针、比例尺和高程。两个值得注意的特殊点在于一个位于地图东侧边缘的移动房车公园和一个靠近高速公路交叉口的汽车电影院。最近的航拍照片显示,移动房车公园一直保留在原地,但是汽车电影院已经被一个大跨结构建筑(一个新的多功能剧场)所取代。

方格网地形图(图 12.9)分区 11 中显示出一所邻里学校;在它西面是一块多户联排住宅开发用地,这些住房似乎往往被带小孩家庭所占用。为了对这个信息做进一步补充研究,航拍图还展示有两片垒球场,一个在学校边上,似乎在东面靠近一处小型湿地,另一个的南面靠近一片树林。一个有想法的规划师看到这些区域就能看出这些绿地具有作为学校室外实验设施的潜在价值。

土壤调查和乡村总体规划图

对于乡村规划师而言,土壤调查配合地形图和土地使用现状图是一种很有用的规划工具。这些地图由美国农业自然资源保护服务部(NRCS)制作,一般可以通过乡村办公室获得,并由经过专门训练的土地科学家在航拍照片上绘制出土壤类型,标注出 60 英寸深度范围内的土壤特征。一个与密歇根州沃什特瑙县伊普西兰蒂西部的方格网地图相协调的土壤调查地图表示了这个地区的土壤状况。附加的土壤表格提供了土壤类型的样本信息。

这类信息可以与几项环境考虑有关,也与多种类型的建设和工程做法有关。土壤调查可以展示土壤对现场污水处理系统的适宜性、季节性水位高度、土地收缩和膨胀的容载能力,还有其他一些影响地基建造的因素。正如地图下方的表格所显示,福克

斯沙壤土是适用于这类用途的最佳土壤类型。

土壤调查地图能够帮助规划师决定哪些区域是环境敏感区域。规划师可以绘制出一张包含湿地和洪泛区、悬崖和水源涵养区的地图，这些区域意味着可能不适合用来进行开发。比如说，高有机质土壤可能是湿地的基底，与其相关的水渗透速率正好与地下水补充速率相协调。

除了环境地图之外，乡村规划师还要编制基于土壤调查的农业地图，通过运用高水准管理下单块土地的每公顷平均收益率来帮助制定农业规划。一张标有高、中、低农作物产量每公顷平均收益率的单项地图，可以决定那些土地是最好的农业土地。类似地，乡村土地上的住宅建筑也会受到土壤特征的影响。通常情况下，好的农业用地可能会与预期的开发土地占据着相同区域，在这种情况下规划师应该建议那些与现有城市聚落相重叠的土地用于居住用地，而距离较远的土地用于农业用途。而对于具有环境价值的土地，这些冲突就不会发生，因为此类土地永远具有最好的优先级。

在沃什特瑙县案例中，最近的土壤地图绘于

1970 年，方格网地形图来自 1983 年，航空照片来自 2007 年。显然，能够与最新的信息配合使用是最理想的，但是制作一张地图和调查的成本太高。因此，使用来自不同时期的数据是允许的，但要进行一些验证性的历史调整，同时也需要相应的解释。

当为总体规划绘制最终地图时候，所有政府所有的土地、娱乐用地、机场、垃圾堆场或其他特殊用地都应该被列为土地使用清单的一个重要部分。在这里，规划师能够得出或者发现更有倾向性的土地用途信息。即便土地的农业生产能力比较低，也不能草率地将农地用于其他土地用途，因此产量低可能由于土地过于破碎所造成。在管辖范围内所有地块都必须标记规划土地用途。如果土地不满足工业、商业和居住这三个主要功能中的任何一种，就应该被列为次要农业用地。地图上所有的土地都应该指定其用途。

扩建分析

规划的最后一个阶段可能是对新建设量的分析，这种扩建分析以当前执行的建设标准和区划规则为基础，估算出允许开发的最大规模，以表示社区允许的最大承载能力。扩建分析通常包括每公顷不同类型房屋单元的最大规模，以此来估计未来人口，预测商业及工业用地的最大增长量，以及是否能够职住平衡。

扩建分析的两个关键部分是统计模型和地图。统计数据包括现有的住房类型和数量，适合建设住宅的最小地块尺寸，适合将来建设住宅的用地规模。将可以建设住宅的用地面积除以最小地块尺寸，就可以计算出可以建设住房单元的数量。类似计算也可以运用于其他土地使用，比如商贸和工业。由于原始数据带有误导性，这类计算需要加以解释；但是这类方法涉及丰富的信息，通常会令规划师和政府官员大吃一惊。

扩建分析地图显示了扩建对整个社区的影响，

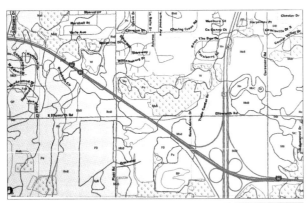

土壤代码	名称	坡度	农业产量 玉米／蒲式耳	腐败限制	主要用途
BbB	布朗特土	0—2%	105	严重	谷物
		2%—6%	100	严重	谷物
FoB	福克斯沙土	2%—6%	85	轻微	谷物
Ho	Hoylville 粉砂质黏壤土	0—2%	110	严重：洪泛	谷物／排水

图 12.10　土壤调查地图，沃什特瑙县，密歇根州，1970 年，及其土壤类型和特征的小样本数据

及其对毗邻地区的影响，以此来评估溢出效应。区划拼合图显示了各区划分区潜在的开发水平，显示了那些能够被开发、但还没有开发的地块，以及将来可能更适于更高强度再开发的未开发区域。

正在经历快速增长的社区最适合进行扩建分析，因为它可以分析出如果对扩建不加限制的话，哪些地方最有可能出现增长。扩建分析也可能出自地方政府的要求，因为扩建与它能提供的社会服务和基础设施水平有关，也与税基有关。这些分析承担了一个重要的指示器工作，即显示那些现有的标准和区划规则是否会真正引导产生期望的最终规划效果，并且表明为了阻止过度开发或不理想的开发需要采取什么样的规划调整。这类信息将会帮助社区决定是否需要对总体规划、区划条例以及其他文件和项目或政策做出调整（补充分析见第4章对小区域预测的讨论）。

地理信息系统（GIS）

过去几十年里，GIS已经成为最重要的一项规划技术。GIS不仅仅是简单的电脑制图，它还将地图与计算机制图和数据结合起来。这就大大扩展了土地使用分析技术的能力。在1969年，伊恩·麦克哈格（Ian McHarg）的《设计结合自然》展现了如何通过叠加具有不同信息的地图图层来对空间信息进行更好的分析。这种技术可以运用于鉴定一个地块对不同土地使用类型和开发的适宜性。[5] 它的叠加技术成为很多复杂分析方法的基础。在那个时候，这类技术还只是处在实验室阶段；但是随着制图和空间分析大规模运用计算机技术，今天的图层叠加技术已经成为规划师工具包中一个既实际又十分有用的工具。据估计，如果80%的政府和商业信息都能空间化，在空间分析中运用GIS对于一个好的规划来说就是不可或缺的了。[6]

GIS使用的另一项标志是1969年环境系统研究所（ESRI）的建立。在20世纪70和80年代，ESRI发展成为GIS运用的核心部门。公司的ARC/INFO软件是最早的现代GIS软件，并且一直被认作工业标准。到了1986年，ESRI将ARC/INFO与以PC为基础的GIS工作平台相配套，使得许多规划办公室更容易使用这款软件。

使用GIS软件需要通过不同等级的训练。软件的一部分是使用友好的，但是并不能实现完全交互。其他软件则提供了一系列与其交互运用的程序，但是需要大量训练。

GIS软件由三个基本模块组成——地图、数据和分析工具。该系统的电脑生成图层包含有多种地图信息：坡度（等高线）、高程点、土壤类型、排水格式、土地覆盖、城市化区域、公用事业管线、山地阴影等。与软件一体化的数据库允许绘制任何几何信息，并通过地图的三个基本元素，即点（这个可以用来代表像通信塔类的特征）、线（比如道路）和多边形（比如区域）形成地图。

GIS分析软件为规划师和地方官员决策提供了十分丰富的信息基础。该软件使得使用者能够理解数据，看到从传统地图、图表和文件中看不到的空间关系和模式。GIS允许使用者去做"如果这样"的假设情景，探究存在的关系与模式，预测未来的不同变化。这种分析可能会对场地区位研究十分有用，譬如决定一个新的超市对交通

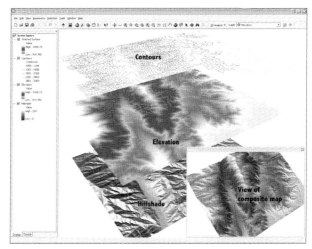

图12.11 反映完成面、轮廓线、高程和坡向的GIS图层

格局的影响，或者一个新的学校对公交线路的影响。这类分析包括了比预期要多得多的信息分类。比如说，一个新的垃圾场区位问题，可能包括坡地和排水、湿地或动物保护区、地表下的土壤或岩石层、交通格局和道路状况、区划类型以及邻近的居住区等因素。

在公共部门，管理土地登记和追踪公用事业管线是 GIS 的最常用途。野外工作中最有用的是配合全球定位系统（GPS）模块来精确定位。正如一个专家所说，"我们已经记录到许许多多成功案例，在之前需要花费数小时或数天才能完成的任务，现在只需要几分钟就可以完成。这是一个重大的进步，随着移动科技的继续创新发展，GIS 技术也会继续发展，越来越多的政府和公共机构将会使用它。"[7]

GIS 在展示空间随着时间的变化而变化方面十分有用，譬如说住宅数量的增长，或者自然栖息地的丧失；以及在市场分析方面，譬如说决定一个大型商贸场所的最佳区位等。土地使用的基础数据可以方便地从地方和国家机构以及商业和非营利机构中获得，比如美国国家统计局就提供邮政编码区、人口统计区、街区单元等数据。城市、县、区域机构和联邦政府也提供人口、环境状况、政治选区、区划、交通系统及其他统计数据。

案例研究　通过使用 GIS 来评估自然特征

　　密歇根州韦恩县范比伦镇的一个项目是个能帮助我们理解 GIS 分析方法的好案例。这个项目最初是为了发鉴别与城镇开敞空间保护项目密切关联的那些具有充足自然特征且未被开发的私人土地。[8]一个专门为这个项目开发的 GIS 数据库用来对每一个地块进行生态恢复潜能评估。评估的高分项包括独特的自然特征、高质量的自然地域和丰富的地方植物。这些属性能够满足基本的生态功能，例如水源质量和

数量的保持、洪水控制和土壤稳固及改善。它们也可以是野生动物的迁徙廊道和鸟类迁徙所需的食物补充区域。

图 12.12　GIS 航拍底图，密歇根州韦恩县范比伦镇

图 12.13　被识别的自然特征叠加图层

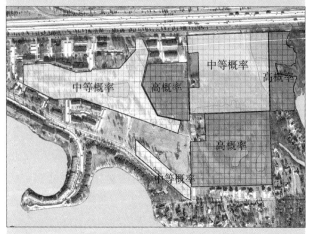

图 12.14　最终 GIS 导出结果，反映了优先保护地块

170　21 世纪的社区发展与规划

该区域的一张航空照片显示了整个研究区域的一个局部，但是具有代表性的城镇部分，包括贝尔维尔湖的岸线、一个高尔夫球场的一部分、一片树林、一条河流以及各种各样的结构要素。

依据这张航空照片，开发了一个以100个地块的边界和特征数据为基础的GIS土地使用层。评估过程以鉴定土地使用以及作为保护性开敞空间的适宜性为起始。每个地块的评价基于整个地块的大小；是否存在有河流、湿地、树林、有树湿地、草地和灌木丛；农业用途；以及被开发区域的比例等。有6个地块（浅色阴影部分）的地表覆盖和土地使用符合这些标准。在一些地块上所作的标志代表了树林、湿地和灌木丛（其他特征在原始地图上以颜色显示）。每个地块都要进行评估，最高评分等级的地块则是最具潜力的开敞空间项目候选者。

最后，由于要求相邻地块之间要留出自然廊道，被选中的地块要作进一步的连通性评估。这项评估要求给出1/4平方英里以下地块中具有作为潜在自然区域条件的比例，同样也要给出100平方英尺以内自然区域的比例。利用上述所有分数对每个地块进行总的评估，就可以得出优先需要保护的场地。

乡村原始的土地与湿地生态系统仅有5%得以保留下来，但是由于有了GIS提供的分析信息，城镇就能够作出一个关于绿道项目的非正式决策，来保护濒危的、受到威胁的或现存的植物和动物物种。在整个城镇中，71个地块被评为最高等级，从而被列为优先保护地区。此后，城镇会据此制定一份开敞空间规划，建立资助机制，为这份规划和项目开发、财产咨询及长期管理提供支持；最终修正补充相关的总体规划。

总结

全美大约95%的土地是乡村土地。其中包括农业地区和含有环境敏感地区和自然美景地区在内的开敞空间。有些开敞空间并没有受到明显的开发压力，但是当土地使用变化被提上议程的时候，当地居民经常会反对总体规划和土地调整。乡村和城乡过渡地区的社区规划师必须意识到，在保护土地资源的必要性以及维护土地财产所有者的权力之间存在着内在冲突，总体规划必须关注双方的利益。

乡村规划起始于土地使用现状图。地形图、航空照片和土地调查对于了解当地情况而言是最好的基础工具。依托航空照片绘制的土地调查提供了基于土地覆盖照片的土地特性。不同的地图图层能够显示出哪些区域是环境敏感土地，哪些土地可以用于未来农业和建设使用。扩建分析提供了针对现有规划和区划长期影响的有用信息，能够为社区总体规划和增长政策的有据调整提供信息。

地理信息系统（GIS）是一项重要的规划技术，它将计算机图像、数据库、分析工具与地图相结合，极大地扩展了土地使用分析技术。它提供了一个高质量和具有空间属性的地图图层框架。这个框架内容十分丰富，并且作为一个规划分析工具正变得日益流行

第三部分
总体规划的实施

第13章 土地使用控制的演化

美国土地使用法规的基础

土地所有者对其私有财产拥有权利和义务是美国民主的重要基石之一：可以说，美国的资本企业就是建立此之上的。私人财产的所有权是美国土地使用法规的基本。因此，美国的规划师必须熟悉并适应私人业主的力量。当公共政策和规定为了保护公众利益而限制了私人财产所有者对自身财产的控制的时候，这些政策规定就经常会遭到他们强烈反对。

英国启蒙运动哲学家约翰·洛克（John Locke）认为，私有财产是美好社会的必要基础，这一思想影响了美国的革命。他写道："因此，人们团结起来组成共同富裕的集体，并将自己置于政府之下的宏伟和主要目标就是保护他们的财产……没有他们的允许，最高权力不能夺走任何人的任何一点财产。"[1]但是，对于私人财产权的重视必须与社区的需求相平衡。正如大法官罗杰·坦尼在 1837 年陈述的那样："虽然私有财产被神圣地保护着，我们决不能忘记社区同样也[拥有]权力，绝不能忘记每一个公民的福祉都依赖于对社区的真心保护。"[2]

财产权在早期美国规划中是总是受到特别的关照，因为大量的土地使得私人控制和所有权成为可能。在人口密集的欧洲，土地十分稀缺，政府需要牵涉到土地的分配和使用中去。当欧洲人将他们自己的土地使用方式通过殖民扩展到看似无边界的美国时，他们发现政府几乎没有干预土地开发活动的必要。那些永不满足的拓荒者总是冒着赌注继续向西迁移。

美国的土地使用法规也同样基于宪法。宪法第五修正案确立了私有财产不可以因为公共用途就被不公正地无偿征收的原则。宪法第十四修正案确立了每个公民拥有法律下的程序正义和公平保护的权利。在影响他们财产的行动发生之前，公民期望得到完整告知和公开听证。第十四修正案同样确保政府所采取的影响私有财产的行动必须是有理、公平，并出于合法的公共目的。

北美早期的土地使用模式

早在殖民时代，北美的土地使用模式就已确立，并反映了殖民者的不同国籍。早期的西班牙人、法国人和英国殖民者的定居点布局证明了这些殖民团体采取了不同的方法。一般说来，西班牙殖民点建立在由其国王颁布、制定的规则之上，法国殖民地的土地划分源于对贸易的考虑，而英国殖民点的形成则是出于对当地环境的适应。

西班牙殖民前哨基地的建设遵循了据称由菲利普国王于 1573 年发布的《印度群岛法》的第 148 条规定。这个文件通常被认为是新大陆第一份对殖民地社区的规划和设计提出综合要求的法规。尽管现实中有一些差异，但西班牙人的定居点规划通常会遵循一些大纲，这些大纲意在帮助

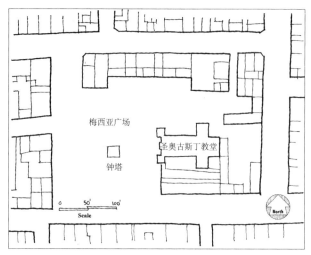

图 13.1 图森的历史城区平面图，亚利桑那州，西班牙人定居点

殖民者确定一个小镇的合适位置、街道的设计和中心广场的布置，以及各种各样的建筑形式。新的定居点坐落在有着肥沃土壤和良好水源的地方。围绕城镇的城墙保护了定居者免受攻击；在城镇外围，土地被清理出来用于农业，也用来防止敌人在接近城镇时能将自己隐蔽起来。城墙内部方格街区的设计可以用于监控定居者的活动。主要街道交汇于中央广场，中央广场面积足够大，士兵可以在此举行骑兵游行。三类重要建筑物坐落在中心广场的周边：教堂、政府和市场，代表了西班牙殖民主义的三个目标，上帝，荣耀和金钱（3Gs）；也就是说，将本地平民百姓转变成基督徒，以确立西班牙在世界新地区的绝对统治，并为祖国带来财富。

相比之下，新世界里的法国定居者对设立永久城镇的兴趣不是特别大。他们对贸易感兴趣，特别是皮货贸易。他们定居地点的前方需要有水域，因为这些水域对出口货物很重要。法国定居者划定了"长条地块"（或者带状地块），以给予定居者一个狭长的直接面向河流或者水域的土地。这些土地由于继承的缘故，会变得越来越狭窄。地块变得狭窄意味着定居者将会住得更加彼此靠近，也提供更多的安全。房屋通常修建在地块靠

近河道一侧，内陆一侧为农场。长条地块由于长度较长的缘故提供了各种各样的用途：从靠近河岸的湿地到用于农作物的开敞土地，再到提供建筑材料的林区。道路通常紧贴地块后侧修建，用于地面交通。

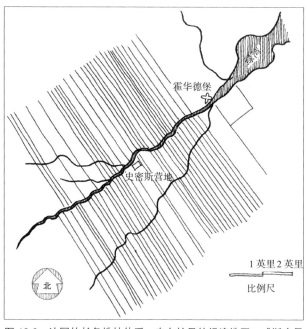

图 13.2 法国的长条地块体系，来自较早的绿湾地图，威斯康星州，1821 年

英国的土地分配系统以四至界限著称，使用自然特征作为参考因素，基于地标、角度和距离划定土地边界。因此，亚伯拉罕·林肯出生地在肯塔基的地产被描述成这个样子："以沉泉或石泉上面 13杆的巨大白橡树为起点，从那里向北偏东 9.5°，在约翰·泰勒田里走 310 杆到一个桩的距离，然后再向南偏东 89.5°，走 310 杆到两个棒的距离，然后再向北偏东 89.5°，走 155 杆到起始点。"[3] 当地理特征随着岁月流逝发生变化的时候，这样的描述会出现问题，譬如树木死亡或者石头被移动。

多数早期城市的出现是对自然特征的回应，譬如海岸线或者河流，以及当时存在的美国本地痕迹。许多城镇没有明确确定的模式。每个都是独特的，并且不遵从任何规则指导。

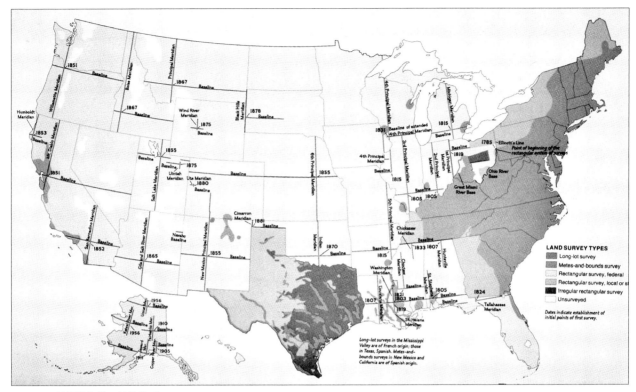

图 13.3　美国的经线 / 基线体系

在殖民时代的美国有各种各样的土地管理规则。早在 17 世纪，农场条例使一些特殊的农作物免于过度生产，多数是土豆。建筑条例则要求用耐火的砖石建筑建造，限制城市内部有危险地方的土地使用。在 1700 年，费城的一个条例要求每个家庭至少在距离房子 8 英尺内要种至少一棵树。

美国拥有丰富的土地，通过对土地买卖征收少量的税收，土地的高效出售就使得贫瘠的美国财政变得富裕起来。为了加快中部和中西部的土地调查和土地销售过程，联邦政府设立了公共土地调查系统，一系列的经线和基线被用来作为原 13 个殖民地州以西土地划分的参考线。在俄亥俄等州，大量的经线或基线系统确立起来；在其他一些州，譬如密歇根和很多平原州，一些简单、独立的系统也被利用起来。这个系统使得土地殖民得以快速进行，为新的税收收入创造了课税基础。正如约翰·雷普斯（John Reps）在《美国城市的形成》这本书中所描述的那样，"或许，这种方格网式的调查模式对于西部是唯一一种可以促使更快地殖民，为一个新的国家俘获一块大陆的体系了。"[4]

对早期土地所有权产生重要影响的法律文件是由国会批准的为西部定居点所做的方格网规划。"一个查明西部疆域土地配置模式的条例"，一般是指 1785 年的土地条例，描述了一个调查测量尚未被殖民土地的有效方法。[5] 由于可以方便地绘制地块地图并记录下来，它促进了土地交易，甚至激活了偏远地区的土地，这对西部和中西部各州的土地使用产生了巨大的影响。"当今，随着人们从东部越过最后的 [阿巴拉契亚山脉] 山脊，可以看到眼前广阔的纵横交错排列的农田和公路。由于使用精确的军事测量技术，仅仅偶尔由于严重的地形变化，或者一些早期的土地分配系统才会有所调整。这种方格网格延续到了太平洋海岸。美国由此生存在一个由早期调查者依据 1785 大陆

183

184

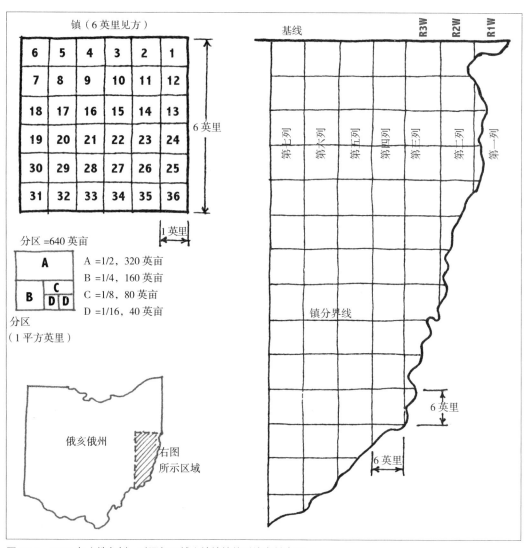

图 13.4 1785 年土地条例，对西部疆域土地地块的系统安排布局

国会土地条例授权所划定的巨大的、强加在自然景观之上的方格网之中。"[6]

1862 年的《宅地法》是 19 世纪一部重要的土地使用法案。它将土地从公共部门转移到私人所有，把 160—640 英亩的荒地免费给予那些愿意到那里生活和使用它的殖民者。这项法案为定居者和开发商开放了西部的国土疆域，而这项法案只是要求定居者签署一份文件并开发这片土地。

一项用以将土地赠予铁道公司的土地授予项目也对西部疆域的定居点建设作出了贡献。这种做法开始于 1862 年的《太平洋铁路法》。铁路部门获得一条带状土地（一般是 10 英里宽），在那里他们修建一条铁路线，通过销售铁路沿线的土地给新定居者来获得盈利，促使一些小规模的社区沿着铁路线扩展。

在 19 世纪，行政政策和诉讼案件开始合并到土地使用法的框架里。譬如 19 世纪 20 年代，纽约禁止将城市一些特定区域用作坟墓用地，或者将一些特别宜人的地点作为墓地。一些城市，譬如新奥尔良禁止房地产拥有者在城市内修建屠宰场或者军

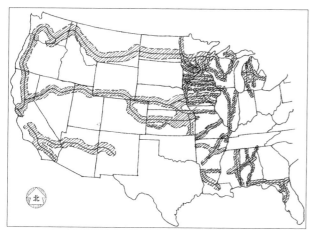

图 13.5 西部疆域铁路及周边土地的许可

火工厂。到了 19 世纪晚期，华盛顿对建筑高度进行限制，以便使消防人员能够达到建筑顶层。旧金山在 1906 年的毁灭性大地震之后，对于危险地带附近的土地使用进行严格限制。1915 年，大法官哈达切克起诉塞巴斯蒂安案件中，法院认为洛杉矶那些不受欢迎的土地使用（砖厂），即使已存在于条例通过之前，也要按照条例进行管控。

到了 20 世纪，全美范围内陆续确立了土地使用管控的做法。1909 年，洛杉矶创立了第一个区划委员会。到了 1916 年，纽约市政府通过了第一个综合的区划条例。它的目的是保护稳定的邻里社区，禁止不受欢迎的土地使用，进而促进中心城区的商业发展。颁布条例的动力来自防止服装厂等血汗工厂侵入到高档的公园林荫道周边的商业零售区。这类早期的区划法典具有明显经济意义，通过管控土地使用、建筑高度、体积以及人口密度来保护高品质的房地产。

随着地方和国家政府在处理土地使用问题时的一些不连贯决策，问题接踵而至。比如，在马萨诸塞州，独户家庭住宅居住区禁止建设多户住宅，但是新泽西州和加利福尼亚州则另作规定。在马萨诸塞州，区划条例限制在居住区内建设商店，但是密苏里州和新泽西州则不以为然。很明显，处理城市化不断增加的问题，需要有新的方式。

区划作为不断演化的手段

为了评估区划条例随着时间的推移而产生的影响，我们必须首先检查原始条例以及他们这样做的意图是什么。区划的概念满足了一个显而易见的需求，那就是减少 20 世纪初在许多城市中出现的拥挤问题。在这个剧烈的城市化时期里，商业区与私人住宅挤在一起，有污染工业坐落在居住区内部，高楼在没有考虑空气流动和阳光的情况下挤在一起。城市官员没有有效的处理机制控制开发，这样的增长是危险的。

最初于 1922 年出版的《区划初级读本》之后多次修订，它将区划比作人们的自有住房。"人们被问道，'你们的城市竟然将它的煤气炉灶留在客厅，而把钢琴放在厨房？'这正是许多美国城市允许人们做的事情。"[7]

《州标准区划授权法案》也在 1922 年发布，以帮助整个国家建立一套区划条例的标准。尽管最初服务于公共目的，区划条例主要的关注点在于保护稳定的独户家庭住宅居住区，以抵制商业、工业甚至是多户家庭住宅使用的侵扰。这些担忧十分现实。正如区划评论家理查德·巴布考克

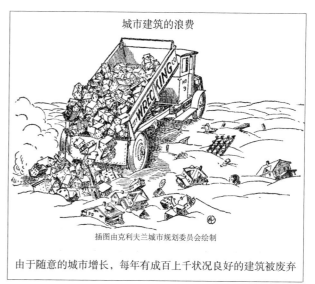

图 13.6 《区划初级读本》的插图，刻画了由于周边不合适的土地使用，使好的建筑遭遗弃的情况，1926 年

（Richard Babcoc）所写，"区划被当作一种有效的技术，以进一步实现特殊的保护目的，即对独户家庭住宅邻里的保护。尽管有着其他的衍生点缀，但这些目标依旧是最重要的。"[8]

在《区划授权法案》通过之后，区划像野火一样开始在全美范围的社区内扩展；它几乎得到了无与伦比的支持。它的合法性是最高法院于1926年所做的一项标志性判决后确立的，欧几里得起诉安伯勒不动产公司案认为区划不仅仅保护了房地产价值，并且作为一种公共利益手段减少了一些令人生厌的土地使用。[9]因此问题变成了：到底什么造成了令人生厌的土地使用？区划的倡导者阿尔弗雷德·贝特曼（Alfred Bettman）在最高法院为欧几里得案件辩护时说："区划通过对整个城市行政区域综合进行分区，以寻找足够的空间和适宜的区域来用作各类用途，这绝对是要比各种零碎的条例和无把握的诉讼体系更加公正、智慧和理性，当然如果可以称之为体系的话。"[10]欧几里得几乎凭借一己之力创造性地使区划成为最为重要的土地使用规划工具。

绝非偶然的是，在区划概念成为现实的同时，郊区也初次得到发展。道路建设和机动车的增长使得中等和高收入人群能够在城市边缘空间比较宽裕的地方购买小别墅以离开污染、拥挤和高密度的城市中心区。这些业主将他们的搬迁视为一种逃离，担心城市问题会尾随他们进入新的环境。区划为他们提供了保护。

常规的区划基本上将土地使用分为四个明确的级别：居住、商业、工业和农业。当然，居住被视为最高层级，对它的保护被看作是最为重要的。图示的金字塔等级体制将居住放在了最高等级，在这个分区里面，非居住用地一般不被允许。商业土地使用在等级体系上排在下一层级；在这里，商业和居住用地都是被允许的。在金字塔的底部，工业用地允许上述所有三种用途（农业没有包括在金字塔内，是因为它位于高密度土地使用区域之外，需要加以保护）。这种习惯上的区划通常被称之为欧几里得区划，以上述标志性的区划案件命名。

欧几里得区划成为许多早期区划条例的基础。尽管它使得居住区免受不期望的土地使用的侵扰，但是它没有能够阻止居住在商业或者工业区内修建。它也没有将居住、商业使用或者工业类型进行等级划分。最初的时候，混合单元的住房可以与独户家庭住房放在一起，干净的工业与烟雾缭绕的工业并没有差别对待。后来，随着区划变得更加精细之后，条例层次分类也就更加细致。由于这个缘故，欧几里得区划就不再像当初那样常见了。

在整个20世纪中，区划始终是一个重要的规划工具。在20世纪中叶，西蒙起诉尼达姆镇与邓迪房地产有限公司起诉奥马哈市（1944）的案件判决认为区划可以被用来控制最小地块的大小和最低层数。[11]在20世纪下半叶，纽约市的郊区拉马波试图通过安排基础设施开发和公共服务设施建设来控制城市增长。在新的城市条例规定下，开发项目只有在譬如基础设施改善已经完成，能够提供五项基本服务（污水管道、给水管道、道路、消防站、公园、休闲娱乐和公立学校）的条件下才被许可。这使得社区能够控制增长的规模和进度。全美有色人种协进会（NAACP）声称这种安排是带有歧视性的，因

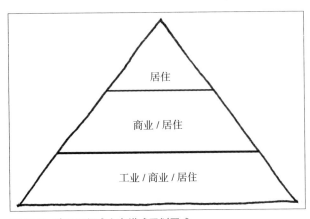

图 13.7　欧几里得或金字塔式区划图式

为它将穷人，年轻人和老人排除在外。1972年，戈登起诉拉马波镇规划委员会的案件确认了这种控制符合宪法，秉承了城镇控制增长的权利。[12]

一个著名且有争议的案例起始于1971年南伯灵顿县全美有色人种协进会起诉劳雷尔山镇的劳雷尔山1号案件。[13]新泽西州最高法院认同有关城镇区划条例的操作排斥中低收入人群从社区中得到住房援助的说法。这项规定在很大程度上被社区和开发商所忽略，他们预期房地产价值会因此而下降。结果，1983年新泽西州最高法院发布了一称为劳雷尔山2号案件的裁决，认为政府有义务提供一些相对公正的可支付住房并建立规章来保障那些低收入和中等家庭得到相应的住房份额。联邦最高法院不同寻常地指派了三位法官来处理这类重要案件。三年后，1986年的《新泽西公平住房法》成立了一个可支付住房委员会，确定每个区域的低收入和中等收入家庭的住房需求，以及为每个社区分配相对公正的住房份额。劳雷尔山2号案件的结果同样确立了只要社区愿意为这种排他性措施支付额外的费用就可以设立排他性区划或接受区划对特殊用途进行排斥的原则。

彼得·马库塞（Peter Marcuse）在《美国规划协会期刊》发表文章认为，规划师放弃自身责任的20世纪20年代正是规划史上的关键时刻候。他认为，当时规划师不接受区划是因为他们把区划视作对自己职业的威胁，因此失去了发展区划，纠正社会疾病的机会，"这样就使得区划更看起来想一个保护房地产价值的工具，而不是提高民主社区质量的工具"。[14]区划是实施土地使用规划的最有效工具。它提供了一个精确定义的、经过法庭测试并受到各方尊重的体系来管制土地使用。如果有一个良好的总体规划，区划就可以用来实施总体规划。

总结

在很大程度上，美国的社区规划基于财产所有权的国民观点，并编入宪法和人权法案中，成为法典一部分，并随着土地使用法规的发展而演变。其中隐含的思想在于土地所有者可以随自己心愿处理自己的财产，而当政府在保护公共利益的时候只能采取最小的政府干预措施。只要还有土地可以开发，就很少有美国人会发表主张剥夺这项自由的意见。

南部和西部的西班牙人、北部的法国人以及东部的英国人等国家早期殖民者采用不同的土地模式来进行土地开发。在西部疆域开垦期间，最重要的土地使用法律是1785年的《土地条例》，这项条例建立了一个可以促进地块高效开发的调查系统。早期其他重要的土地分配法规包括1862年的《宅地法》和19世纪晚期的铁路用地赠予项目。

对土地使用的限制是从19世纪开始出现的。这些限制被认为是合理的管控，比如，阻止生产军用必需品的工厂选址在城市的核心地段。到了20世纪初的时候，额外的管控变得常见起来，特别是在大城市。在那里，健康、安全和福利问题变得严峻。除了公共卫生改革运动、开敞空间运动和出租房政策（在第7章讨论）以外，其他一些规定也强制管控了物质空间的需求，比如限制建筑高度来满足高层建筑的防火要求。这些条例逐步发展为用于分隔不兼容的土地使用功能。转折点出现在1926年的欧几里得诉讼安伯勒不动产公司案，美国联邦最高法院认为将区划升级为对土地使用的控制合乎宪法。自此，区划条例变成实施社区规划的重要工具。

第 14 章　区划与其他土地使用管制措施

常规区划

区划旨在规制私人土地使用以维护公共利益。它确立了私人财产所有者的利益必须与公共利益相平衡。正如 R·罗伯特·利诺维斯（R.ROBERT Linowes）和邓·T·阿伦斯沃思（Don T.Allensworth）所写的那样："区划是隐藏在规划背后的真正力量，是区划赋予了规划理念和目标以武器。规划不能要求土地以一种特殊的方式加以使用，但区划可以。"[1]

区划必须为正当的公共利益服务，必须与经过审批的总体规划保持一致。同样的区划管控必须要运用于所有的同样区划类别地区。区划应该不存在歧视或者反复无常的意图，不能"剥夺"（正如本章后文介绍的）财产，或者违反其他法规或宪法条件。

制定区划的典型目的包括：

1. 提高和保护公共健康、安全和一般福利。

2. 保护居住区、商贸区、工业区、娱乐休闲区以及农业区的特性和稳定，促进这类区域更好地有序开发。

3. 为房地产提供充足的电力、良好的空气、私密性和交通可达性。

4. 管制土地和块状区域的使用强度，规定围绕建筑和构筑物的开敞空间来保护公共健康。

5. 减少高速公路和街道的拥堵。

6. 保护免受火灾、爆炸、有毒气体、热量、灰尘、烟雾、耀光、噪声、震动、辐射和其他令人厌恶之物的干扰或伤害。

7. 避免土地的过度拥挤或建筑物的过度集中。

8. 保护土地和建筑的税收价值。

9. 征收区划许可费，违反区划罚款。

区划依据物质（空间）和功能（使用）两个基本要素来划定土地使用类别。物质要素在每个区划分区内进行管制，包括开发强度、地块最小尺寸、建筑占地率、建筑布局和高度。同样，区划也对使用类别，比如居住和商业等进行管制。

尽管不同社区的区划条例在结构和内容上可能有所不同，但是文本和图纸均是条例最重要的部分。文本包括表格和插图，是条例内容的细化部分，提供了各个分区的区划标准。图纸（或多张地图）显示的是区划分区的边界，通常沿着街道和房地产产权边界线划定。一般说来区划分区没有数量限制，由市政当局决定。

区划条例

区划条例文本由一系列篇章、条款和章节组成，需要仔细斟酌编写以阐释区划分区的规则，并设定管理程序将条例规定用于各个分区。文本的每个词语和标点符号都有重要意义，比如"必须"意味着不管后续结果如何，都必须强制执行，而"应该"则意味着对一个行动的许可。不同社区的区划条例在内容的复杂性方面会有所差别，格式和规定的具体内容也会有所不同，但是多数都包括以下主要部分。

引言。引言包括条例的标题、日期、目的、效力瑕疵条款（Severability）（效力瑕疵条款是指，如果条例中任何一个部分被指定非法或者违宪，不能否定条例其他部分的合法性）以及法定管辖部门。引言部分确立了国家特别授权于社区采用区划条例来制定法规的权力。"目的陈述"列举了社区采取区划条例的理由，以及区划条例与总体规划所设定的社区目标之间的关系。因此，引言为条例的编写提供了正当性理由。

定义。定义为理解条例中包含的管制指标提供了基础条件。定义对于公众理解条例中的术语词汇十分重要，是对文本法律意义的解释。譬如居住单元、基本服务、建筑面积、建筑占地率、在家办公、物质／功能违规、变动调整等词汇都会加以定义。甚至诸如家庭或者地下室等常见词语都有可能

出现理解上的模糊，需要清晰地加以解释。没有这样一种定义上的共识，条例的强制执行将会变得困难，庭审结果也就变得十分不确定。

分区管制清单。分区管制清单通常是房地产所有者最为关注的部分，因为它决定了他们如何能够处理自己的财产。管制可能会对一块地块的财产税以及地块的售价产生影响。每个分区的土地使用通常会成组地分成允许使用、特殊或有条件使用或者辅助使用。最基础的土地使用是居住，"R"；商贸，"C"（办公和商店）；工业，"I"；农业，"A"。这些分类可以再加以细分；例如，可以分成独户或者多户住宅的住区（"R-1 或 R-2"）或者轻工业或重工业（"I-1"或"I-2"）。通常在区划条例中看到的其他分区还有保护区或开敞空间、公共用地和混合使用（允许社区在特殊地区对土地进行混合使用）。

一个分区内的每项使用意图可能包含在分区管制里。对于房地产所有者提出的一项土地使用方式，如果分区中没有对这类使用作出特殊说明，这类用途就有可能决定了规划委员会或者区划委员会将如何对他们的诉求进行评估。例如，一个农业分区里的射箭场可能没有在土地使用分类中列出，但如果它满足这个分区使用的具体意图要求，则还是可以接受。

土地使用功能共有三大类。第一种允许使用功能并不需要规划委员会或者区划委员会进行审核，只是需要当地部门的一个简单行政许可即可。第二种辅助使用（accessory uses）可以拿居住地块中紧贴居住建筑边上的一个独立车库作为例子，对于居住这一主要用途来说车库是次要的，但它可以被官方认定为主要用途。第三种将土地使用类别指定为特殊的或者是有条件的需要经过更多的审查，通常涉及公共听证。比如，一个集约化养禽厂，这里会有大量动物被集中在一个小的喂食房里，这个养禽厂可能需要通过相应的政府机构审查同意后才能

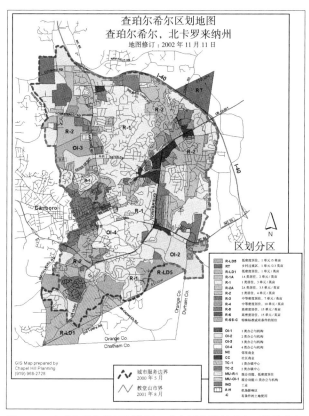

图 14.1　查珀尔希尔的区划地图，北卡罗来纳州（本图的放大部分参见附录 D）

开设。在这种情况下，一个社区可能或者应该对动物粪便或者动物气味表示担忧：对其批准则是依情况而定，取决于提供的安全和健康条件，诸如对动物数量的限制以及可以接受的动物废弃物处理方法等。

一旦对某个地块的区划分区作出了决定，下一步要考虑的则是允许的开发强度。每个分区的管制将会细分到规模大小、布局以及建筑的高度。比如，在一个农业分区，条例可能会要求一个居住单元至少要达到 10 英亩，而一个郊区的居住小区可能只允许每英亩 4 套家庭住房。

面积管制包括建筑占地率（GFC）和容积率（FAR）。建筑占地指的是建筑物占据场地面积的规模，也就是"建筑足迹"。建筑占地率用建筑物占据地块面积的百分比来测量；它与场地上的雪水或雨水径流渗透有关。比如，一个商业区的建筑占地率如果设为 25%，意味着建筑足迹不能超过这个百分比。

相比之下，容积率管制的是一个地块的使用强度，它与这些使用功能所产生的交通、停车位数量和其他考虑因素有关。容积率是一个地块上所有楼层的建筑面积总和除以这个地块面积的比例。正如图 14.2 中显示的那样，如果一个建筑物占地面积为 5625 平方英尺（75 英尺 ×75 英尺），

修建在 22500 平方英尺的正方形土地上，那么建筑占地率 25%。但是由于这个建筑有三层，并且每层建筑面积都一样，因此容积率是 0.75，或者说该建筑的容积率是占地率的 3 倍。

建筑布局和高度控制同样也包含在条例的篇章部分。一个地块上的建筑布局是由退线规定决定的，它规定了建筑物所处位置应该距离用地边界有多远。退线规定包括建筑物的正面、侧面与实际边界之间的最小后退距离（早在 17 世纪，费城就为了预留将来的道路拓宽和其他使用而决定实施退线规定。退线规定不仅发挥着这样的功能要求，同时也确保了一定程度的个人隐私，此外还包括留出通往地块其他部分的通道等要求）。

对建筑的高度限制可能用英尺数或者楼层来定义。正如之前所说，这项规定的最初设计是为了允许消防部门能够利用消防梯到达建筑屋顶，后来，这项管制的重要性在于对建筑物投射到其邻近建筑上阴影的限制，以确保空气流通。

某些条例要求低强度开发的地块与高强度开发的地块之间保持一定距离。比如，在居住区和商业区之间可能需要一个最小隔离距离，或者一条蔬菜种植过渡带可以作为一个屏障将商业区的噪声和灯光与邻近的居住区隔离开。

补充管制。其他的分区管制主要集中在特殊用途方面。例如，便利仓储设施或是像沙土和碎石开采这样的采掘类工厂在美国冰蚀地区十分常见，一项开采计划可能会要求限制采掘的时长、开采面与地下水位的距离、设置过渡区将工厂与其他建筑隔离，为开采产品提供服务的交通工具，废弃矿井的恢复，以及其他相关活动等。补充管制，例如对特殊或有条件使用所做的管制，试图将对周边相邻房地产和基础设施造成的活动影响减少到最小。

停车。在高强度土地使用中对街道两侧停车和装卸货物进行管制也十分常见，譬如对学校、教堂、商业和工业区而言。停车标准为某个地段

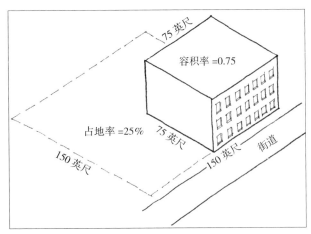

图 14.2 建筑占地率（GFC）和容积率（FAR）

的重要活动设定了停车位的数量。比如，区划条例中可能要求医院为每张病床预留一个停车位，另外还要为每两个雇员预留一个停车位。在商业区，停车标准可能与建筑或者建筑群的建筑面积有关；每 200 平方英尺的商业建筑面积需要有一个停车位。管制可能还包括相关的设计特点，比如回转区（有了它，机动车就不需要倒退到街道去）、光照、出入口、雨雪存储区，或使景观植物足够低以保证可视性等。

练习 13　江城需要多少停车空间？

江城区划条例（参见附录 C）描述了适应城市发展的停车标准。使用该条例来决定三个潜力项目中每个项目需要多少停车场地：

1. 一家新的服装大卖场，3000 平方英尺；

2. 一家汽车旅馆，有 24 间客房、5 名雇员以及一个能容纳 36 位客人的餐馆。

3. 一个座公寓建筑，含有 20 个居住单元。

图 14.3　洛杉矶的废弃广告牌

标志管制。对标志的管制可能会产生异议。商业地产的业主们认为大胆、能够吸引人的标志是他们取得商业成功的必要条件，路人认为这类标志也十分有用。相反，地方居民通常将这些标志当作是艺术入侵，因此他们常常希望对标志的数量、大小和显示方式进行严格的监督。如果不控制这些广告标志，沿着市政街道和主干路上将会出现一堆乱七八糟、极不雅观的视觉垃圾。

就标志来说，销售广告、政治活动标语和商业广告标志在本质上都是不同的。标志管制可以对材料、大小、高度、在地块上的位置、动画及光照、维护措施以及每个商业建筑的标志数目等不同方面进行控制。商业标志不能阻碍机动车驾驶员的视野或者与交通法规标志相混淆。标志条例一般不能管制标志内容，因为当局保护言论自由，但恶意信息和粗俗用语将受到管制。

人们可能会对到底由什么来组成良好的标志这一问题产生困惑。一个设计得不错的无名徽标就是一个好的标志吗？或者将巨幅美国国旗与地方商业联系起来以招人眼球就是一个好的标志吗？对条例的理解通常由区划规划委员会或者地方法庭裁决决定。

场地规划的审查。在区划管制下，对于个体和涉及的开发商而言，区划条例中最为重要的组成成分是场地规划审查。区划条例描述了场地规划建议需要包含的内容以及为获得场地规划许可必须经过的程序。场地规划的程序步骤通常由社区规划师协调进行，它始于场地规划的草图方案，终于场地规划最终方案在建设活动正式开始之前的许可通过。

行政管理。区划条例需要一个包括管理实施，尤其是有关社区区划管理者责任和权力的章节；区划管理者可能由地方政府机关任命，为建筑许可申请提供遵守区划的证明。在要求作出建筑许可前后，或者在场地核查时，房地产所有者需要提交遵守区划证明。管理者检查使用用途与区划分区和许可的关系，以及特殊条件、辅助使用和区域及建筑布局要求。一旦开发阶段完成，管理者将启动现场审查来决定是否合乎场地规划。在项目完毕以后，区划管理者可能成为签署占用证明文件的小组成员之一。之后便意味着建筑可以被宣告适宜居住。因此，区划管理者负有实施条例规定的日常责任。

192

修正。区划条例需要通过修正来实现更新，这项工作一般由规划部门或其私人咨询部门来编制完成。任何一项区划修正都应该与社区总体规划目标保持一致。区划修正由规划委员会推荐，由选举产生的地方立法部门颁布实施。区域修正应该修改区划条例中存在的一般性缺陷和模糊的地方，不应该用于改变单个房地产的现状，也就是被称之为点状区划的行动，这种行动不符合合法程序。

变动调整。变动调整是指通过对土地使用管制的微小松绑来避免造成个体的困难。只有当出现以下条件时，才被允许进行区划条例的变动调整：某种困难只针对某个特定的场地；这种困难不仅仅是出于不方便或者是为了一个较高的金融盈利；变动调整不会影响到公共福利，并且不是自我强加的。变动调整必须满足最基本的衣食住行需求。在最严格的情形下，只有当土地的某个特殊或者独有的方面引起某种问题时，比如地块的形状很怪异，变动调整才被允许。

变动调整可能需要区划仲裁委员会（有时候也被称作区划调整委员会，或者简称 ZBA）的同意。在一系列国家授权法的要求下，管理决议会被提交到区划调整委员会；立法决定则直接递交到法院。有时候对区划调整委员会成员们来说，在某项决议上要保持完全客观是困难的，他们处理的当地事务可能会涉及他们的朋友或亲戚。但是，成员们必须意识到，如果一项变动调整得到通过，那么这项决定在未来案件中往往会被当作一项合法程序，委员会可能会被强制通过类似请求，或者冒有违反合法程序的风险。这样，区划调整委员会的决议可能会在没有得到民选立法机构的同意下导致条例的修改。

不符合区划要求的土地使用。当区划条例颁布实施后，一些现有的房地产可能不符合新的管制要求。因为使用用途和空间条件是早已存在的，并且是合法的，这些不符合要求的房地产将会受到尊重对待。例如，如果一个现有的食品店坐落在新近划定为居住区的区划分区内，食品店功能仍将被允许。但是，如果一个不符合区划要求的房地产业主希望通过实质上的扩大、重建或者转换成新的用途等方式来改变它，新的管制则会生效。

特殊或有条件使用土地的许可。房地产所有者可能会要求一个特殊的或者有条件的许可（术语"特殊使用"、"有条件使用"或"特殊例外"一般会被交换着使用）。一个有条件使用是指一个项目不符合区划管制，除非适当的条件得到补充完善。一旦它在总体上遵从了社区总体规划，以某种方式符合公共利益，并通过了听证会审查，且被认为正当的，它就会得到许可。比如，一个社区日托所可能会被当成一种特殊用地得到批准。特殊用地和变动调整之间的区别在于，特殊用地是区划条例所允许的，而变动调整则是在条例不允许情况下，由于面临一些合理的困难而得到容许。

上诉。对于一项区划决议而言，如果一个申请者能够证明他的请求能够满足区划中所有要求，那么市政当局必须予以批准。如果批准被否决，那么申请者可以上诉。典型的区划条例会指出区划调整委员会的职责框架。地方民选官员可任命委员会成员（成员数量是在条例中指定的）解释条例含义。委员会为一系列的区划决议承担地方仲裁员的角色。他们能够解释条例中使用的措辞、意图、内容和界限，以及基于某些变动调整而采取的行动，但是他们不能改变条例。

强制执行

如果一个房地产所有者偏离了区划许可条款、特殊用途许可或变动调整的规定，这类妨碍正常程序的做法将会受到起诉。社区应该保证区划条例作为一项完整的政府文件得到全面实施。即使只有一次不按照条例的实施行为，也会为其他房地产所有者作出藐视区划条例的先例。

合法程序

美国宪法第五修正案认为，没有经过法律程序，任何个人的财产均神圣不可侵犯。通过实质性和程序性的两种方式，合法程序保障了房地产所有人在各个层面上免受政府部门武断行动的威胁。在实质性方面，它保证了政府不能无故剥夺个人财产。这一点与区划关系重大。本质上讲，区划是为了限制私人业主权利。

如果实质性的合法程序与为什么采取行动有关，那么程序性的合法程序就与如何处理有关。这确保了政府从根本上以公正和理性地方式采取行动，以及当作出影响公民及其财产权利的决定时，公民有权被告知消息，尽管未必有权获胜。公民必须充分地被告知那些将直接影响他们权利的行动，有机会参与整个法律程序并发言。如果有必要对一个计划中的新大楼进行变动调整，那么所有与此直接有关的财产所有者以及场地周边的邻近者都必须在编制这个行动过程中被告知，相关信息必须公布，例如通过当地报纸。实质性和程序性程序案件由法院检查。区划条例必须包含适当规定来保证合法程序。

土地征用权

美国法律系统允许政府在特殊情况下不必经过业主的允许来没收土地。虽然有着土地征用权的概念，但只有当土地征用的目的是为了公民利益和得到合理补偿（基于对房地产财产的客观评估）时，政府才可以征用私有房地产用作公共用途。土地征用权普遍用于基础设施、政府建筑以及公共交通设施的建设。

即使原业主反对，土地征用权也能够建立起来，尽管这一点可能还有争议。一个典型的例子是1981年地方政府没收土地用于建设一个新的通用汽车公司制造工厂的事件。政府在密歇根州的底特律和哈姆特拉米克两个社区通过实施土地征用权，用一种"私人－公共－私人"的方式进行土地所有权的流转，从而获取了4200块居民土地用于通用公司的扩张。地方政府的公开目的就是项目潜在的经济增长和就业需求的潜力。政府对"公共目的"的定义是十分关键的，因为真正的公共使用并没有出现。而且，这种对公共目的的衍生理解允许土地征用权被用来作为经济增长或者

图 14.4 通用汽车工厂建成后的波莱城，2009 年

出于对一家大型私人公司利益的考量。

类似地，在 2005 年凯洛起诉康涅狄格州新伦敦市的案子中，美国联邦大法官认为政府出于改善社区经济基础和复兴衰败城市地区的原因使用土地征用权，从私人手中获取土地并让私人开发商利用土地是合理的。[2] 主要原告苏泽特·凯洛代表 15 位业主指控城市滥用土地征用权建设旅馆和旅游度假地来作为城市的综合开发规划一部分。法官最后同意城市的做法，而原告们也都获得了一定的赔偿。

然而，位于洛杉矶好莱坞与藤街之间土地的命运却有着一个截然不同的结局。2006 年，洛杉矶城市当局批准了一项价值 5 亿美元的工程，其中包括一个含有 296 个房间的旅馆及高档公寓、商店和餐厅。这项工程需要搬迁包括伯纳德箱包公司在内的 30 户小型商店，该公司从 20 世纪 50 年代就已经在这里营业。开发商试图购买土地，但是相当多业主并不想卖。在加利福尼亚州的法律下，政府不能强制出售房地产，除非它们已经遭到毁坏；但是否已经遭到毁坏则由政府说了算。洛杉矶再开发局认为伯纳德公司的地产已经毁坏，因为它没有空调，也没有足够的停车场。城市采取一项行动来启动土地征用权购买土地和拆迁。但是，伯纳德箱包公司的所有者罗伯特·布鲁反击道："我们从逆境中成长起来。我们都交税，我们都是公民，因此我们必须平等对待。但是他们夺走我们的事业并转手让人的时候，并没有做到这些。"[3] 布鲁填写了一份诉讼，阻止了土地征用进入司法程序。经历了在司法系统中的多年拉锯之后，他胜利了。开发商被限制在小商店的三个面以外建设新建筑群。无论如何，直到 2010 年他的产业依然存在，并且伯纳德箱包公司大楼在设计上融入了好莱坞的新 W 旅馆。

对土地征用权宽泛解释的强烈抵制引起了一场全州层面上的公决投票，来限制公共部门以经济发展为名征用私人财产进行私人开发的能力。

截至 2006 年，全美半数以上的州已经通过了这项限制法案。[4]

图 14.5 伯纳德箱包公司和其他小型企业（上图）；伯纳德箱包公司建筑修复后的立面，与新 W 旅馆建筑群并不协同，好莱坞，加利福尼亚州

剥夺

房地产所有权包括了经常被描述为是所有权内在属性的一系列权利和责任。宾夕法尼亚煤炭公司起诉马洪（1922 年）的财产继承案，发现"虽然房地产可能在一定范围内受到管制，但如果管制过严的话就会被看成是一种剥夺"。[5] 在一些案例中，必要的补偿金是显而易见的。比如，如果土地被剥夺，用来建设一座新的市政设施，如水厂，被剥夺土地财产的所有者要求政府通过相对公平

的市场价格以买断的形式给予合适赔偿。类似地，当政府行为对土地财产造成显著影响的时候，补偿金就是必需的了。这类决定在法律解释上是主观的，可能包含各种角度。比如，法院可以认为，房地产所有者有权获得阳光、空气以及越过附近公共街道所能看到的足够视域，但是没有在街道上可见的补偿权利，比如一些行道树遮挡了连锁店视线的情形。[6]

195

1978年，宾夕法尼亚州中央运输公司起诉纽约市的判决中涉及土地所有者的房地产开发权与城市对历史财产开发的审查和管制权的冲突。[7]宾夕法尼亚州中央运输公司是纽约中央车站的所有者，它申请在中央车站之上加建一座55层的大楼，而中央车站之前被认为是历史地标类建筑。当城市部门基于建筑物的历史建筑称号否决加建时，宾夕法尼亚州中央运输公司声称权利被剥夺，要求纽约市赔偿因为不允许开发自己的房地产而产生的损失。

法院认为"不存在剥夺的情况，因为指定历史建筑称号以及由此造成的管制并没有将房地产的控制权转移到城市，仅仅是限制上诉人开发它。"[8]当所有者辩称他们建筑的历史称号不符合程序正义时，法院回应说"并没有违反程序正义，因为（1）中央车站如以前一样其使用是被许可的；（2）上诉人没有证明他们无法在中央车站的开发中得到合理的回报；（3）即使中央车站的地产不能在一个合理的收益下操作，这个区域内一些属于宾夕法尼亚州中央运输公司的房地产收益必须实事求是地计算到中央车站的头上；（4）在中央车站上开发的权利，已经转移到附近的大量地段，为车站自身上方权利损失提供了显著的补偿。"[9]只有当房地产所有者被阻止获得合理的收益（在纽约市，当时的年合理收益率假定为6%）时，才能控告自身的收益被剥夺了。

1987年诺兰起诉加利福尼亚海岸委员会的案子决定了如果财产所有者的部分权利受到侵犯时，是否可以声称自己被部分剥夺。诺兰家族拥有一段海滩边的房地产。国家声称诺兰家族地产上的一片土地需要"用来保护公众观赏海滩的能力"，以及"帮助公众克服能够使用被开发过的岸前海滩的心理障碍"。法院完全支持财产所有者的说法，认为把诺兰家族的海滩财产作为公众通道完全就是土地征用，土地所有者必须因此得到赔偿。

塔霍·塞拉保护委员会公司起诉塔霍区域规划局（2002年）这一来自美国最高法院的案例检验了如果一个临时延期的付款命令限制了一段时间的开发权（在这种情况下为32个月），房地产所有者是否应该得到补偿。[10]法院认为这个延期付款命令并不构成剥夺，因为出于公众利益目的的土地收购和土地管制之间具有内在差别。

从其他案例也可以看到关于剥夺的不同观

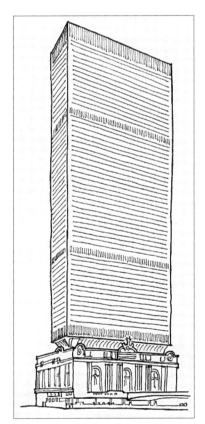

图 14.6 中央车站加建方案表现草图，纽约，1968 年

点。[11] 房地产所有者有权使用他们的土地而获得合理的回报，但是宪法并不能保证大多数盈利的用途都会被容许，法院则继续坚持对剥夺索赔设置一个很高的门槛。最高法院不止一次地认为房地产价值的减少并不足以证明是被剥夺，这项原则起源于早期的区划案例对区划管制的推动，当时房地产开发潜力的丧失立即造成了价值上的损失。

196　练习 14　江城的土地价值剥夺

江城土地使用规划图上绘有当地居民尼普西·摩尔在车站街桥南侧的一块地产。它位居伊格尔河上一处十分漂亮的地段，长期以来一直被认为是理想的投资地点。地块与城市中心很近。在城市中心，摩尔先生还拥有两家商店。摩尔先生 5 年前买下了这块地，打算建造一座居住楼。但是，城市担心沿河的洪涝灾害影响。去年在距离河岸 100 英尺的区域内设立了禁止建设区。受此限制，房地产边界内不允许修建任何比车库更大的建筑。如果城市推行它们所谓的禁止建设区，摩尔先生认为应该由此得到赔偿，并计划在必要情况下就此事向法庭起诉。

作为城市的规划师，你被要求查询合法的案例，这些案例可能与这类事情有一定关系，特别是卢卡斯诉南卡罗来纳海岸部门的案例（最后判决可以在网站搜索到 http : //lawschool.mikeshecket.com/property/lucasvsouthcarolinacoastalcouncil.htm. ）。[12] 基于这个案例，为江城政府准备一份报告，说明什么样的条件构成了剥夺。并给出卢卡斯判决的一个总结，讨论与摩尔先生案件的异同。基于你的调查，给出自己的观点，即城市在推行禁止建设区时是否对补偿摩尔先生负有责任。

区划和总体规划

规划和区划的关系是 20 世纪土地使用法规所着重考虑的对象。1975 年，俄勒冈州法院关于贝

克起诉密尔沃基市的案子中明确接受了总体规划的重要地位。它裁定："我们总结下来，总体规划是用来控制城市土地使用的工具。基于总体规划的实施过程，城市承担实施规划的责任，确认与总体规划不一致的原有区划条例。我们进一步认为城市的区划决策必须符合总体规划。"[13]

图 14.7　尼普西·摩尔的房地产与禁止建设边界

越来越多的规划师认为将区划与土地使用分开的老办法对土地使用管制而言是一种倒退。根据《区划游戏》作者理查德·巴布考克的看法，"正是由于区划成为应对城市环境中快速且无法预测的变化时强化私有财产制度的手段，它才在美国社区赢得了如此显著的接受度。"[14] 如今，混合土地使用并不认为是有缺陷的，而是一种进步。设定了最小或最大标准和要求的常规区划很大程度上是定量的，无法很好地处理那些要求提供定性评估的复杂方法。常规的区划并非设计成用来应对城市设计与场所品质问题，但这些恰恰正日益被认为是创造受欢迎、健康、稳定社区的必要条件。

替代常规区划的可商讨选择

现代区划促进了理想建设结果的产生。区划不仅仅用来保护现状，它还应该有助于对增长进行管理并维护社会公正。正如简·雅各布斯所写

的那样，城市的多样性可能"萌发奇怪且难以描述的使用功能与独特的场景。但是这并不是多样性的缺憾。这才是关键点"。[15]

一些社区发展并采用了多种可商讨的区划类型，从而为区划过程带来了更大的灵活性。它们中间就包括了规划单元开发、激励性区划和契约性区划，这些方法可以在一个现存的区域内应用到单个地块之上。这三者在本质上相似的，有时候连名字都经常互用。

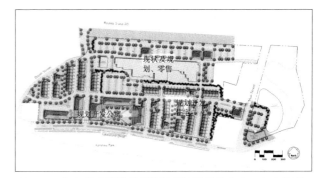

图14.8　卡南代瓜湖畔规划单元开发再开发方案，卡南代瓜，纽约州

197 规划单元开发（PUD）

规划单元开发以建立在标准区划条例意图上而非在其特别规定基础上的开发建议许可为基础。在规划单元开发条件下，开发者可对区划提出修改意见，而社区规划委员会或立法机构则通过行政程序批准这些意见或重新进行区划。设立规划单元开发的目的是鼓励场地设计和功能使用能有更多的方案选择，促使申请人以在其他区划申请下会被禁止的方式将场地特色资本化。这样形成的混合用地（例如小块商业用地与居住用地混合，或独户住宅与多户住宅的混合）能够在更大程度上促进社区感的形成。在促进土地高效利用、开敞空间和环境保护的同时，规划单元开发也能够减少新开发必要的基础设施投资成本。规划单元开发一般覆盖较大区域，因此通常采用分阶段的开发方式。

举例来说，纽约州卡南代瓜湖畔开发是一个对现有33英亩湖畔商业地段的开发计划。尽管这个地段已被区划为沿湖商业和高客流商业，它还是被批准进行规划单元开发。[16]这项改变容许基于社区和市场考虑将该场地规划为混合用地。第一阶段工程包括334个居住单元、55000平方英尺的零售商店、写字楼以及康健中心。第二阶段则在现有零售中心的基础上增加14000平方英尺的商店。

激励性区划

地方立法机关可为土地开发者提供区划激励，用来换得特定的社区福利设施。相比于常规区划，激励性区划允许更高的开发强度；激励措施作为区划条例的一个部分，可以用来交换类似于开敞空间、公园、可支付房、日托、老人院及其他福利设施以及社会或文化等设施。当私人开发者不能直接提供这类设施时，市政当局可以要求开发者将现金存入信托基金的方式来代替，这些现金将专门用于特定的社区福利设施。

契约性区划

多数区划条例都要求同一指定区划分区内的所有房地产必须采用统一的区划规则。而契约性区划允许政府主管部门与房地产所有者就一块特殊的用地进行协商。业主只要同意对这个地块采取特殊限制，就可以获得允许对这个地块的现有区划规则进行修改的机会。在公共利益优先的前提下，契约性区划同时赋予了所有者和区划主管部门灵活性。

契约性区划可能会被一些法庭视为不合法。例如在1970年，威斯康星州最高法院认为，区划部门制定的做区划、重新区划或不做区划的契约都是不合法的，因为市政部门不会轻易交出行政权力与职能，或是限制自己行使警察或立法权。[17]法庭负 198

有要求执行契约，以及将两个政府部门责任融合在一起的责任。相反，密歇根州批准了契约区划的法规。密歇根州对公共行动的修正案允许县、市、村庄和乡镇根据土地所有者提供的条件批准重新区划。对此，密歇根州的规划师菲利普·麦克纳（Phillip McKenna）表达了一些忧虑："这项最新立法正在改变区划的熟悉面貌。现在推翻社区规划要比之前容易得多。社区需要警觉起来，可能需要制定一些程序和修正案来保证分区的完整性。"[18]

绩效区划

常规区划强调分区内的土地使用，绩效区划则强调的是可接受的土地使用强度。换句话说，它不会管制一个地块的土地使用，但是会管制它对周边区域的影响。绩效区划对管理的要求较少，这是因为往往不需要进行区划调整、上诉和重新区划。它也给城市政府、开发商提供了很大的灵活性，在没有消极影响的条件下，它允许更加宽泛的土地使用。它通常为创新和新技术下的土地使用功能提供机会，这在常规区划的供给条件下很难实现。绩效区划在保护自然特色方面显得尤为有效，因为它可以评估一份规划对周边自然环境以及建成环境的影响。

绩效区划固有的灵活性也存在缺点。在传统区划条例里面，土地使用具有绝对性，它们要么是被允许的，要么是不被允许的。在绩效区划里，土地使用通常取决于一系列的计算结果，因此管理者必须娴熟地作出合适和公正的决策来避免法律上挑战。绩效区划显然十分依赖于公共和私人部门之间的协作来进行需求评估。

研究表明，将常规区划和绩效区划结合使用是对社区来说最好的办法。一项包括绩效区划各种成分在内的区划条例能够促进合作式而非对抗性的规划，并促进有条件的开发审批，提升审批的灵活性，以及运用新的设计和建筑技术。

聚焦 PLACE，没有边界的区划 [19]

PLACE（Proximity Location Analysis for Community Enforcement）——社区实施的邻近区位分析法是一项可替代的区划办法。与绩效区划相似，它是一种不设边界的区划。它的目的是允许社区能够随着时间变化对区划条例进行调整、强化或彻底更新，而不是仅仅限制在一系列固定的区划条例里。PLACE 认为，新的土地使用可以布置在兼容的土地使用附近，与不兼容的土地使用相隔离，这种概念取代了常规的区划分区。所谓的关联使用功能为社区其他使用用途补足、支持、提供了配套设施；当这些使用用途结合并连接起来，就会形成具有基本社区生活的建筑街区。不兼容的土地使用是指那些出于健康安全和福利考虑，不能放在一起的土地使用。比如，性产业不能靠近学校，机场不能靠近居住社区。在 PLACE 区划概念影响下，那些不兼容的土地使用之间应该设立最小安全距离。

形态规范

形态规范代表了区划的新方法：它们很少将注意力集中房地产的土地使用用途上，更多的是集中在结构和空间的形态设计上。形态规范研究所将这些导则定义为一种"利用实体形态（而不是区分土地使用）培育可以预见的建筑形态和高质量的公共空间作为空间组织原则"的方式。[20]

形态规范处理的是外部空间面貌、尺度以及建筑立面与公共空间之间的关系。这些导则是规范性的（也就是说，对建筑线的陈述十分精确，比如建筑物的正面必须位于什么位置，而不是简单地规定一个最小的后退距离）。它们很少使用文字，更多地依靠图画方式来视觉化地表达导则要求。形态规范的方法并不仅仅用来管制一块场地，它还将场地与公共空间或者街道景观联系起来。建筑高度同时以最小和最大限度加以定义，而不仅仅规定一个最大限度，从而确保一栋建筑有足够的高度来限定街景，但是又不能高到压迫邻近建筑的程度。形态规范甚至还可能包括建筑标准、材料规定、设计语汇和品质。在商业区，这可能涉及对门窗大小的引导、人行道形式、楼层窗户装饰和其他细节。在居住区，它们可能需要规定门廊或者限制面向街道的车库门。景观设计标准通常是形态规范的重要组成部分，树木、人行道和其他特征物的位置会直接影响景观表现。由于十分强调外观设计，形态规范被看作是"建筑师的区划"。虽然一些州没有批准设立形态规范，但一些地方还是在没有特殊法规规定情况下推动实施了这些规范。

形态规范可能存在许多问题。从行政管理上讲，正如第5章描述的那样，它可以比喻为设计标准或者导则（一般来说，标准是管制性的，导则却不是）。这在某些社区已经证明存在问题，因为美学管制的主观本质为到底什么是好的设计这一问题留下了许多解释空间。但是，美学管制并不是没有先例。很多社区设有历史地区委员会，这些委员会被授权以设计的协调性与否来决定是否批准项目。制定形态规范在本质上也是基于这个目的，但是它的管制对象是社区的所有区划分区，而不仅仅是历史地区。

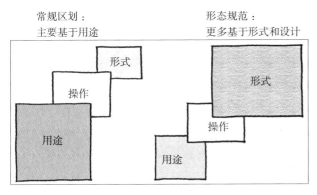

常规区划：
主要基于用途

形态规范：
更多基于形式和设计

图14.9　常规区划与形态规范的比较

与常规区划条例相比，编制形态规范总是要花费很多代价，因为它们拥有更为复杂的标准。规划师们需要花费大量时间和精力来完成社区现有城市形态的详细清单，以及配套的公众参与、创造性地绘制设计意象图和规范编制工作等。与区划地图相比，由于形态规范表达了三维空间的需求，因而具有更多的参与性。

宗教土地使用和收容人员法

公民有时候对是否应该允许教堂和其他宗教场所布置在居住区内持有不同的看法。爱德华·巴西特（Edward Bassett）是一位早期城市规划师，他编制了美国第一份综合区划条例（1916年纽约市），他说道，"1916年，大纽约建设区决议的制定者们讨论了什么样的建筑和土地使用应该被排除在居住分区之外。他们从没想到要将教堂、学校和医院排除在任何的分区之外"。[21] 一个名为"纽约戒律"的教派认为"教堂坚决不能被排除在居住区之外"。[22] 但是一些遵循"加州戒律"的州则允许市政当局在某些情况下将宗教类建筑排除在居住区之外。

为了尝试解决各种分歧，2000年国会通过了《宗教土地使用和收容人员法》（RLUIPA，读成"reloopa"），为宗教团体的权力行使奠定了强有力的基础。[23] 《宗教土地使用和收容人员法》认为，有些问题已经超过了建筑布局、建筑物以及礼拜用房的范畴。尽管宗教组织可能会主张他们有宗教自由，但宗教组织也应该受制于区划对提供健康、安全和福利的要求。比如，地方政府会对每周有超过2000名教徒参加活动的教堂或大型教堂的规模和位置进行管制，这些教堂经常提供超出传统的服务，包括股票投资研讨、减肥诊所甚至快餐店。这些活动将对免交地方房产税用地上的社区基础设施造成强烈的影响。大型教堂会请求《宗教土地使用和收容人员法》做出一般规定，即

"政府不应通过将大量税负强加在个人，包括宗教群体或机构的宗教活动上的方式，来强制实施土地使用管制，除非政府能够表明，对个人、群体或者机构施加的税负——（A）是在推动政府利益，以及（B）是推动这项政府利益所使用的最小限制手段"。在很多案例中，法院已经赋予大型教会一定发展壮大且不受处罚的自由，但是最近的案件对这一点的理解越来越狭窄。美国高院还没有宣判与《宗教土地使用和收容人员法》相关的案件。

乡村区划

乡村区划要比城市区划简单一些，因为那里的分区数量通常比较少，每个分区内的用地分类也比较少。乡村区划的主要用地类别是农业、开敞空间（资源保护）和居住。小块工业和商业用途可能用于承担税基。由于土地使用强度要比城市更加低，土地价值通常也比较低。当更多的诉求提出要提高土地使用强度的时候，土地所有者或者地方官员可能会就重新区划事项进行商议。常见的情况是，邻近城市的农业地区被视为是需要重新区划、提高使用强度以待开发商建设的地区。

乡村规划师通常较城市规划师要面对不同的问题。最常见的区划条例允许农用地上安排一些居住类开发项目，这样会提升土地价值。那些关心保护农场的地方政府可能会考虑采取农业区划的排他措施，使得这些区域不允许非农开发项目。

虽然在那些不希望改变土地用途的农业地区设置排他性农业区划分区是常见做法，但在那些正受到非农开发压力的人口密集区提出保护农业用地的法令也偶尔可见。比如，俄勒冈州的克鲁克县创造了称为排他性农场用途（EFU）的农业区排他措施；在这些区域内只有通过条件苛刻的严格审查才能开展土地的细分。犹他州的农业区犹他县对农业用地进行严密的保护："除了必须穿越

农业区的公用设施之外，通过将非农用地归入其他区划分区以及规定农业区只允许农业和与农业相关的土地使用来保护经营性的农业土地用途。"

乡村区划条例可能允许邻近村庄或农业镇的地区实施比周围的农业区更高密度的增长。例如，如果用地分类为农业居住区，在靠近村庄或农业镇的地方建造住房的最小允许地块规模可能为 1/4 英亩，这取决于是否有下水管道或者是否必须设立污物处理系统。随着距离的增加，地块的规模要求也越大：1 英亩地块外围要被 2 英亩地块包围，然后是 5 英亩，距离城镇最远的地方，建造一个住房可能要 10 或者 20 英亩的地块。在大面积的农业区，最小用地规模可能达到 640 英亩。

对于大面积的农业用地或者开敞空间的保护可采用几项基于强度要求的区划技术。很多农场所有者希望获得机会去出售尽可能多的可开发尺度地块。通常，规模越小，土地单价也就越高。单片土地规模是 640 英亩，其中的 1/4 就是 160 英亩，再 1/4 就是 40 英亩（1/4—1/4 区划）。一个单独的 40 英亩地块对传统的牲畜和农业经营来说是合适的。在有多个业主的情况下，农民们更倾向于出租 40 英亩地块而不是更小的地块。因此，在 1/4—1/4 区划里，地块的售出规模是 40 英亩，也就意味着在 640 英亩的地块可以将 16 个家庭组织起来。

簇群区划是另一种选择，它可以将一定程度的城市开发密度与更加传统的乡村发展结合起来。对此有一个可供借鉴的案例。如果一个区划条例允许每个居住单元占地 10 英亩，也就是在 160 英亩的土地上允许有 16 个家庭。通过簇群区划，例如可以将 16 个居住单元修建在 32 英亩的连续地块上，同时保持土地平衡将另外 128 英亩土地用作开敞空间。借由 16 个新购买者达成契约并作为住房所有者协议的一个部分，开敞空间便实现了永久保护。

浮动增减区划是在保护农业用地和开敞空间的排他性土地使用以及给予土地所有者有限制的开发权之间的一种妥协。农业分区内针对居住开

发的常规区划是以每个居住单元占据土地的英亩数进行规定的。比如，每个单元用地限制为 5 英亩。如果采用浮动增减区划，建设密度就以原始地块的规模为准，它建立在几何特性而非算数之上。比如说，浮动增减区划管制允许单个居住单元用地为 5 英亩，两个居住单元的用地为 15 英亩，三个为 30 英亩，4 个 80 英亩，5 个 160 英亩，6 个可以达到 320 英亩，7 个则可以超过 320 英亩。这样就有可能将 7 个单元集中在 20 英亩土地上，而将其他的 300 英亩用作为农业或者开敞空间的用地。较浮动增减区划，常规区划可能会允许比滑动规模分区更多的单元，如果每个单元允许 5 英亩，一个拥有 320 英亩土地的农民可能会把它细分为 64 块居住单元，这要比浮动增减区划的情况下多出 57 个居住单元。

地役权保护

地役权保护指一种用来保护理想的农业用地、环境敏感用地、重要的开敞空间和历史财产的法律限制。在地役权保护的条件下，土地所有者能够将土地进行慈善捐赠，或者把开发权转让给诸如土地信托 / 保护机构等政府或非营利性组织，用以获得免税和实现土地价值。地役权是个人化的，可能带来土地所有者放弃在土地上建设并获利的权力等结果。土地所有者获得所有权，可以出售土地或者将之传给子嗣，但是后继的所有者必须忍受附加在地役权上的各种限制。农场所有者能够继续从事农业，获得保护协议上规定的收益。税收方面的优势可能以国家和联邦减免或者降低房产税的形式出现。

开发权购买

开发权购买（PDR）通常是指用来建立或转移地役权保护的机制。在开发权购买协议下，土地所有者可将开发权售予一个合适的团体来开发自己的房地产，这片土地也因此受到文契约束。

开发权的价值以市场上拥有或没有开发权的土地之间的差价而定。比如，一块含有开发权的 100 英亩土地在市场上价值 50 万美元，但如果仅限于农业开发价值就可能只有 20 万美元。这样，开发权的价值就是 30 万美元。通过开发权购买，土地所有者能够获得税收收益（也就是减免房产税）或是基于 30 万美元开发价值的直接偿付。

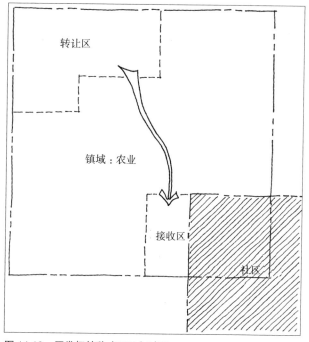

图 14.10　开发权转移（TDR）过程

虽然开发权购买协议保护了房地产的使用用途，但是在某些由管理者决定的极端条件下，也允许改变文契约束。尽管房地产所有者很少有机会使用这类规避条款，但这些条款能够为他们提供保护。例如，假设围绕农场的一大片土地正等待开发，如果能为此设置一些障碍，就可能使地方政府认识到需要对土地使用用途进行调整。

开发权购买项目较为昂贵，地方政府和土地信托机构只有有限的资金进行投资。但是在一些意识到农业用地和开敞空间较为重要，并把它们作为总体规划一部分的社区里，通过公投动议来提高地税征税率来支持够买开发权项目还是能够获得成功的。

开发权转移

开发权转移（TDR）是另一种通过限制土地所有者对土地的使用来达到开发目的的形式，也是一种将开发成本转移到私人部门的形式。开发权转移要比开发权购买复杂得多，它需要由个人或公司来操作。它允许开发商将受许可的开发强度从一个不受欢迎的区域转移到一个鼓励开发的区域中去。

例如，社区总体规划规定高质量农业用地应该布置在其管辖区中的部分地区来加以保护，但居住区开发则需要布置在靠近城市的另一处区域内。通过开发权转移，政府部门能够在农业区为农民提供激励机制来使他们放弃房地产开发权并转让给土地购买者，这些购买者获得权力在一个特定的接收区内建设超过区划所允许数量的建筑，以此实现开发权的买卖。其结果是，农民通过开发权转移将开发权售卖给私人部门的开发商从而获得利益，而开发商能够在位于城市边缘、接近城市服务的地块上建设更多的居住单元。

开发权转移也同样可以用于城市地区。例如，如果一处房地产的领空权（区划所允许开发的现有建筑物上部空间）因建筑的历史保护建筑身份而不允许使用时，开发权转移将允许所有者出售领空权，并在另一处设计好的接收区内利用。这种权利出售可以补偿给原来的土地所有者，同时还能给购买者比建筑法规所允许的开发机会更大的建设量。城市得以在保护建筑遗产的同时获得额外的税收。

聚焦缅因州的开敞空间税法

缅因州在 20 世纪 70 年代的时候通过了一项农场和开敞空间税法。它通过减少开敞空间、农场和森林的土地税，来给予农民税收优惠去保护它们。1993 年，国家立法机构为这类措施

颁布了如下导则：

一般的开敞空间	20% 减免
用作森林或者农业的土地	
（通过永久性地役权	
来保护土地免受未来	
开发的可能性）	50% 的减免
"永久性荒野地"	
开敞空间（非商业性）	70% 减免
允许公众进入的奖励	25% 的额外减免

总结

区划是规划师最有效的工具之一。它的重要目的是通过将不协调的土地使用分开并保护那些私有房地产的价值，来维护社区的健康、安全和福利。州政府有权利管制土地使用，但是它们通常会通过立法将责任转让给地方层面。尽管传统的区划条例在不同社区之间都是相似的，但还是有一些差异之处：它们的结构在大都市区内可能很复杂，而在小的管辖区内相对简单。

区划是地方政府的有效实施工具，因为它已被充分地定义，并经过法庭检验，得到尊重，且普遍在美国社区中使用。当一个社区想要塑造自己的未来时，它需要一个总体规划来为未来发展提供指引，同时利用区划条例来为实现总体规划提供重要的执行工具。区划条例有两方面的重要内容，一是显示不同区划分区边界的图纸，二是描述每个区划分区具体规定的文本。

在区划土地使用之外，当出于更大的社区利益考量的时候，政府有权剥夺私人房地产。道路、学校和其他的公众需求必须得到满足，且美国法庭支持政府采取财产征用和土地征用等行动作为为公众利益获得必要土地的手段。当区划案例中的一项规定变得异常严格时，它可以被视为是一种剥夺，可以此要求政府合理补偿土地所有人对

于财产的损失，这一点保证了行政限制与私人财产权之间的平衡。

有诸多方式可以替代常规的区划，包括规划单元开发、激励性区划、契约性区划和绩效区划。

形态规范很少关注土地使用，而更多关注建筑结构和空间的面貌。诸如地役权保护、开发权购买和开发权转移等项目则能在完善区划管制方面带来更多的灵活性。

第 15 章 土地细分、场地规划及场地规划审查

土地细分

土地细分（Subdivisions）（或绘制地块图）是指将用地划分为更小的地块。这一程序以及细分的结果是为了实现均匀有序的土地布局，并使其达到适宜建设的地块大小和完善公共服务的要求。土地细分法确保了房地产的合理勘测与合法的描述，明确了未来如何对地块进行修整。这些规定包括了一些实践措施，例如提供通往小地块的可达路径，保障土地有足够的排水渠道，控制洪泛区的开发及保留公用设施的地役权等。

土地细分的程序受制于地方以及（可能还有）州政府机构的审查。土地细分对社区造成的影响在于更高强度的开发可能会破坏已有的土地使用模式，并要求提高城市基础设施的服务能力。然而，土地所有者是土地细分的直接获利者，因为各个独立小地块的价值总和要比一整块土地的价值更高。

在历史上，土地一般成组地进行勘查绘制以供地产投机者根据统一的地图册出卖土地，而不是单独去勘测每一块土地。在土地细分标准建立以前，由投资商主导的大量开发都缺乏足够的公共服务设施。对地块图的审批不仅在土地买卖环节上，也在土地估价和房地产税征收过程中增加了公平和效率。《1928 年城市规划标准授权法案》（SCPEA）将土地细分条例从记录土地划分这一简单程序变为一个基于与社区总体规划、区划的一致性来批准细分方案的过程。法案中包括了以下规定以保证良好规划的制订："街道布局要与其他现有或规划的街道以及总体规划保持良好关系，以此确保有充足而方便的开敞空间来安排交通、公用设施、消防设备、休闲、阳光、空气等，避免人口过于拥挤，并包括对地块宽度和面积的最小值要求。"[1]

虽然土地细分法案是各州（在某些情况通过市政规章）的立法规定，土地细分的申请必须符合地方区划条例的具体要求。一些土地细分条例在管制具体建设之前要事先确立新地块的最小数额（例如 5 块）。许多州在《城市规划标准授权法》的联邦法基础上修订了自己的细分法案。它们大多增添了关于开敞空间、公园、学校、道路和场地改善的条款。地方政府会添加关于开发影响费（见第 16 章）的规定以平衡土地周边的学校设施和开敞空间等附加成本。

土地细分的条件

获得土地细分许可的第一步是提交一份初步方案。方案至少要指出产权边界、边界尺寸和每个地块的尺寸，以及各专用街道的通行权或地役权。方案还应包括土壤报告、供水信息（公共线路或自打井）以及污水处理方法。地方规定可能要求提供额外的信息：说明文本、财务分析、与相邻产权的关系、环境评估以及交通影响研究。

初步细分的地块通常先会接受地方政府规划

部门的审查。规划人员或顾问会将文件送交其他部门传阅并收集他们的意见，最终向规划委员会提交一份包括规划方案、规划部门评议、其他部门意见及推荐报告在内的材料。一个典型的土地细分的批准过程包括了多个机构的审查。某些地区在社区同意之前需要获得县级或州级机构的地块许可，尤其当它们紧邻或者影响到政府土地的时候。

场地共管

场地共管（Site Condominiums）是土地细分在所有权方面的一个变种，即仅有一小部分地块的产权和维护归属个人；其他部分归所有业主共同所有，通常是由业主选出的共管协会管理。个人拥有的区域被称为专有区（Exclusive Areas）；个人使用但业主共有的区域（如后院）称为限制性公共区（Limited Common Elements）；业主共有并管理的区域称为一般公共区（General Common Elements）。例如，在一个多户共管区，房主可能享有一个独立单元的完整所有权但只能控制其内部空间。走廊、大堂、建筑外围和草坪为限制性公用区。社区街道、游乐设施以及其他设施由共管协会所有。当地政府可能在协议中承担一部分责任，例如在开发过程中管理和清洁街道并维护公众安全。

共管产权下可能存在多种土地使用方式：独栋或联排的独户住宅、办公、零售、码头，甚至是酒店客房或住宅组团。这些都不需要州政府的批准，因为它们仍然是一块完整的用地，并没有被细分。这通常为开发商节约了漫长的审查时间和巨大的前期成本。

共管委员会对社区房地产进行处置的合法性基于该地段共管计划构成法律实体时发布的协议。产权所有者需定期缴纳强制性费用以成为该组织的成员，该费用被用于日常维护、维修、改善以及其他开支。共管委员会通常会对建筑改造和公

共区域土地使用进行限制。由于他们是私营实体，其决定不受"公开会议法案"（Open Meetings Act）的约束（见第 3 章）。

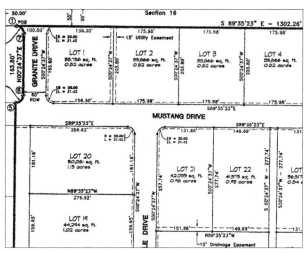

图 15.1　怀俄明州罗克斯普林斯土地细分地块示例，展示了初步方案的主要内容 [2]

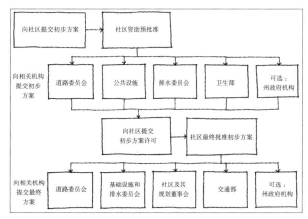

图 15.2　土地细分审批程序示例

场地规划

地块细分的目的是描述怎样将大块的土地划分为小的部分。相反，场地规划描绘的是单个地块的各类元素，并展示更多特征，正如下文所述，场地规划包含了一系列大尺寸工程图纸以展示所需信息的细节。当场地规划被市政当局批准后，就将成为指导建设的官方文件。

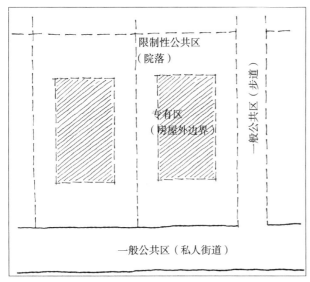

图 15.3　场地共管元素

场地规划要求

场地规划条件一般在地方区划条例或独立的法律文件中具体提出。规划师会仔细审查由开发商雇佣的工程师所提交的图纸。一般情况下，这些图纸会以图形或表格的形式表达以下信息：

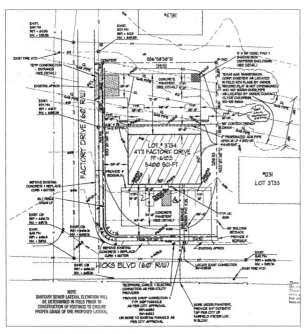

图 15.4　费尔菲尔德商业建筑场地规划局部，俄亥俄州

1. 指北针；比例尺（一般不小于 1 ： 600）；图例；场地总面积；申请人的姓名和地址；与本场地规划有关的测量员、工程师、景观设计师或专业规划师的地址；编制者的专业印章；编制或最后一次修订的日期。

2. 房地产的规模大小及其法定描述，现有或拟议的文契约束或之前区划批准的房地产限制条件，以及在社区共管情况下，拟执行的契约。为防止与邻居或土地使用监管机构出现纠纷，准确的合法边界非常必要。此外，还应包含一张标示出规划建筑物与地块边界线之间在前、后、左、右四个方向上距离的图纸。

3. 场地及其周边房地产的区划，边界外围指定范围（如 200 英尺）内地块上的建筑或构筑物的位置。

4. 紧邻及规划的街道、快车道与地役权红线，地块两侧 200 英尺内的所有道路及其入口位置，从而对例如斜坡和弯道上的视距等潜在的交通冲突和流线模式进行审查。

5. 街外停车区的位置和设计，包括地面材料的类型、机动车道、辅路、离街装卸空间，以及其他开发需要的服务区域。

6. 规划建筑物的位置和设计用途，以及建筑面积、建筑高度和建筑密度。

7. 供水管线的位置，废水处理系统和固体废物处置设施（包括垃圾桶和垃圾箱）的位置和设计。所有公用设施线路必须同时注明沿线的化学品、盐、易燃材料或有害物质储藏设备的位置和规格，包括地上及地下设备，以及政府机构要求的屏蔽构筑物或路侧净区的位置及规格。

8. 河道和水体，包括地表排水设施。流水排放入或影响这些自然水体的行为将受到审查，并可能要求减少或者禁止这些行为。地段内有关排水、侵蚀、沉积、控制以及分级的信息，包括位于百年一遇洪泛区或受管制湿地的信息

9. 珍贵林木和其他植物，规划景观绿化、缓

冲带、绿带、护堤、围栏以及其他需要设施的位置。指定场地的自然特征可以使规划师得以保存珍贵林木或其他重要的自然资源。

10. 显示场地与周边土地使用关系的小比例区位图。

11. 环境评估。

12. 交通影响评估。

13. 对于那些特殊或有条件使用许可地块可能需要提交额外信息。比如，步枪射击场可能需要提交有关安全程序和削减噪音的信息，又如邻近学校或教堂的成人书店等。

场地规划审查

场地规划审查是公共规划部门的必要职责。它被视为规划师最重要的日常工作。这一审查过程与土地细分的审查过程类似，但是州政府并不参与场地规划审查。场地规划审查能够保证规划开发方案符合所有法规要求，同时可以对产权人的房地产使用权与邻里产权人及社区利益进行平衡。多户住宅建筑、居住区、商业及工业项目通常需要进行场地规划审查。当场地提出新的规划用途、扩建或更改交通模式及停车场时，也可能需要进行审查。多数情况下，私人住宅只需要最简单的审查及认证。在对现有结构进行改造时、如果规模和功能未作改变，一般不需要通过审查（虽然通常需要建设许可证），但涉及大型附属结构则可能需要审查。

虽然开发商和规划人员之间举行申请审查预备会议并非是强制性的，但是它对申请程序的通过有很大帮助。开发商提供开发项目的位置和大致范围。会议讨论的内容包括是否符合社区总体规划的目标、定位以及影响审批的政策和政治问题。这使得开发商可以做出适当的调整，以节约时间成本和工程成本。

当一个初步的场地规划方案提交后，由市政府的规划师来认定规划建筑的用途、强度、密度、高度和退线要求是否符合土地开发法规及相关条例（某些情况下，需要考虑区划条例中未有明确规定的因素，例如在不兼容的土地使用之间是否设立了足够的缓冲区，以及不同开发之间的相互联系等，这类要求在情况不甚清晰明了时很难具体提出）。规划师需要决定社区或者开发商是否有必要提供公共改善措施，例如道路扩建、下水管道延伸甚至公园。如果有必要进行改善，决策中需考虑改善工作及其所需资金是否符合社区的最佳利益。在已具备其他社区规划的情况下（如老城复兴规划、住区规划、各类总体规划或资产改善规划），应该考虑进行场地规划。审查者可参照其他规划提出合理的规划条件。如果市政法律文件中未做具体规定的话，审查者必须审慎进行审查，不要试图去开创先例。

环境友好的可持续发展规划尊重了现有场地特征以及地形地貌，因为这些要素可能是数百年生态演化的结果。好的规划通常将建筑平行于地面等高线布局以尽可能避免地形突变，并尽可能维持自然排水模式。大型停车场需要划分为小单元并与自然景观相结合，以将连续不透水地面的影响降到最低。暴雨排水设施应在地块边界之内适当布局，因为大多数规范都不允许排水方式在地段内外发生剧变。暴雨蓄水池（蓄水作用）或者缓冲池（暂存和排放作用）将最大限度减少大雨或融雪后的问题，并提供令人满意的视觉舒适性。景观规划应该使用已有的自然物种，自然法则确定了哪些植物适合在此地生长。在自然条件下，适宜的景观风貌需要多年的发展才能形成。

在大多数情况下，规划师需要将审批中的场地规划递交至其他相关部门。相关部门的工作人员需要在一个较短的时间段内（两至三周）给出意见，以便规划师能够及时协调相关意见，并为申请人提供一份完整的报告。这是一个相当复杂的工作，在一个城市中通常有如下机构需要参与审查：

建筑/工程部门
　　建设规范
　　给水排水
　　街外停车
　　栅栏
　　土壤侵蚀
　　沉降控制
　　雨水滞留
　　标志和户外广告
　　景观与美化

社区发展拨款部门
　　住房援助计划

消防部门
　　消防标准

历史地区委员会
　　历史古迹保护

公园和休闲部门
　　街道树木托管法规
　　任何国家公园

规划部门
　　区划条例
　　新开发项目的公共改善计划决议

固体废物处理部门
　　垃圾处理

交通运输部门
　　交通影响
　　路缘坡道

练习 15　江城欢乐汉堡餐厅规划

　　一个含少量室内座位的汽车穿梭快餐厅的场地规划已经提交。地段位于比特摩尔大街的一块空地上。规划包含一栋占地为 80 英尺 × 35 英尺的建筑，最多容纳八名员工同时工作。

　　你的任务是以一个社区规划师的角度去审查欢乐汉堡餐厅的初步规划设计。列出其中不符合区划条例的地方，并且标出规划中不恰当的地方，不论其是否违反分区条例。需要特别注意的是这个项目对邻近物业的影响，尤其是场地南侧伊玛·皮普 208 尔斯的住宅，伊玛是江城公民关怀组织的主席。

　　随规划一起提交的信息如下所示：

· 申请者名称：欢乐汉堡公司

· 业主：内斯特·莫尔（Nestor More），江城教堂街西 420 号

· 建筑：1 层餐馆，35 英尺 ×80 英尺，比特摩尔大街与艾尔姆街交界处

· 交通：每车道至少 9 英尺宽，标准尺寸的 60° 斜向停车位，沥青路面

· 场地无地役权

你可以参考附录 C 中的江城区划条例

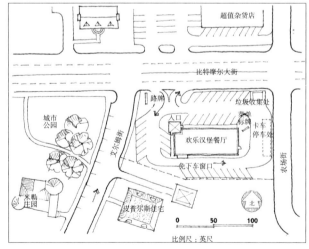

图 15.5　欢乐汉堡餐厅的场地规划

规划委员会审查

如果一个项目成功通过了内部审查程序，且项目本身足够复杂或有争议，就有可能需要除了行政审批以外，进一步通过规划委员会审查。规划委员会对项目的技术条件进行审查，并征集社区对此项目的意见。举办公开听证会是该过程中的一部分，公民可以在会上提出赞同或是反对这个规划方案的意见。公开听证会需要尽早安排（例如在提交规划方案 45 日后，并从当日起 30 日内作出决议，大城市或复杂项目可能会有延期；具体期限通常由州立法明确规定）。规划委员会的审查结果可能是通过、有条件通过或拒绝通过某项目。除正常通过之外，其他任何决议都要附上一份写明作出该决议原因的报告。如能给出恰当理由并清楚地记录下来，规划委员会的审批决议就可以推翻之前由规划师做出的审查意见。

在一些社区中，规划委员的批准是最终决议；在另一些社区，规划委员会的审查意见只是市议会最终投票决议的一个参考项。如果有合理原因，市议会可以投票反对规划委员会的提议。然而在通常情况下，无论规划委员会还是市议会都无权对区划条件提出异议。

履约担保

为了节省开支，开发商可能会试图违反已经通过的场地规划内容，例如减少景观、人行道、公用设施、道路、照明以及其他提升环境质量的措施。在通过最终的场地规划之前，可以增加区划条例中的履约担保规定，要求某些建设内容必须予以落实。此项担保的目的是要开发商保证履行场地规划中包含的建设内容，并按照规划图施工。从本质上讲，如果违约的话，就可以动用开发商被政府以信托形式保管的经费。履约担保的金额与各项必要的建设内容有关。可能采取的形式包括担保债券、银行的托管账户或信用证。在

某些情况下，还可以用该物业的资产价值作为履约担保的基础。当开发商满足最终场地规划相关建设要求后，履约担保的款项将予以发还；当涉及实际金钱时，利息也将一并返还。

当获批项目施工以后，规划师应进行定期检查以确认施工方是否遵照获批的规划施工。例如，开发商是否种够了规划所要求的树木？在工程进行过程中，所有获准的与原计划有差异的改变都要在竣工图中呈现。如果一条供水线路或电力线路未按照原图施工的话，新的位置需要标注在官方记录中。当施工完成后，发现有未按照获批方案或调整方案建设的情况时，需要制定一个专门的强制政策来确保这类的行为得到纠正。这类纠正工作的责任一般由建设执法部门担负，因为他们有监督员和处罚权。如果有必要的话，下一步行动将由市政府的律师接手。当施工圆满完成之后，市级巡视员会签署一份占用证明，批准该物业入住。

通过诉讼获得批准

一个令人不安的趋势是越来越多的开发商开始使用一种被称为"通过诉讼获得批准"的手段。开发商发现在审查程序早期以法律诉讼来威胁相关政府部门，可以在一定程度上规避正常的场地规划审批程序。他们威胁规划委员会、历史地区委员会、区划委员会成员，以及其他审查部门，称若不批准相关项目就要上诉。由于开发商通常比身为志愿者组织的委员会拥有更多的金钱，委员会难以独立应对这样的威胁。他们宁愿勉强予以批准也不愿意面对一场漫长的法律战。这种被操纵的审批程序代表了一个令人不安的情况，那便是规划委员会有时也会在这样的威胁下让步。

另一种类似获得审批的非法途径是利用和解协议。在这种情况下，开发商通过一个与审批程序有关的原因向法院控告城市政府。在法庭中，司法机构会提供一个折中方案，一般是由开发商和城市

之间各做出一些让步。对于开发商来说，这个过程要优于正常的审批程序，其结果是开发商通过总体规划或区划条例的司法修正获得了优惠。

总结

　　土地细分是将大地块划分为较小部分的过程。通过绘制地块图，土地细分给出了将大地块划分为小地块的具体信息。地块图表现了地块的边界、大小、形状、地役权和公用设施的信息。它们都是具有法定效力的契约文件的一部分。与此相反，场地共管的细分方式以个人拥有有限部分而所有业主共有剩余部分为基础。开发商可能会更倾向场地共管，因为相关的审批程序更为简单。

　　场地规划包含了单个地块土地开发的详细信息。场地规划文件包涉及描述开发建设完成状态的工程图及表示场地各项特征的图纸。社区区划条例中通常包含对场地规划的要求。社区规划师对场地规划方案的审查可以确保方案符合社区法定要求并大体平衡开发项目的房地产所有人与邻里业主及广大市民的权益。场地规划审查时，规划师需要参考其他政府部门的意见，这些部门通常包括工程、公共安全、公共服务、街道及公用事业等。审查结果可能影响大量投资资金，因此地方政府部门需要进行公正的、可以预测的审查，并且得出一个遵从社区区划条例以及总体规划的开发方案。为确保建设过程符合审查所通过的规划，开发商可能会要求提供财务担保。当规划获得批准之后，项目进入施工阶段。当项目竣工并接受正式检查之后将会发布一个占用证明，授予开发商对房地产的占有权。

第16章　资产改善计划与地方政府融资

资产改善计划与预算

社区总体规划的实施过程包括一个资产改善计划（CIP），它有时也被称作固定资产项目、资产支出项目或类似的名词。资产改善计划规定了公共项目花销的数目和时限，因此在社区发展中扮演重要角色。与区划旨在控制增长所不同的是，资产改善项目引导增长在指定的地方产生。用"胡萝卜加大棒"的比喻来说，区划是调控发展的"大棒"，而资本开支则是影响发展方向、时间和增长模式来的"胡萝卜"。社区资产改善计划是规划师最重要的工具之一，因为它指导了财政资源的分配，为主要项目设定时限，并能在所有社区部门和机构之间进行协调。随着时间流逝，公共设施需要大规模整修、更新或扩建。升级社区的资本存量需要重大的金融投资，而资产改善计划有助于做出更明智的选择。资产改善计划应该立足于社区总体规划中确立的目标和对象。

资产改善计划委员会通常由社区管理员、预算主管、人力规划师、规划委员会等组成。他们用收入预期和计算机程序来研究未来投资的不同方案。这些数据预测了人口、经济及预期税收，以选择可操作性最强和最理想的长期投资。资产改善计划有责任清晰地界定资本方案遴选和评估的标准。提交的方案需要有精确的数据说明其符合标准，以使市政部门和社区机构做出预算计划，保证他们可以在规定时间内从政府得到必需的拨款（需要注意的是，有些机构在资产改善计划之外还有其他筹资渠道）。

如果管理得当，资产改善计划有助于地方政府更有效地运作。其程序为接受或拒绝直接资本支出请求制定原则，从而为政治决策减负。资产改善计划允许大规模采购在需要进行债券公投或债券发售时设置提前期，通常情况下跨度为五年。但由于优先顺序可能会发生改变，因此必须在每个拨款年份对计划进行评估和更新。

精心挑选的资产改善措施可以促进现有房地产的再开发以及新的开发。例如，一个社区可以将其市政厅改造为新社区中心综合体的一部分，或修复一座有重要历史价值的公共建筑，抑或建造一座公共资助的会议中心，以实现明确的社区目标。

资产改善计划应该指导某些资产项目的建设、购买或替换——包括建筑、道路、桥梁、公园、基础设施、垃圾处理、重型设备以及其他任何花费高而使用年限长的投入。与此相反，小型装备购置、小规模道路铺装、次要下水道延伸和操场等则应该包括在运营预算中，与社区的薪水、补给和日常开支一样均从当期收入中支出。举例来说，建设一座新的消防站，其费用应属于资产改善计划的远期范畴；而消防队员的薪水则包括在运营预算中。小型社区的经费分配在规模上和可用税收方面与大型社区不尽相同。在大城市里，一辆消防车的费用可能包含在运营预算中，因为这个数额的消费很常见。而在小型社区中，这可能是好几年里最大的一单支出，所以会被囊括在资产改善预算之中。

资产改善的支出应符合各州和联邦的整体需求，以及已批准的地方政策规定。通常来讲，这些政策将依照社区规模的大小限定资产改善计划支出的最低额度（如5万到10万美元），构成有关实体改善的长期项目，剔除运营、养护和循环性的开支并提升社区基础设施的价值。

资产改善计划可以提升社区的信誉额度，避免债务服务需求的突然改变。市政债券的投资者倾向于投资拥有资产改善计划的社区。如果一个资产改善计划启用了债券，社区有可能收到庞大的利息回馈。

资产改善计划通常包括几个步骤，首先需要规划部门列出所有房地产、资源和资产的清单。这其中包括对已批项目的评估，以判定是否完工，以及是否有资金可用于新的用途。规划人员与市政部门领导及其他影响项目选择的人员会面，共同制订一份包括目标、任务和优先顺序的政策框架。框架主要关注程序，以确保项目不是凭空而起的。部门领导需要提交一份说明其合理理由的项目资金申请请求。为了提高效率，收集和评估申请请求的程序应该严格按照时间表进行。审查委员会基于对未来需求的预测、现有设施清单和保养费用，以及期望的服务设施水平对申请项目

进行评估。

资产改善计划涉及大量资金，有时必须通过多种途径筹集。大多数资本筹资来源于专项拨款，只能用于特定用途而不能在项目间转移。例如，因社区公园整治而引发的资金和开发税一旦通过投票后就必须只能用于该项用途。

通过预算投票并不意味着其中所有项目都能获得批准，当且只当资产改善计划对社区的未来需求做出合理解释时才能得到认可。某些税收资源本身的不确定性可能改变资产改善计划付诸实施的时间表，影响到建设项目的选择及其顺序。假如某一社区的供水系统改善获得了州级荣誉，该项目在资产改善计划优先序列表上的位序就可能前移。

为资产改善计划筹资

税收、储备金、债券、既得利益的私人企业资金和社会捐赠是资产改善计划的收入来源。

房地产税。所有私人房地产都有其价值，这样，每年的房地产税收就成为政府可观的财政收入。房地产税以厘为单位计算：1厘意味着每1000美元的房地产净值产生1美元税收（例如价值10万美元的房地产按1厘则收取100美元的税）。厘计税率是为特定用途而投票通过的计税方式。授权立法允许选民通过投票来对厘计税率进行调整。

储备金/企业基金。社区为资产项目设定融资水平后，增加的成本可能引起预算短缺。财政自负的社区提前积累储备金或"企业"基金以支持资产计划（有时也用作运营资金）。然而，储备金的钱只能用在有限的项目之上。

普通债务债券和收益债券。政府可以销售债券，事实上这是一种向社区借钱的方式。资产改善计划债券提供了短期的资金支持，持有者却能获得中长期的收益。若干年后他们的投资和利息将免税回收。债券的好处在于为社区提供一种快速获得资金的方式；而与普通税收相比的劣处在

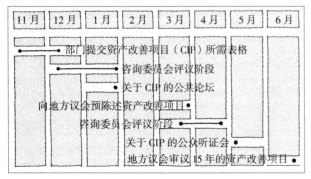

图16.1 查珀尔希尔的资产改善计划项目预算进度表，北卡罗来纳州[1]

于需要在还款时支付利息。

债券有两种形式。普通债务债券受到一系列州立法规的授权核准，可以用于任何项目，因而是最灵活的基金来源。它们一般通过房地产税进行筹资，也就意味着要由社区偿付利息和本金来收回债券，且需要投票表决批准。债券金额取决于由社区财务评级计算出的强制负债底线，作为社区偿还能力的参考值。对于已经回收了旧债券并再发行新债券的社区，可以减少对其征税能力的考查。

收益债券是基于产生财政收入的项目而发行的债券，例如给水排水系统或停车设施。收益债券通过用户收费和其他与项目有关的收入来平衡支出。与普通债务债券不同的是，收益债券不受到各州强制负债底线的限制。

在资产项目的三种主要资金来源——税收、储备金和债券中，现金收税是最直接可靠的方法。然而，这对当前的纳税人而言可能并不公平，他们预付了项目的前期支出，却与项目的长期效益并无直接关联。举例来说，虽然建设一个水处理厂是有利于后代的事情，但所支付建设费用对当前的纳税人而言是沉重的负担。使用储备金中的储蓄资金可能是更为公平的方式，尤其对建设完善，且未来规划可预期的成熟社区而言。而对于某些花费较高的项目，通过债券方式先借用未来税收则是合适的方式。此种情况社区应谨慎对待，因为项目成本实际上是由其本身的收益提供，不能实现的预期收益将影响社区信用等级。

有时从其他渠道寻求资金是更明智的选择。州政府返回给地方政府的税收收入，例如车重和燃油税，如果不是严格要求用于交通服务支出的话，也可能成为资金一个来源。城市再开发基金或环境修复基金有时也可用在特定项目上。社区也可向州和联邦机构申请拨款、贷款和其他补贴。有些联邦基金直接与特定的项目挂钩；其他的（在特定指导原则下）则没有限制。在基金机构提出的计划和限制之下，社区通常不能直接控制此类资金的使用。自20世纪80年代联邦政策发生重大转变以来，联邦基金持续减少，娱乐、交通和居住项目得到的资金数额都有所减小，但是社区依然可以在可能情况下，充分利用拨款或贷款为资产改善计划争取支持。

对有利于特定的房地产而非社区整体的资产改善，可以通过特殊税收评估来进行筹资，也就是向直接受益人进行征税。例如市中心人行道和街道设施的改善项目可以通过评估中心城商业来确定可否筹资。另一种情况是，开发商可能自愿捐助资金或自己实施改善计划，以便于项目向前推进。

资产改善计划与社区规划程序

资产改善计划补充完善了社区的总体规划，反过来，总体规划也对资产改善计划产生影响。总体规划年限大约为20年，这就为平均5年左右的资产改善计划项目提供了有价值的参考。

每种土地使用形态都有一定的固定资产需求。例如，对建设项目的排水系统根据功能和规模不同有不同需要。一座单层独栋住宅仅需70加仑/分钟的排水量，而一座3层公寓楼房可能需要5000加仑/分钟的设施，购物中心的大面积铺地则需要更大的雨洪排水能力。所以，土地使用政策和资产改善计划是相互关联的。社区不能只因为总体规划要求城市增长就扩建或升级基础设施，而要理性地确保私人开发商在公共设施建设之后能够跟进开发。这种情况对于计划将大片用地划为工业园区以吸引和发展工业的社区来说尤为重要。划定工业区对社区而言未必是笔花费，但基础设施毕竟需要建设。如果未来进驻的企业不愿承担基础设施建设费用，那就要由社区承担；如果预期税收不能实现，社区将面临巨额开销的风险。

资产改善计划的开发建设需要时间。社区各个部门和机构有大量预算，它们需要与资产改善计划进行协调。规划师可以帮助教育市政部门领导来认识坚持资产改善计划程序的好处。议会成员必须坚持要求市政管理者公开预算信息。市政部门领导也必须认识到，在某个财年没有用完的金钱可以用于下一年度的项目，而不是非要用于本年度的日常运营开支。没花完的钱并没有"丢失"。

练习 16　江城资产改善计划修订

江城资产改善计划，2011—2015 年

提议改善项目

以下资产改善项目已包含在目前计划中：

·修缮市政厅
·购买一辆新的消防车
·为城市西北片区安装高速无线网络
·将滨水地区建设成为城市公园
·在比特摩尔大街上建设中央分车带
·重建单车道桥梁

根据你对江城的了解（附录 A），在下列 3 个项目中挑选 1 个你认为应给予较高优先权的项目添加到当前的改善计划中去。为你选择的项目设定最适宜的资金投资年限，以及在当前资产改善计划预算基础上应增加的金额（较大支出需两年以上才能实现）。在资产改善计划修订版中调整所

有项目的资金分配，使得五年计划中每年的支出大致相同。最后，为你的建议写下说明理由。

有潜力的新项目

1. 为布林奇修理厂支付清洁费用。费用：210000 美元。

2. 将市政厅从当前位置移至原火车站处；出售现在的市政厅并买下火车站（注：如果选择此项目，则删除计划中"修缮市政厅"一项）。项目总费用：（包括购买火车站、出售市政厅和迁址费用）约 380000 美元。

3. 利用工业园区内的一栋闲置建筑，建设一座孵化器型的企业开发设施。费用：190000 美元。

（注：在此练习中，假设项目费用全部由城市负担而不依靠外部资金。）

地方政府融资

联邦和州政府向地方社区提供多种形式的资金支持，但资金的大头仍然来源于地方税收收入。社区有权通过调整税收结构影响税收收入，并应始终权衡新开发的收益与支出。如果公共设施的开销超过任何新的税费累积，其合理性将会遭到质疑。

税收项目设计需要有针对性。是旨在通过提高税收来获得一般性收入，还是为了鼓励或限制某种行为？举例来说，如果设置较高的博彩税，

项目资助年份						
年份						
事项	2011	2012	2013	2014	2015	总计
修缮市政厅	$250000	000	000	000	000	$250000
购买消防车	000	$190000	000	000	000	$190000
安装线缆	$90000	$70000	000	000	000	$160000
开发公园	000	000	000	$75000	$200000	$275000
建设中央分车带	$65000	000	000	000	000	$65000
重建桥梁	000	000	$250000	$290000	000	$540000
总计年度支出	$405000	$260000	$250000	$365000	$200000	$1480000

便会降低经营者在社区设立赌场的意愿。如果目标是增加就业机会，较低的商业税可以鼓励那些企业家。如果社区的目标不是想打击赌场经营，而是优化此项资源带来的税收，那么合适的税率将会与之前不同：既要最大化收益，又不能高到使投资者望而却步。

影响费

影响费可以减少因新开发而引起的花费。这种对于资产改善的收费可能并不直接用于项目本身，而是支付给受其影响的设施，例如学校、公园、道路改善、图书馆、道路升级和交通信号设施，以及新增给水排水等。虽然此项收费仍有争议且缺乏法律保障，但它的作用是使开发商意识到有责任对项目引起的社区花费支出作出贡献。然而，当开发商将这笔费用转嫁给消费者，它就间接成为一种使用费或特别税捐。关于影响费，有些州给予地方政府充分自由来进行协调，有些则限定了这笔钱的使用方式，例如只能用于与项目相关联的道路设施。

影响费增强了未来的可预测性，开发商可以从一开始就将这笔费用纳入考虑范围，地方官员和规划师则可以不必增加新的税收来承担新建设的花销。影响费可以帮助支付建设费用，但它是一次性的，而公共服务开销是持久性的，必须以年计算。尽管影响费在富裕地区实行效果良好，但在经济萧条地区并不顺利，因为它对投资产生了消极影响。决策者在进行社区总体规划时需要考虑这些因素。

聚焦佛罗里达州的影响费 [2]

在推行影响费方面，佛罗里达州是全美的领先者，州立法机构通过了 CS/CS/SB 360，即"随增长而支付"的增长管理法案。该法案旨在保证道路、学校和供水满足全州快速增长

的社区需求。在大量的条款中，有一条规定设立了佛罗里达影响费评估专门工作组。该咨询团体包括 15 名成员，旨在研究影响费怎样作为一种平衡地方基础设施资金的方法来加以使用。从 1993 年到 2004 年，记录在案的影响费共计 53 亿美元，其中 35 亿美元发放到县，剩余的大部分给了市政当局。专门工作组做出的总结称，佛罗里达的许多社区不能提供有效的基础设施以适应城市的快速增长，尤其难以满足全州对可支付住房需求，因此有必要收取影响费。

税收增额筹资

税收增额筹资制度（TIF）是最成功和有效的社区金融机制之一。它能为财产价值停滞或减少的地区提高房地产税收收入。由于税收增额筹资使城市得以建立特区并在此区域内改善公用服务设施，以推动私人部门的开发，它有助于经济发展规划的制定。税收增额筹资允许社区从未来的税收中借款偿付当前因改善公共环境的开支，因为选择合适的公共环境改善项目会吸引充足的私人投资，从而平衡最初的开销。税收增额筹资并不从其他资源获得税收，而是依靠地区自身的完善以吸引外部投资从而获得收入。

地方政府首先以划定边界的方式确定税收增额筹资的区域。这是一个重要决定，利用它能使得区域内的业主享有区域外业主所没有的种种好处。接下来，议会将设立管理税收增额筹资的组织，它可能是一个现有机构，也可能要专门为此组建新的机构。

税收增额筹资项目计划的资金直接依赖于该项目在提升区域内房地产价值方面所取得的成功。首先要为项目建立一个基准（初始）年份，这一

年征收的房地产税将按照一定的税率延续到接下来的每一年，税收进入市政普通基金。区域内有税收管辖权的单位（例如市、县、学区）按照最初评估的价值持续分得税收的一部分，如同特区未建立之前一样。

在基础税分配到社区基金以后，区域内任何房地产税税收收入的增长（"税收增量"）将只可用于区内项目中。这些资金进入税收增额筹资管理机构控制的特殊账户。税收增量可用于公共部门的改善项目、刺激私人部门项目或回收本地区开发债券。税收增额筹资区中的再开发项目通常需要依法按照总体规划或分区规划进行，以避免各种各样的开发形成互不相干的项目拼凑。

如果税收增额筹资区设在经济停滞或恶化的地区，为什么仍可预期财产税收入会增长呢？其中一点原因在于，房地产的价值通常总是会随着时间而增长，其中部分增量来源于普通的房地产升值。额外的增长可能来自由社区或外部政府机构建立或推动的项目投资。不过，成功的税收增额筹资区往往是将项目计划的基础年状况与能在税收上产生实质增长的开发项目相结合。如果没有新的开发，税收增额筹资基金的增加就会受限，也就很难有机会提升整个地区。选准"蓄力待发"的项目时机尤为重要。

税收增额筹资的收入可以用于各种公共和私人的改善项目，只要它们对区域经济增长有利并且有州一级的授权立法。大部分时候税收增额筹资区内的公共改善项目可以部分或全部由税收增额筹资收入承担。项目应与社区总体规划和长期发展目标任务相兼容。例如，当目标是建设可支付住房时，税收增额筹资可以帮助私人开发商平衡住宅项目支出，只要区域内其他建设项目也获得同样的激励，且平等分配资源。通过申请仅限于区内的项目贷款，税收增额筹资便为私人开发商和投资者提供间接支持而非直接资金帮助。常见的项目例如为市中心商业建筑的立面改造提供低息周转性贷款等。管理税收增额筹集资金的机构可以出于公共利益的考虑进行土地买卖。通过这种辅助方式可以使不良的土地转手、改善，使之拥有合理的市场价值后再进行销售。

在下面例子中，区域内房地产的基础估值是1200万美元。在此基础上收取的税收是固定的，每年进入社区可使用的财政普通收入中。税收增量则是每年新建设项目的积累量（累积建设）加上房地产价值每年的增量（房地产增值）。在基础估值上增加的房地产价值（当年估价增长）乘以厘率（0.011）得到当年税收增量。这笔钱既可以被税收增额筹资机构用于区内改善项目，也可以存到来年再来使用。

年份	基础估值	新建设项目	累计建设	房产升值	新估值	当前估值增额	当前税收增额	累计税收增额
20××	$ 12000000							
20××	$ 12000000	$ 500000	$ 500000	$ 360000	$ 12860000	$ 860000	$ 9460	$ 9460
20××	$ 12000000	$ 700000	$ 1215000	$ 385800	$ 13600800	$ 1600800	$ 17609	$ 27069
20××	$ 12000000	$ 1000000	$ 2251450	$ 408024	$ 14659474	$ 2659474	$ 29254	$ 56323
	假设：							
	项目建设：第一年，$ 500000；第二年，$ 700000；第三年，$ 1000000							
	累计新建设 = 所有之前的建设 + 新建设							
	升值 = 在前一年估值基础上的增值（建设每年升值 3%）							
	当前估值 = 基础估值 + 累计建设 + 当前年度房产增值							
	厘计税率：1 厘 = 每 1000 美元房产价值收 1 美元；假设案例税率 11 厘（0.011）							

图 16.2　税收增额筹资计算实例

练习 17　江城税收增额筹资计算

江城设立了一个税收增长筹资区。在以下假设前提下，计算接下来四年中的年税收增量以及累计的税收增量总值。

区域的房地产基础估值为 2000 万美元。

房地产升值率为 3%/ 年。

基准年的新增建设投资为零，第一年为 80 万美元，第二年为 100 万美元，第三年为 250 万美元。

厘计税率为 10 厘。

正如之前所说，对于那些不减少政府普通税收就无法吸引投资的地区而言，税收增额筹资是一种成功增加再开发地区税的方法。开发商将税收增额筹资视为城市通过改善公用服务进行再开发而做出的承诺；市民则认为税收增额筹资是一种不提高他们的税收，却能通过对再开发征税来为再开发筹资的方法。被指定的个体可以控制由税收增额筹资吸引的开发所产生的大笔资金，民选官员需要对其进行定期监察，因为承诺的背后是政府的信用和名誉。税收增额筹资计划同样也可引起法律冲突，例如地方一所学校的董事会可能认为其分配到的税收份额不合理。

税收增额筹资制度最初在 20 世纪 50 年代建立时，只能限制用在那些因为状况不佳而无法吸引私人开发商投资的地区。自此以后它成为许多社区的一种成功的金融手段，在 20 世纪 80 年代被广泛运用于所有需要开发的地区。设立经济发展目标以作为设立税收增额筹资特区基础的方法甚至被运用于未开发的农地。到 2007 年，49 个州（除亚利桑那州外）和华盛顿哥伦比亚特区都将类似于税收增额筹资的形式作为经济开发的常规工具，并设立了数千个税收增额筹资特区。

税收减免

另一种发展投资方式是税收减免，即通过一定年限内的免税来鼓励企业建设新建筑或扩建设施。税收减免期满时，社区收益和税收按照未减免前的价值计算。税收减免为社区提供了鼓励在老旧地区投资和开设从而新业务增强竞争力的方法。

然而，社区规划师及其他人都应权衡税收减免措施的利弊得失。减免税意味着在一段时间内放弃税收，虽然企业非常乐意接受免税政策，但税收可能不是其选址时的一个重要考量因素。事实表明，企业选址主要考虑市场特征和盈利的可能性，而不是纳税情况。因此，吸引企业的最好方式是提供良好的地理区位和潜在的市场。同时，在免税期末企业也有可能威胁称，如果社区不延长免税期就迁址到其他能提供免税的地方去。

税收减免事实上可以产生负面影响，因为它增加了现有支付全额税款企业的压力。正如亚利桑那州菲尼克斯市长菲尔·戈登（Phil Gordon）在 2004 年给城市零售业社区的致函中所称："以税费刺激来吸引零售业进驻已经导致现有商业的不平等待遇以及重要公共服务资金的大量流失。从根本上讲，它并不能产生财富或提供好的就业岗位……它是以牺牲现有商业、纳税人和与相邻城市的利益为代价的。在同一座城市中减免部分零售商未来的税收使其与现有其他零售商展开竞争是不公平的。"[3]

场地价值征税

在那些自从城市居民向郊区迁移以来城市一直尝试解决的问题中，闲置土地的失税问题是其中之一。在一些大城市，这些闲置土地可达成千上万块之多。当前的房地产税收体系鼓励了那些遗弃自己房产的人，因为这样做可以减少他们要付的税。反之，改善他们的房产则会引发高额的税收。因此，问题在于城市应该怎样奖励那些建设和改善房地产的人，而不是惩罚他们。

场地－价值（双轨制）或土地－价值征税，是在 19 世纪提出的解决方案之一，设计目的是分离土地及土地上不同建筑的厘税率。[4] 土地税率较高以防止投机者长期持有土地；建筑物（或改善建筑物）设定税率较低，以鼓励对有价值的房地产进行更好利用，这样可以吸引土地所有者进行建设。场地－价值征税体系建立了以地理位置来决定土地价值以及由此确定房地产税基的原则。不管是否已被开发，邻近有利条件的土地比位置差一些的土地更有价值。这鼓励了人们去开发闲置土地，来提升未充分使用的土地价值。制订场地－价值征税计划的社区应该仔细考量征税边界。需要注意的是，边界内只能是建设用地，严禁将计划用作农田和开敞空间的土地纳入其中。

财政影响分析

社区如何知道新的开发或资产改善会引起税收增加还是财政赤字？如果一个项目产生的税收收益比它的花费要多，它的净财政影响将减轻当地的财政负担。如果它的服务成本超过收益，就不得不增加征税或减少社区服务。财政影响分析是规划师用来评估此类影响的工具。它可以分析得出哪类土地使用对社区益处最大，例如决定一个地块应该被指定用作工业、服务业还是居住用地。通常来说，商业、工业和农业用地可以提供比住宅更多的经济效益，因为它们需要较少的教育和娱乐服务。然而，工人需要住宅，新的企业发展也会带来新的居住需求，这可能会加重社区的经济负担。对纽约州达奇斯县的一项研究表明，居住用地每产生 1 美元的税收，带来相应的公共开支为 1.25 美元，净收入为负。与此相对的是，农业用地每产生 1 美元税收仅需平均 35 美分的支出。[5]

鼓励农田转变为居住用地的最佳理由是新居民会成为积极的财政收入生产者，从而达到增长的目的。一般来说人们愿意鼓励新开发地区提高

建设强度，这样可以降低单位建筑面积上的基础设施费用。分析认为，混合功能的大型开发效益最高，这种分析累计效应的方法久而久之可以使潜在影响达到最优。

预测收入和支出的财政影响有多种方法。最常见的是以人均价值为基础：将现状的预算总值除以现状人口（或户数）算出人均（或户均）预算服务成本。基于新项目带来的人口变化，将建设后的预期税收与人均成本进行比较，得出项目是否会有积极的还是消极的影响（不动产税收通常不参与此类分析，而是单独计算）。

规划师需要认识到财政影响分析有着它的内在问题。政府并不是单独的个体存在，它的职能常常重叠。很难将项目对一个社区的财政影响与周边社区乃至县镇对它的影响分离开来。同理，提供警卫、911 紧急电话服务、公园、公共设施和校园等共享服务的开销通常也应该由不同辖区共同承担。无视这些重叠因素而做出的财政影响分析将会过于单纯，导致结果不准确，从而可能得出不恰当的建议。

城市服务的私有化

现在有许多社区将以前归市政承担的工作交给私人承包公司来完成。私有化的目的在于能够在省钱的同时更有效地服务公众。私有化的服务通常包括垃圾处理、汽车养护、公交运营、幼儿日托及娱乐设施。在有些情况下，私有化富有成效，在另一些情况下则并不成功。私有化鼓励竞争，如同合同商之间竞标，虽然能省钱，但可能导致廉价承包商提供不合格的服务。

私有化的另一个问题在于私人承包商相对于公务人员可能给予员工更少的工资待遇、安全保障和福利。社区需要认识到这样做可能的结果，即社区由此将陷入调整退休计划、晋升规则、工作分类和薪水制度的混乱之中。

印第安纳波利斯是一座尝试进行公共服务

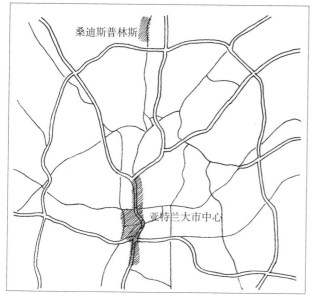

图16.3 桑迪斯普林斯，佐治亚州亚特兰大附近，在2005年将城市服务外包

私有化的城市。1996年，市里的汽修技工协会受邀与私人承包商共同参加竞拍。协会赢得了合同，缩减了管理队伍的75%以削减开支，员工在新的安排下重新分配工作和利润，吸引退休员工再就业以增加利润。城市获得了更高效的劳动力。当时的市长斯蒂芬·戈德史密斯（Stephen Goldsmith）说："如果私有化仅止于其自身，我不认为多么有价值。因为在印第安纳波利斯我们更愿意说我们引入了竞争，而非私有化。"[6]

亚特兰大附近的桑迪斯普林斯是另一个例子。2005年，当地居民通过投票设立城市建制，使其成为州内规模排名第七位的大城市。在公司化过程中，管理委员会决定将除警卫、消防、911紧急电话服务之外的全部城市服务外包给私人承包商。在高强度的提议与面谈之后，城市选出了一家公司承担包括管理、金融、征税、人事、社区规划建设、公园和休闲娱乐以及工程交通在内的城市服务。然后承包商根据需要将工作分包给其他公司。

相对于其他传统的城市管理模式，此举为该市每年节约了2000万美元的人事费用和资本支出。在原系统中需要8周完成的规划许可，在新系统中平均只需3周即可完成。通过社区与市议会独特的公共–私人合作模式，桑迪斯普林斯在大部分功能上成为一个私营化的城市。

私有化社区

最近的一个重要趋势是居住社区的私有化，这些居住区以非法人实体的形式建立且不受城市和乡村的法规限制。在私有化社区中，开发者可以建立一系列私营服务以取代公共服务。在私有化前提下，房地产契约取代了法规条例，业主费成为税收的一种形式，以及最具争议性的是市政议会被开发协会所替代，社区无须再进行公开会议、公众建议或政府代议。社区决策参与基于业主权而非实际居住情况。换句话说，美国民主的基础，"一人一票"被"一元一票"所取代了。

在全美范围内有超过15万家私营企业政府。乔尔·加罗在他的著作《边缘城市》中认真审视了这个问题，并总结道："这些影子政府已经成为数量最庞大、无所不在、规模最大的美国地方政府……美国的政府私营化已成为当前最重要的问题，但是我们仍未注意到它，我们还没有将它们视为政府。"[7]

总结

城市行政管理需要资金。社区有两种主要的资金义务。第一种是提供普通市政运营费用，包括各项基本服务。第二种是给大型项目提供资金，例如基础设施建设维修以及昂贵到无法计入部门年预算的设备购置。资产改善计划是一种用于进行决策的金融工具。尽管资产改善计划不像分区规划那样有法律保障，它在指导发展过程中起到的作用却同样重要。

资产改善计划及相应的预算是使社区总体规划生效的重要工具。资产改善计划指导重要资本项目的购买或改造，例如道路、公共建筑、公园、公共设施、重型装备或其他在可预见的未来需要购买的昂贵物品。虽然支付过程可能历时几年才能完成，但对于开支的审查必须每年进行。

资产改善项目的资金来源可以是现金、为未来花销所设立的基金或债券。地方收入最重要的来源是征收房地产税。其他来源包括联邦和州的拨款、罚款和缴费、地方政府的财产性收入以及多种税收项目，例如税收增额筹资。有些社区收取影响费以支付新建设项目的资产改善费用。应用影响费将财政负担转移给私人开发商可以减轻社区的部分开发支出，但这笔费用常常被转移给了最终消费者。

地方政府还可以选择其他筹资策略。税收减免给新项目提供暂时性的税费减负；财政影响分析综合权衡了地方支出的整体影响；政府服务的私营化则可以带来经济上的高效率。

附录 A　江城模拟城市

设计江城这样一个假想城市的目的在于传授规划设计原则。对于一个社区规划师来说，它的丰富环境具有独特的风格并充满趣味性。由于呈现了关于市中心建筑和市民的详细信息，它特别适用于进行与市中心改造有关的设计练习。它采用"基于问题开展学习"的教学方法，认为良好的学习不能仅仅通过获取知识这一简单的方式，还要在对知识吸收利用的基础上解决复杂问题，以此获得更大的提升。

在本书的规划设计练习中，我们把江城作为我们的家庭社区。这些练习可以作为规划班的作业。它们是以东密歇根大学的一门有关市中心改造的课程为基础设定的，每一周的课堂时间代表了社区生活中的一年，在一学期的课程中会经历 12—15 "年"的时间。学生会成为江城社区的一名成员，扮演市长、市议会成员、商人、居民以及年轻城市规划师等角色。在课程进行过程中，他们能够看到他们所作决定的长期效果。这些练习是按照老师们的希望和需求而设计的。当与来访的实际工作者一起讨论问题时，他们会提供一些相关的专业工作经验，这会使得这些练习成为更有效的学习机会。除了既有的这部分练习，也鼓励老师利用江城来设定自己的练习与讨论题目。

在线资源通过网页提供了包括案例研究在内的相关主题的背景信息，帮助和提升了对这一假想城市的使用。这些网页可以通过追踪江城在 www.cityhallcommons.com 的链接找到。要讨论如何使用这一假想城市或要获得更多的有关信息，老师们可以通过邮件（ntyler@emich.edu）联系诺曼·泰勒（Norman Tyler）。

城市历史

对于穿越阿巴拉契亚山脉前往"美国西部"的移民者来说，江城曾经是一处重要的落脚点。历史上，这里农场遍布，商人与农民的商贸活动频繁。这使得 19 世纪中叶生活在此的农民与商人获得了巨大的财富。一些历史悠久的房子内部精心布置了做工精湛的木制装饰。比特摩尔宅邸是其中的杰出代表，它由城镇创始人阿莫斯·比特摩尔（Amos Biltmore）的家族建造。住宅位于比特摩尔大街北部，是城市的中心位置。江城同时还是本杰明·卡特莱特（Benjamin Cartwright）的故乡，他是本地的一名商人，还曾短暂担任过州长。比特摩尔大街上有一块空地，矗立的匾额告诉我们那就是他的出生地。江城于 1845 年被合并为村，并于 1876 年合并为市。经过了长期的发展，它已成为一个兼有居住空间与工作岗位的多元化社区，同时保持了"小城镇"风貌。

城市布局

江城拥有许多居住区和分区，如图 AA.1 所

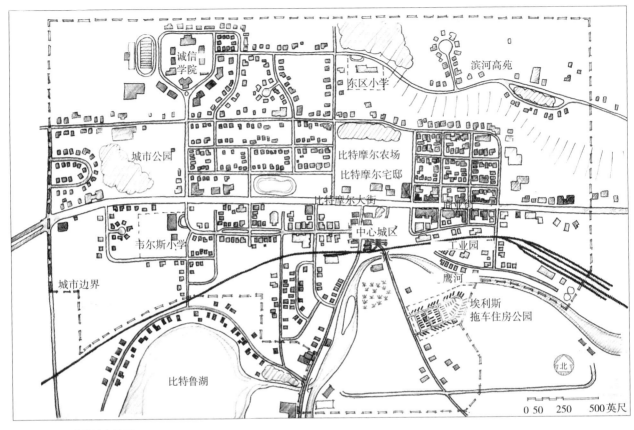

图 AA.1 江城的城市地图

示；该市的大幅彩色地图在附录 D 部分。具有代表性的区域包括沿河的 19 世纪时期中心区，沿东比特摩尔大街的 20 世纪商业区，沿河并且东部被铁路穿越的工业园。位于中心区西部及西北部的中高档居住区拥有较大型住宅，那里主要建设的是自用住宅。在老比特摩尔农场东部的城区，分布的是小型住宅以及大量多户和出租住宅。城市东部边缘的公寓建筑内有许多紧凑的一居室廉价单元。坐落在车站街、紧邻城市南部边缘的埃利斯移动拖车公园主要为低收入家庭提供居所。这里的许多住户曾短暂做过农场工人，但现在已经在江城永久定居下来。位于城市西北角的诚信学院（Reliance College）是一所成立于 1956 年的小型文科院校，同时招收住校生和走读生。滨河高苑高收入居住区位于城市东北角边缘外部的比特鲁湖北岸、滨河镇内部。

作为江城主要道路的比特摩尔大街是一条东西贯穿城市中心的四车道州际公路。内部交通和过境交通共同导致了其严重的交通拥堵情况。市中心有两条单行路，即艾尔姆街和滨河街的一段；其他道路均为双向。去市中心的大部分居民均乘车前往，因此导致了这些狭窄道路上的交通拥堵。公共停车位只有通过路边停车解决，中心区没有公共停车场。

中心区建筑

江城的传统中心区始建于 19 世纪 40—90 年代。第一批建筑是木制的，1868 年的一场大火

222

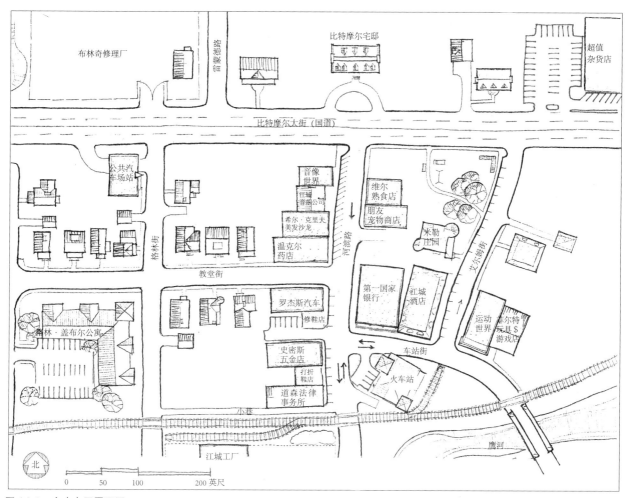

图 AA.2　市中心区平面图

烧毁了滨河街西部除道森法律大楼（Dawson Law Building）及其附属建筑之外的大部分房屋。大火过后，受损建筑使用砖石材料进行了重建。市中心的零售业发展较好、丰富多样，同时也有一些濒临破产的商业和空置房屋，详见图 AA.2 和图 AA.3。这一地区显现出长期衰退的迹象，需要复兴改造。接下来详细介绍该区域的建筑。

位于市中心核心区、车站街和滨河街交口的第一国家银行对该区域一直具有重要的影响力。由于最初作为银行总部进行建设，这一建筑的内外部空间自 1912 年开业起一直得到了良好的维护。其内部的大理石细部以及精致的青铜色出纳

员窗口一直保持着完美的状态。银行董事会现在担心邻近建筑物尤其是江城宾馆会影响银行的立面效果。

江城火车站是市中心的视觉焦点。尽管很少对外部进行定期维护，其耐用的石材立面以及石板瓦房顶都保持了良好的状态。该建筑已不再作为车站使用；底层现在是一家古玩店；其他部分处于空置状态。

江城宾馆曾经是一座远近闻名的建筑，这一地区的许多重要访客在此居住过。现在由于宾客稀少，其二层的低价房间以每晚或整周的形式出租。它的一层有家小型咖啡店。建筑结构状态基

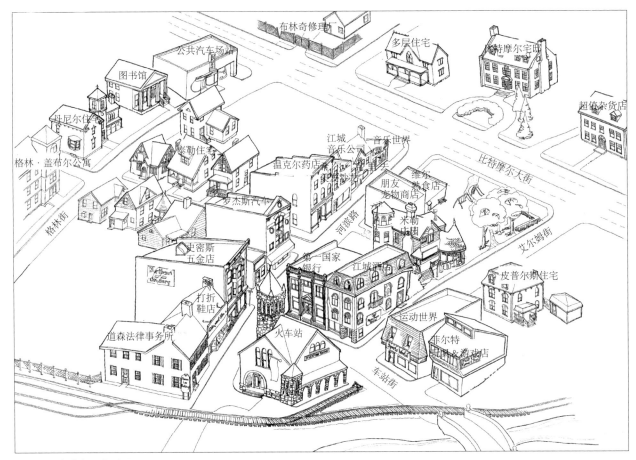

图 AA.3　市中心区鸟瞰图

本安全, 高层的许多窗户已经钉上了木板, 并且损坏明显。要修复高层房间或公寓以及一层商业空间所需的工作量还不清楚。

在宾馆后面的米勒 (Miller) 庄园是一座已经改造为独户住宅的大型维多利亚式住宅。它的内外部都需要修理。

道森法律大楼是一座保存良好的办公建筑, 被认为是市中心的建筑明珠。自 19 世纪早期建成并投入使用开始, 它一直被用作法律办公。由于几乎没有改动, 它是市中心区域保存最好的建筑之一。现在租用该建筑的律师们计划继续保持其历史状态, 但对临近的廉价鞋店 (Discount Shoes building) 的破败情况表示担忧。该鞋店经历过火灾并且空置, 建筑状况很差。屋顶的漏水破损严重,

阁楼里还栖息着鸽子。二层不太稳固, 这一情况早应该由城市建筑监察员进行处理了。整个建筑已经相当危险了。建筑所有者尼普西·摩尔 (Nipsy More) 已经表示愿意将其出售。

史密斯五金大楼 (Smith Hardware Building) 的一层是历史悠久的五金器件市场。现在的租户想要继续使用该层空间。二层是出租公寓。三层空置并需要屋顶修缮以保护内部空间。

位于滨河街、史密斯五金大楼北部的小型修鞋店是一座朴素的砖构单间建筑, 20 世纪 40 年代由一位移民修鞋匠建造。隔壁是韦伯楼 (Webber Building)。历史悠久的罗杰斯汽车供应店 (Rogers Auto Supply) 位于韦伯楼的一层。二层是用作仓储功能的大型开敞空间; 三层在 20 世纪 50 年代

以前一直作为慈善互助会的会议室。

位于车站街的雄鹰运动世界大厦（Eagle Sports World building）长久以来一直拥有许多租户，现在属于商人尼普西·摩尔所有。其空置的二层空间用作仓储功能。芒萨尔风格（Mansard Style）的正立面和一层展示橱窗是20世纪70年代加建的。比邻该大厦的是菲尔特玩具与游戏店（Feldt's Toys and Games），店老板菲尔特先生是一位热衷于与附近孩童分享游戏热情的人。由于用胶合板做墙板，建筑虽然没有经常维护但仍然保持了较好的状态。

市中心滨河街上的其他商业包括温克尔药房（Wenkel's Pharmacy）、克利福德发廊（Clifford's hair salon）、江城音乐公司（Rivertown Music Company）、音像大世界（Video World）、维尔熟食店（Vi's Deli）和朋友宠物店（Friends Pet Shop）。

其他地区

比特摩尔大街东侧的第二商业区囊括了江城其他大部分的商业建筑。这些没什么特点的建筑物大部分都建于20世纪三四十年代。其中，空置的宝石剧院（Bijou）是唯一一座具有重要历史价值的建筑。现在的市政厅位于一座20世纪40年代建造的朴素混凝土建筑内，该建筑坐落在比特摩尔大街东侧的商业区中心位置。这一区域还有包括警察局、消防局在内的公共安全大楼（Public Safety Building）以及市中心邮局。

沿铁轨及城市东部河流分布的工业园内有许多砖混结构建筑，有一部分现在仍在使用，其中多数被小型商业公司占用，具体包括仓库货栈、小型制造工厂、建筑工程承包商以及其他类似的

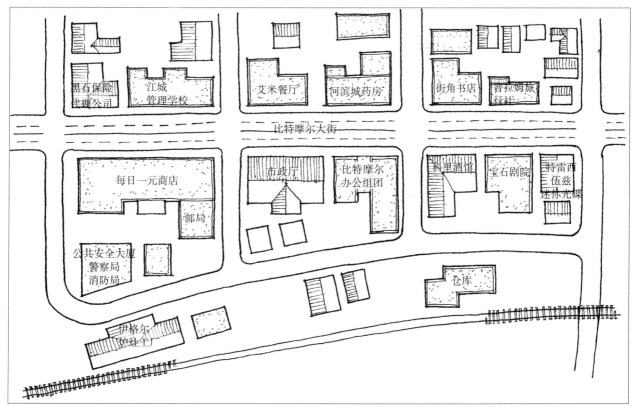

图 AA.4　比特摩尔大街的第二商业区

企业。工业园中最大的建筑是建于1852年的鹰炉工厂（Eagle Stove Works）。

位于城市西北角的诚信学院是一所小型文科院校。它在电子计算机、城市和区域规划以及地理信息系统（GIS）方面的课程十分著名。同时学校还配备了大量的高科技科研设备。它的校足球队和篮球队都有一批忠实球迷。学校的其他公共空间，如剧院、书店和图书馆等是大多数同学的主要去处；本地学生一般很少去这些地方。学生们不是住在学校的宿舍就是住在校园内或附近的中高密度公寓。他们一般前往15英里以外的一个叫作伊利瀑布（Erie Falls）的较大的镇子进行休闲购物，而不是去江城的市中心，那里有一家瀑布商场（Fall Mall）。

江城的中学生在城市西部一英里外的一座新建教育综合体上学。学生们一般乘校车或私家车前往。城市内部有两所小学。该市历史最长的东部小学以及位于西部的威尔斯（Welles）小学都已超员。

江城的公共设施分布在全市各地。比特摩尔大街的公园路上有一座大型城市公园与休闲中心。在上课时段，这里是威尔斯小学定期进行户外活动的场地；在周末和夏季，这里是当地居民的好去处。同时，市内还分布着许多小公园，如比特摩尔大街和艾尔姆街交口的市中心公园。市中心向西一个街区就是绿色庄园公寓（Green Gables Apartment）。它是20世纪80年代由联邦资金资助建设的老年人社区，目前排队等待入住的人很多。

江城没有定期的公共交通系统，但有两辆应召服务小巴。巴士停车场同时服务一条市际公交线；每天有三辆巴士往来于该地区内的各县市。铁路已不再进行客运服务，但每天会有一些货运列车经过。伊格尔河铁路公司（Eagle River Railroad）是火车站的所有者。未来，该公司希望能保留主要线路及用作铁路线的土地。

缓缓流淌的伊格尔河（Eagle River）是地区的主要景观，其深度满足小型水上交通的通行需求，同时也适宜垂钓。大部分传统中心区位于百年一遇的河水泛滥区内。比特鲁湖最终汇入伊格尔河。湖的南部有淤泥质岸线，在夏季时还会长出浓密的淡水藻类植物。其北部岸线是宜人的沙滩。

环境问题

江城的局部地区存在着一定的环境问题。用作铁路线的土地由于常年使用蒸汽机车可能已受到污染。位于南河湾内的图斯特湿地（Tooster's Swamp）拥有丰富的本地动植物资源，但该片区的死水同时成为蚊子的繁殖地，这招致了周围居民的抱怨。布林奇物品回收站（Blinky's Salvage Yard）的土壤也可能遭到了污染。该厂就在老比特摩尔农场西边、紧邻市属泉水湖——沃尔登湖。这块棕地由赫尔曼·布林奇（Herman Blinky）所有。他虽然不再增加废品数量，但也没有移除原有废品。

江城的名人

下文将介绍在江城居住或者工作的众多有影响力的人物。介绍他们可以对江城的社会情况有个基本认识，特别是对传统中心区的认识。

伯纳姆·丹尼尔是一位刚从芝加哥规划局退休的城市规划主管。他居住在伊利瀑布镇，业余时间为江城工作。他把日常的规划工作分配给了一名还处于入门阶段的助理负责。你担任的就是这个助理角色。

被称为迪婶（Aunt Dee）的德洛里斯·列玛（Delores Lemma）是一名曾四次入选江城议会的活跃议员。她的选区包括市中心和部分西部居住区。由于深受选民的欢迎，在两年一届的选举中，她都能获得连任。她是社会项目的积极倡议者，同时支持为流浪汉提供居所。不过这一计划因资金缺乏而流产。

克拉拉·司德瑞（Clara Story）出身于比特摩尔家族，这一家族是江城的早期开创者。她住在比特摩尔宅邸隔壁的哥特复兴式住宅里面。司德瑞女士长期参与江城历史协会的工作。这是一个为计划中的当地博物馆收集艺术品的非营利教育组织。该组织的主要目标是鼓励对于城市特定区域、特别是传统中心区内部的历史街区的保护。

当地商人尼普西·摩尔虽然住在城市外围，却是位于车站街的雄鹰运动世界商店的业主，他经营这一勉强盈利的产业已经好多年。他同时是廉价鞋店的所有者，该鞋店在火灾后处于空置状态。位于伊格尔河南部的一处未加修理的住宅也是其财产。

伊玛·皮普尔斯和她 25 岁的女儿艾尔玛（Erma）居住在雄鹰运动世界商店后面的一座第二帝国风格住宅里。她是关心江城市民组织（Concerned Citizens of Rivertown）的领导者，这是一个不定期活动的松散的宣传组织。其关心的事务范围包括皮普尔斯住宅前的街边停车位，服务于市中心商业、特别是运动世界商店的卡车以及市中心商业扩张等。该组织曾针对位于比特摩尔大街和艾尔姆街交口、从皮普尔斯住宅一直延伸到街道另一侧的小型公园项目进行游说。

该地区历史最久、规模最大的江城第一国家银行主管诺曼·泰勒一生都居住在该市，他对于城市历史和现状了如指掌（在现实中，泰勒先生是本书的作者，同时是江城模拟城市在线信息的管理者）。

当地组织热衷于社区事务。江城商人协会一直致力于促进全市的商业发展。其活动范围包括商业促销、节庆活动以及其他能够吸引消费者的活动。伊格尔河艺术联盟（Eagle River Arts Alliance）资助了一个成功的艺术节，该艺术节每年 8 月在伊格尔河上的小岛举行，而将游客摆渡到岛上的泛舟之旅是其特色之一。市中心往西三个街区是卫理公会派第一教堂。自 1967 年起，在社区志愿者的参与下，教堂一直在为需要帮助的居民以及流浪汉提供早餐。

附录 B　江城总体规划（节选）

注：以下列出了总体规划方案的节选，作为本文所做工作的参考。该方案基于 LSL 规划公司为密歇根州切尔西市所做的规划。这个节选版本与一份完整的总体规划方案格式是相同的，但主要只关注土地使用的部分，关于社会和经济的部分未包括在内。

江城总体规划

江城市议会 2010 年 9 月 1 日通过
目录

第一章　导言

总体规划的目的和概述

江城的总体规划是其未来 20 年的发展指导。规划基于对数据、未来趋势、本地居民对其社区的期望以及发展可能性的评估。其基础目标是指导社区的空间、社会和经济发展。它做出对整个社区有利的土地使用安排，指出适宜维持现状的区域，对计划进行发展或再发展的区域进行指导。此外，规划方案为市政设施提供框架，以支撑所需要的土地使用模式，包括街道、小径、公园、公共设施以及其他基础设施等。通过对土地使用与这些设施之间进行关联，可以有助于确保在资产改善计划中使公共投资得到更好的配置。

总体规划为社区领导提出可供参考的政策和行动。规划是一份"活"的文件，规划委员会应该每年对规划进行评估审查。审查过程应该关注现有的目标，评估哪些已经实现而哪些没有，最终提出实现的策略。有些建议提出需要对总体规划、区划及资产改善计划做出改变或提升。其他改变的方式可通过政府投资和私人投资结合的方式实现，比如建设新街道、小径、公园改造、住宅、商店和工业等。

第二章　人口统计及趋势

人口数据

作为一个中西部小镇，江城拥有包括在城市边缘居住的农民在内的约 5200 名居民，加上诚信学院的 900 名学生。江城的总人口达到 7500 人左右。目前城中共有 530 栋单户住宅，28 栋多户住宅以及 39 栋商业地产。

许多城中居民通勤到其他城市上班，最远的要向东跋涉 15 英里去 2 万人口的伊利瀑布镇。居民们也会去那里的瀑布购物中心购物，它是本地区最大的购物中心。

人口预测。根据 2030 区域发展预测委员会所做的人口规划，江城的人口预计将在 2010—2030 年之间增长 38%。该预测使用了区域、地区和小范围的多层系统来推测该地区的住房、人口和就业。预测过程考虑了以下要素的土地覆盖面积和方案：现状和未来的土地使用、污水排放、土壤适宜度、公共娱乐用地以及洪水风险较大的地区。而周围的许多城镇对人口增长率的期待甚至更高。

户数与规模。江城居民户数的增长与人口的增长大致相当。其户数从2000—2010年已经从1750户增长到了1990户。平均每户规模的减小折射出整个州和国家的趋势。这种趋势背后有一系列的原因，包括单亲家庭和丁克家庭的增多。越来越多的家庭选择比前一代人要更少的孩子，加之"婴儿潮"时代出生的人进入中老年期，空巢老人越来越多，与之对应的老年住宅也越来越多。

人口年龄。两个人口群体数量十分突出。住在城中的大部分老年人是搬入城市的农民家庭。位列第二的则是大学生群体，他们大多住在诚信学院附近。

住房特征

大部分居住单元建设于1960年之前。其他的居住单元建设于1980—1990年之间的经济急剧增长期，尤其在滨河高苑地区。江城一栋中等住房的价值约为159800美元（2000年人口普查数据）。在2000年，江城大部分住宅是独户分散式的。与1990年相比，独栋住宅数量有所减少，双拼和联排住宅的建设量有所增加。这个趋势反映出家庭规模和组成的变化。

江城大部分住宅都是业主自用的。闲置率始终较低，在2000年和2010年分别出现过业主自用率微弱下降而出租率微弱上升的情况。

地方经济

2010年江城的中等家庭年收入为49132美元。河口县的该项数据为51990美元，而全州则为44667美元。江城周边城镇都维持在相对较高的收入水平。在2000年的报告中，江城只有4%的家庭收入在联邦行政管理与预算局确定的贫困线以下。这个数据低于整个河口县的10%和全州的7.4%。

就业与产业。江城有27%的就业为管理和专业人员职业。商业和办公占20%，服务业占13%，建设施工与维护占8%，生产与运输占6%。教育（绝大部分在诚信学院）占8%，另外有6%的工人处于失业状态。江城的历史立足于农业，12%的居民依然在从事农业生产。

重要发现和问题

江城及周边地区的人口和户数预计还将持续增长。人口增长带来更多对社区服务设施的需求，引起交通拥堵以及其他足以改变地区特征的影响。为确保这种增长以一个相对平衡的速率并以尊重城市固有品质的方式进行，必须妥善规划以及考虑与周边城镇的协调。

随着家庭组成的变化、人口的老龄化、家庭规模的减小，城中的居住需求将会发生变化。典型的三口之家住宅可能不足以满足所有人的需求，需要考虑提供多种居住类型的选择。已经建设完备的房源由于其邻里特征的完整性将保留为城市资产，但其维护过程将是个挑战。为保护这些区域的特色和价值，其更新、拓展和其他再投资需要得到支持。

随着新的社区在城市外围发展，邻里联系减弱了。当有了新的发展机会时，也应鼓励在现有社区和新社区之间建立更强的联系。

随着人口增长和市场需求的增加，商业办公的发展与再发展仍有机会。应考虑为未来的项目建立设计准则，以及确保在现有商业区中建设适宜的商业设施。未来应该着力提升这些正在面临严重恶化的区域。

江城有良好的自然景观特色。伊格尔河水质清澈，适宜垂钓。临近的比特鲁湖区占地20英亩，适合垂钓和水上运动。位于城市中心的沃尔登湖由天然泉水汇成，但是据说其正在遭到附近修理厂的污染。

第三章 土地使用

这一章对土地使用的现状、目标及建议进行概述。本章首先建立起一个体现江城全局观念的社区规划框架，之后的目标陈述介绍了实现愿景的具体路径。每个部分的最后均提出针对目标的详细建议和管理策略。

土地使用现状

以下部分概括了江城土地使用的现状；其分类与土地使用现状图一致。

低密度居住（LDR）以三口之家住宅为主的低密度居住用地占用了最多的土地。街坊密度各异，但街坊通常都由小到中等尺度的中西部城市典型地块组成。大部分现有街坊通过格网道路和连续的人行道系统融入江城的城市肌理中。老房子拥有许多传统邻里的设计元素，它们拥有突出

的门廊、多变的建筑风格和细节、壁龛式或分离式车库以及浅退台。这些特点为构建亲密的邻里体验作出了贡献。

多户住宅（MFR）丰富的多户混居住宅包括公寓式住宅、联排别墅、复式公寓、一栋新的老年住宅综合体以及少量在中央商务区的二层底商公寓。现有的户型单元为居民提供了多种住房选择。

中央商务区（CBD）在伊格尔河与铁路边上的 19 世纪市中心是传统小型多功能市中心的典型代表，拥有零售、餐饮、个人服务、办公以及少量二层住宅，布局紧凑。中央商务区的许多建筑具有重要的历史意义。

20 世纪商业区（COM）第二个商务区沿城市东边的比特摩尔大街而建。这个 20 世纪建设的商业区包括零售和办公的功能。除了空旷无人的宝石剧院以外，没有宏伟奇特的建筑。在江城东西两端沿着比特摩尔大街也有少量商业带。

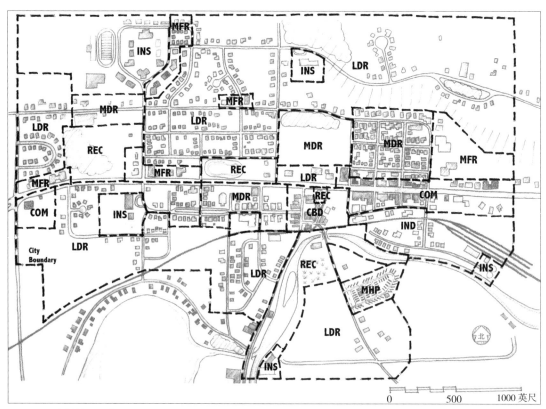

图 AB.1 土地使用现状图

工业（IND）工业用地在城市东边、伊格尔河以北沿铁路设置。鹰牌炉具是这里最主要的历史工业品牌。一些厂房仍然处于闲置状态，为新的工业发展提供了机会。

机构（INS）城中最大的机构是诚信学院，一所私立本科高校。其他公共建筑包括市政厅、公安消防大楼、图书馆和邮局。最近的医疗设施位于伊利瀑布镇。

公园与休闲（REC）城市公园在城市的西边。城市还拥有伊格尔河以北沿岸以及沃尔登湖周围的土地。

其他土地使用。老比特摩尔农场是市中心的一大片开敞空间，就位于比特摩尔大厦后面。可供发展的开放空间在城市东北边的滨河高苑地区和东北角诚信学院的校园旁边。

江城主要被农业用地和大块独栋别墅居住用地所形成的农业氛围包围。影响城市内土地使用模式和交通的周边土地使用包括：

·作为居住/娱乐用地的比特鲁湖；

·城东比特摩尔大街（国道51号）上的一组小到中等规模工业用地；

·城市边界以西比特摩尔大街（国道51号）上的一座新建初高中综合体。

未来土地使用目标

江城及其周边的发展面临持续的压力，本地社区希望通过道路、基础设施和市政服务实现高质量的发展，保持小城镇的社区风格。总体规划列举了与社区整体意象相关的下列目标：

·推动居住、商业、工业和科研功能的平衡及其空间安排的逻辑性以补全并完善周边土地使用。

·鼓励高质量的工业、办公和商业发展以为居民提供就业机会和创造多样化的税收基础。

·以乡土化的农业设施维护小城镇环境，通

过与周边城镇、河口县公路委员会及其他组织的协作规划，协调土地使用、道路和小径及公共设施。

·确保新开发和再开发过程中保护最重要的自然景观特色和水质。

·在道路、生活污水和给排水系统、学校、公园、公共空间和娱乐设施、城市基础设施或在建新基础设施的现有承载容量的基础上，鼓励新开发和再开发。

·通过设计导则和建筑、标识、灯光、行人便利设施及交通管理来保护和提高社区品质。新增居住设施，包括新建住宅和扩建/改造，应在退线和建筑设计上尊重原有历史街坊的特色。

·指导铁路沿线规划工业区范围内的工业开发和拓展。

·维护具有地域性的市中心，满足现在以及未来居民和游客的商业性、市民性、娱乐性需求。

江城的市中心是社区的关注焦点，其历史气息是营造市中心独特性的一个主要元素。规划对于中央商务区的目标定位是：

·在保证与规划目标一致的前提下，促进现有商业保留下来并鼓励扩张。

·鼓励在合适区域新增零售和商业用地。

·确保新增开发建设与市中心历史建筑的尺度、比例和风格兼容。

·为市中心发展一套全新的营销和宣传推广策略。

·促进中央商务区未来沿比特摩尔大街向东扩展。

·通过增加公园、人行道设施、活动场地和其他元素来提升市中心的活力。

·通过使互补的商业、办公、居住和市政功能进行多元混合来保证市中心的经济活力。

·确保市中心的历史建筑改造保持其历史和建筑上的完整性。

附录 C　江城区划条例（节选）

以下是基于密歇根州曼彻斯特地区区划规划而编写的江城分区条例节选。作为此书练习使用，内容已大幅精简。例如，只有与江城练习有关的区划条例内容才有所呈现，它们仅限于商业、机构和农业用地；居住、工业和规划单元开发的部分被省略了。本条例是练习中进行土地使用决策的基础。

江城区划条例

一般条款

2002 年 1 月 10 日通过

100. 短标题

本章内容全称为江城区划条例。

101. 导言

（A）本条例旨在提升公众健康、安全与福利，保护、管制、约束和提供土地与建筑的利用方式；满足城市中财产所有者对居住、娱乐、工业、贸易、服务和其他土地功能的需求；保证土地使用合理的选址和相互关系；限制土地、人口和公共设施过于拥挤的不合理现象；帮助交通系统、给水排水、能源、教育、休闲和其他公共服务或基本需求实现充足高效的供给。

（B）城市被划分成不同区域，条例指定各区域的土地使用类型或允许的活动，某些区域服从特殊规定。

（C）本法规旨在促进上诉委员会的建立，使之拥有对条例及其用地边界作出解释的权力和责任。

（D）本条例意图增强社会和经济稳定性，保存土地、建筑和构筑物的税收价值。

101a. 法规的范围和构成

（A）未经本条例许可，不得建设、重建或更改任何建筑或构筑物及其组成部分，任何建筑或构筑物之上不得增加新用途或对其做修改。

（B）解释和应用本条例的条款时，最低要求是对提升公共健康、安全、便捷、舒适、繁荣和一般福利有助益。

（C）本条例中的条款应用在任何地块、建筑或构筑物中时如果与本章其他条款或其他法律下的条款产生冲突，则遵从其中约束更严格的条款。

（D）本条例中任何条目都不能被用以阻止权威机构修正、提升、增强或修复建筑或建筑中危险和老旧的部分。

102. 定义

在本法规中，除文本特别标明或语义明显不同外，将以下列定义为准。

建筑。由柱或墙支撑的有顶结构。

建筑退线。限定在地块内的建筑可用以坐落范围的线。

缓冲区。由植物、墙体、路肩或由它们组成

231 的景观区，用以提供视觉屏障、减弱噪声以及作为不同土地使用类型间的过渡。

商业使用。一种地产使用的形式，与购买、销售、易货、展示、商品交易、货物、推销或个人服务以及公司的运营维护有关。

有条件使用。由市议会或规划委员会的特别批准决定的用途。有条件使用只在符合本章列出的具体条款时才可以获得通过。有条件使用不应被认为是不遵守规则的用途。

独户住宅。一座为单个家庭设计或由单个家庭居住的建筑。但在任何情况下货车、房车、移动沙发、汽车底盘、帐篷或其他便携式住宅都不能计入其中。

双拼住宅。一栋容纳两户家庭居住的住宅。

多户住宅住。三户及以上人家居住的住宅。

地役权。给予其他个人或公司法人对于非其占有用地的使用权利，包括出入许可、公共设施、排水和相关用途的使用权。

建筑基底。建筑地平面区域的总体面积，从建筑外墙的外表面或两栋建筑分隔墙的中心线开始计算。

在家办公。在不改变房产的外形或影响周边居住区特征的基础上，一个居住建筑单元常见或次要的一种职业、活动、功能或用途。

垃圾场。供废物、丢弃物、回收物或类似物品进行买卖、交易、储存、包装、打包、拆包、处理等的场地、建筑、地块或土地使用，废旧物包括废车零件、废旧木材、建材和结构钢材设备。含买卖、储存或回收闲置机械的设施，以及用于处理30天以内的废弃物或回收材料所用的设施。

住宿设施。提供给过往旅客30天以内住宿铺位的单元式房屋。包括酒店和汽车旅馆及住宿加早餐服务（B&B），但不包括多户住宅。

地块。除去街道和其他通行区域后要求达到最小的使用面积、覆盖面积、土地面积、庭院或开放空间等需求的一个地块。地块须在公共街道上或在批准的私有街道上拥有临街面。小地块包含：

1. 记录在册的单个地块。

2. 记录在册地块的一部分。

3. 完整地块或其中某个部分的组合。

4. 给出四至边界的一块用地。

地块范围。小地块在地块线以内的全部地面面积，不包括街道通行区域的部分。

街角地块。在两条相交的街道上都有临街面的地块。

建筑占地率。建设占地面积与地块面积之比。

地块进深。从地块前边线到后边线的水平距离。对于滨水地块来说则是从水域岸线到临街面的距离。

双向沿街地块。在两条近似平行的街道上有临街面的非角落地块。对于一排双向沿街地块，按照分区许可的要求会有一条街被指定为所有地块的前街。如果同一街块中已经有建筑面向一个或两个沿街面，那么所要求的前院后退则应从那些建筑物当前面对的沿街面算起。

内部地块。只有一条边沿街的非角落地块。

地块线。任何由分割两个地块或道路通行区分割线共同组成的地块产权边界。

地块宽度。地块边线之间的平面距离，从规定退线和地块边线的相交点开始测量。对于断头路尽端的地块，地块宽度可以减少到规定宽度的80%。

移动住宅。可移动的单户独立居住形式，预制装配并以长期居住为目的。一个移动住宅单元包括睡铺、厕所、洗手池、淋浴或浴缸、用餐和生活空间。移动住宅靠自身携带的车轮或平台行动，可以随处组装成一个完整的套间，连接在现有的公共设施上而不需要永久性的建筑基础。

移动住宅公园。用于为一个以上移动住宅提供公共服务的地块。包括用于与生活功能相关的附带功能的各种结构、设施、场地或装置。

不符合要求的建筑。在本法规或修正案的有效期内合法存在的，不符合其分区内的法规条款的建筑或部分。

不符合要求的地块。在本法规或修正案的有效期内合法存在，尺寸和规模不符合分区法规的地块。

不符合要求的使用。在本法规或修正案的有效期内具有合法功能的，不符合分区法规内的管制规定的土地或建筑使用。

街外停车区。提供停车服务，有足够机动车行驶的车道和走廊空间，可允许两辆以上汽车出入的空地或设施。

餐厅。其主要业务是销售可直接食用的食物和饮料的建筑体物，经营特点是外卖、免下车、汽车穿越、快餐、标准化、酒吧间及其组合，包括以下定义：

1. 酒吧。主要销售酒精饮料的餐厅，熟食和小吃有时也允许销售。

2. 外带餐厅。销售即食的食物、饮料、冰淇淋等，使用一次性或可食用包装或塑料袋装，客人主要在店外食用。

3. 快餐厅。经营理念是最短时间内使客人在前台或行车路线中取得即食食物。

4. 标准餐厅。由服务员为在桌边就座的客人递送准备好的食物。

退线。在建筑或构筑物与场地四个方向的红线以及指定自然要素之间需要留出的最小距离。

场地共管。包括居住、商业、办公、工业或其他类型用地的开发和改善过程中的所有权形式，每个共管业主依照契约独立拥有一个共管单元结构中的部分空间，地产的一般部分则归众业主共同拥有。

构筑物。建设或竖立起来的物体，包括一部分房、桥梁、雨棚和平台等。

变动。区划条例文本条款的更改。由于个人财产的特殊情况使得严格实行法规将导致过度困难的情况发生时所进行的更改。

前院。

1. 以地块宽度为基准进行延伸的庭院，其深度是指主要建筑与地块正面红线垂直方向上的最小水平距离。

2. 在所有情况下，地块正面红线应紧邻公共道路通行区域或私人道路权限边界。

后院。以地块宽度为基准进行延伸的庭院，其深度是指地块背面红线和主要建筑最近的垂直方向最小水平距离。

侧院。

1. 建筑和侧面红线之间的院落，连接前院和后院。

2. 其宽度值指地块侧面红线和建筑最近点之间的水平距离。

103. 指定区

本区划条例适用于以下区域：

（AG）农业区

（R-1A）低密度独户居住区

（R-1B）中等密度独户居住区

（R-2）低密度多户居住区

（R-3）中等密度多户居住区

（MHP）移动住宅公园居住区

（C-1）本地服务区

（C-2）一般商业区

（CBD）中央商务区

（I-1）限制工业区

（I-2）一般工业区

（PUD）规划单元开发区

（INST）机构区

104. 区划图

（A）在105章节中列出的分区已在江城区划图上标示出来。

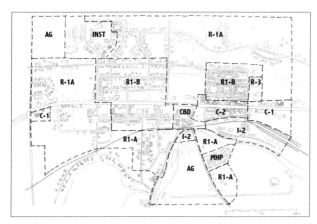

图 AC.1 江城的区划分区图

105. 区划分区及规定
105.1 C-1，本地服务区

（A）设区目的。此区域主要为居住在城市中的居民和周边邻里提供便利的办公及一定的零售和商业服务功能。条例的目的是使上述功能的开发与周边地区的功能相协调。为了达到这一目标，一些在其他地区运作更有效的功能将不予布置。

（B）允许的功能：

1. 特定办公建筑：行政、管理、职业、会计、写作、书记、速记、绘图和销售；

2. 医疗及牙科办公建筑，包括诊所和医学实验室；

3. 银行、信用联盟、储蓄贷款机构；

4. 公共建筑，公共设施、变压站和变电所、电话亭、共设施办公室；

5. 零售办公设备供应、计算机和商务机器销售；

6. 提供商业服务的设施，例如打印和影印服务、邮件传真服务、打字记录服务；

7. 提供个人服务的设施，例如美容美发、服饰钟表皮鞋修理、修锁以及类似的服务；

8. 附属于主要许可用途的零售或租赁产品及材料的室外展示；

9. 在此章节生效通过时的既有住宅，以及其他功能的建筑。

（C）某有条件许可功能：

1. 私人服务俱乐部、社会团体、旅社；

2. 殡仪馆；

3. 多户住宅和两层以上的公寓；

4. 退伍老兵机关和医院，可包含膳宿但不应包括室外运动场地；

5. 住宿加早餐设施（B&B）。

105.2 C-2，一般商业区

（A）设区目的。为整个城市及部分周边市镇提供办公、商业服务和零售功能，比 C-1 区的服务市场范围更大。条例的目的是使上述功能开发与周边地区功能相协调。为了达到这一目的，在其他地区运作更有效的使用功能不予布置。

（B）允许的功能：

1. 除单户住宅以外，所有在 C-1 本地服务区许可和有条件许可的功能；

2. 食品服务业，包括杂货店、肉类市场、面包房、餐厅、熟食和水果市场和类似的自助服务单元，但不包括任何免下车形式的商业。

3. 零售业。包括药品和保健品、五金、礼品、干货、杂货、体育用品、服饰、家具和器械的销售；

4. 广播、电视、电子设备维修，管道工、电工和其他类似的服务与贸易；

5. 附属用途的建筑或构筑物。

（C）有条件许可功能：

1. 销售酒精饮料和提供娱乐消费的酒吧；

2. 快餐厅；

3. 堂吃和外带餐厅；

4. 洗衣房和干洗店；

5. 已规划的购物中心；

6. 旅馆设施；

7. 工厂制品的室外展销；

8. 全新或二手的汽车、轮船、房车、农用机械和其他车辆销售；

9. 汽车服务站和洗车店；

10. 休闲娱乐服务设施，包括剧院，保龄球馆，溜冰场，台球厅和小型高尔夫球场；

11. 农场供应和饲料店。

105.3 CBD，中央商务区

（A）设区目的。为了给全市及周边市镇的市场提供便利和有竞争力的服务，此区域提供多种办公、商业服务，娱乐和沿街零售的用地。中央商务区旨在提升行人购物的便利性和零售业的平稳发展，主要措施是鼓励连续的沿街零售、禁止与机动车有关的服务和非零售服务以避免连续性被打破。

（B）允许的功能：

1. 所有在 C-1 和 C-2 区域许可的功能；

2. 报社和印刷厂；

3. 邮局；

4. 私人服务俱乐部、社会机构、酒店；

5. 公园和操场。

（C）有条件许可功能：

1. 销售酒精饮料和提供娱乐消费的酒吧；

2. 快餐厅；

3. 剧院，当四周都被建筑围合时；

4. 休闲娱乐服务，包括剧院、保龄球馆、溜冰场和台球厅。

105.4 INST，机构区

（A）设区目的。公共机构指定区为州和地方政府机关进行相关活动以及为提供公共服务的半公共机构提供场地，并帮助现有主要机构实现持续的运营和有控制的增长。

（B）允许的功能：

1. 政府建筑和办公楼，例如消防站、学校、医院、社区会议室或娱乐室；

2. 图书馆、博物馆或类似的文化设施；

3. 教堂、医院、学校和其他公共 / 半公共机构；

4. 公共设施，例如供电、给排水、天然气、雨水收集、通信设施和其他类似的用途；

（C）有条件许可功能：

1. 服务于周边临近区域的小型零售和服务。

105.5 AG，农业区

（A）设区目的。农业区的目的是保护和提升农业用地的完整性，主要设在支撑地方经济的重要农耕区，促进农业用地的连续性，并将农业用地和与之难以与之兼容的居住、商业、工业和公共设施用地隔开。

（B）允许的功能：

1. 一般农业和园艺，包括必要的农业设施；

2. 林业用地；

3. 幼种孵化和温室大棚；

4. 独户住宅；

（C）有条件许可功能：

1. 小学和教堂；

2. 销售农产品的路边摊点；

3. 家畜集中饲养场所；

4. 贮肥设施；

5. 农产品批发市场；

6. 居住用地细分和共管场地开发。

106. 补充规定
106.1 开敞空间

（A）总面积限定。建设完成后，一个建成区应有 20% 以上的面积为开敞空间，保持自然形态或进行人工改造，用于室外休闲活动。

计算开敞空间时不应包括：道路的通行区域和地役范围；居住单元的最小退线以内的区域；水（湖泊、溪流、河道和其他水体）下土地；计划改造为湖泊或水池的用地；控制湿地面积的 25% 以上。

（B）邻近地块过渡区。当密集居住区与同等或更低密度的单户居住区紧邻时，为了实现建筑密度的合理过渡，规划委员会基于其裁量权可以采取下列一项或多项举措，包括沿普通边界指定开放空间以及协调同等规模的相邻居住区设立景观屏障。

（C）密度。在不采用住宅组团时，经许可的建设范围内居住单元数量不能超过区划中的规定数量。申请人必须提交一份概念规划，描述排除组团布局方式以外的场地布局图和所有申请涉及的法律条例。

（D）退线。退线的最低限制需确保场地内的独立居住单元有变化的可能，从而鼓励设计的创意和与自然资源的和谐。每个居住单元的最小退线要求应在总平面图上表示如下：

对于独户住宅，应使用以下的最低退线要求：

每个单元体的最小退线

前	后	前后总计	侧面：至少	侧面：总计
20码	30码	55码	5码	15码

106.2 景观

（A）景观规划要求。首先需要向城市提交一份单独的景观详细规划作为场地规划审查的一部分或初步审查暂时性方案。景观规划需要满足本部分的所有要求，规划要求须包括但不限于以下内容：

1. 区位、间距、规模、根基类型，以及对每种植物类型的描述；

2. 典型剖面，包括坡道，高度和截水沟宽度；

3. 解释场地典型结构特征的明细，例如用来保护现有树木和维持自然坡度的景观墙与树坑。

4. 以文本或图像的形式展示植物选择的合理性。

5. 鉴定现有树木和植被并进行保护；

6. 鉴定草皮和其他地被植物及种植方法。

（B）不同土地使用之间的景观屏障。

在有冲突的居住用地或非居住用地与划为居住的分区或用作居住的地产之间，须进行场地设计，建立至少6英尺高的视线屏障作为景观缓冲区以提升地区环境。景观缓冲区可由泥土排水沟和生物组成，要求保证至少80%的郁闭度。衡量郁闭度时，应观察建设区域任意2平方米内的建

筑被遮挡的高度向上1英尺到所需屏障最高点的距离。植物种植须按合理预计的生长速度在三年内达到标准即可。

（C）土地细分和场地共管。进行独户住宅细分用地景观规划或在场地共管时需要符合以下要求：

1. 行道树。所有内部公共或私人道路的临街处需要至少每隔50英尺种植一棵树或更密。

2. 停车场四周的景观需求。在停车地块的四周应该提供单独的景观区并满足以下要求：

a. 在本地区被认定为土地使用上有冲突的停车场须满足上述景观屏障要求；

b. 停车场应竖立视线屏障，从公共道路上可见的几个面以3英尺高以上的树墙进行遮挡。在城市管辖权范围内，允许适当使用景观植被代替树墙。

（D）垃圾收容设备的景观屏障。

室外垃圾弃置容器需要从各个面被隔离，使用至少与垃圾容器一样高的不透明篱或围墙及大门（不低于6英尺），并使用与场地建设材料相协调的材料。

107. 有条件的土地使用

·决策基础。规划委员会和市议会应按照本条例的标准审查预定的有条件土地使用。功能和预期位置应符合：

1. 在设计、建设、运营和维护上适应整体规划和临近区域现有或预期的特征，且对整体区域的主要特征没有影响。

2. 对现有功能和未来预期的合理功能没有危险或干扰。

3. 对周边邻里和城市整体的地产有所提升；

4. 可以享受必要公共服务，抑或开发此功能的责任人为其提供充足的服务设施；

5. 不产生过多的附加公共花费，对城市经济福利没有不利影响；

6. 与条例的意图和目标一致。

108. 不符合区划要求的土地使用、建筑和地块

·意图。某些现有地块、建筑和地块用途在此条例实施前是合法的，但在此条例或修正案下有不相符之处。本条例认为可以允许这些不符合区划要求的地块保留直至停止或移除，但不鼓励它们持续下去，或者在停止或移除不可行时可以逐渐升级这些地方以符合现状要求。除在此处说明的情况外，不合理的地方不能加大、扩张或延展，不能在土地上继续加建违禁的建筑物或使用功能。本条例认为无法与大部分区域的允许建筑和功能相兼容即为不符合区划要求。

1. 不符合区划要求处不能被加大或增多，不能比本条例或修正案实施时占据更大面积的土地。

2. 自本条例或修正案实施起，不符合区划要求处不能被全部或部分转移到其他地块。

3. 如果不符合区划要求的土地使用停止运营6个月以上并有意终止，接下来的土地使用方式应遵守本章对于其所在地区的详细规定。

4. 如果火灾或其他极端自然因素对其造成50%以上的毁损，不能进行修复和重建。

109. 街外停车

本部分的目的是确保街外停车设施有足够的数量、充足的规模和合理的设计，以满足城市现有土地使用或本法规允许的土地使用的停车需求。

·应用范围。在所有分区范围内，为法规生效后所涉及的土地上的居住者、员工和顾客提供充足的街外停车设施。在主要建筑或结构保留的条件下，该空间不应被其他功能侵占，除非在别处提供符合本条例所规定的等量空间。

1. 独户或双拼住宅。为其提供停车服务的场地应与住宅位于同一地块上。

2. 多户住宅。为其提供停车服务的场地应与住宅位于同一地块上。任何情况下停车空间与主要建筑的距离不能小于10英尺。

3. 其他土地使用形式。为其提供停车服务的场地应位于同一地块上或不超过500英尺的距离。距离测算应以建筑与停车设施之间公共通道的最近点为准。

109.1 街外停车要求表

新功能、新建筑或建筑加建所需要的街外停车空间应按照本文件最后的表格要求进行规划。

236

110. 场地规划审查

（A）一般情况。市议会有权审查并决定批准场地规划通过或拒绝通过（例如预审、终审或联合审查），在过程中将参考城市规划委员会的意见。场地规划的审查和批准要求对于新建设或更改用地面积的改建项目，要优先满足本部分的程序规定，再考虑建设许可或工程竣工验收的标准。

（B）应用范围。

1. 城市中所有规划用地和在现有土地上进行的修改、加建、扩建和改变，如果建筑面积增加或减少500平方英尺或原面积的10%以上，或与本章条例有出入，都必须进行场地规划审查。按本章要求须设置街外停车时，在进行铺装建设之前都需要先进行场地规划审查。

2. 对于独户住宅或住宅附属的贮藏建筑，不需要进行场地规划审查。

3. 在场地规划生效前市政府不能发放建设许可。不涉及建筑或构筑物的用地功能不应立即着手建设或扩展。区划管理者或指定机构在场地规划生效和场地现场勘查完成前也不应发放占用许可。

4. 对于需要预先进行场地规划的建设开发项目，在场地规划生效和场地现场勘查完成前，不允许移除场地树木植被、垃圾填埋区和现有建设。

（C）场地初步规划。

1. 申请。任何申请人均可向规划管理部门提

出初步场地规划审查的申请，需要提交完整的表格，审查费用和一式7份的初步场地规划图纸。收到申请后，管理人员应在规划委员会例会前将完整的初步场地规划图纸提交。初步审查的目的是确认其符合市政府的标准，并为最终的规划方案提出必要的建议。

2. 必要信息。交送审查的初步场地规划方案应包含以下信息：

a. 业主和申请人的姓名、地址。

b. 比例尺、指北针、规划日期；图纸尺寸应不小于36英寸×24英寸，3英亩以下场地平面图不小于1：600，3英亩或以上的场地不小于1：1200。

c. 场地的位置、描述、尺寸、面积；区划分区类别；展示场地符合地块面积、宽度、建筑占地率和退线的要求。

d. 地形和土壤信息，将要保存、改造或移除土地的现状自然和人工特征；

e. 规划建筑或构筑物的位置、数量和规模；包括占地面积、层数、高度、标号和居住单元类型（根据需要）；

f. 街道和车道规划；包括交通线、通行区域、铺地类型和宽度；

g. 停车场规划；包括停车空间和过道的位置和规模，以及铺地类型；

h. 邻近土地使用类型及产权归属，临近建筑和街道的区划分区和位置；

i. 预期实施阶段；

j. 场地上各种地役权的位置和范围。

3. 规划委员会的作用。规划委员会应就通过、有条件通过或否定初步场地规划方案提出建议，时间期限是从规划委员会提出场地规划开始的60天之内。规划委员会应在做出决定的会议记录中说明原因。如果申请人提出书面申请且规划委员会给予批准，时间期限可以适当延长。

4. 市议会的作用。市议会应接收规划委员会的建议并决定通过或拒绝初步场地规划。

5. 许可的效力。市议会的初步场地规划许可中应指出建筑、街道、停车场地和其他设施的规划布局，以及规划方案的整体风格特征。市议会在管辖权范围内如果有合适的条件，可以肯定已通过场地规划方案中坡度和基础的建设许可。但这种情况仅在特定环境条件下允许，例如场地规划通过时，遭遇霜冻期或其他可能过度影响建设施工的限制。市议会应在授权中写明这些特殊情况。

6. 许可有效期。初步场地规划许可的有效期是从颁发日起的180天内。如果在这期间不向规划管理部门提交最终场地规划，许可将会失效。规划管理部门或指定机构需要在初步场地规划许可颁发10天之内将许可证明交由申请人。

（D）最终场地规划

1. 申请。在初步场地规划获得许可后，申请人应向规划管理部门提交7份最终规划文件的复印件和其他需要的资料和附件，以及审查费和一份完整的申请表。收到申请后，管理人员只需在规划委员会下一次例会前将完整的初步场地规划图纸提交给规划委员会。完整的文件包括：

a. 比例尺，指北针和规划日期；

b. 场地的位置、描述、大小、面积；区划分区类别；符合地块面积、宽度、建筑占地率和退线的要求的实例。

c. 一般地形申请。

2. 必要信息。供审查的场地规划应以清晰易读的格式标明以下数据。场地规划应有一张包括所有开发信息的总图。图纸尺寸应不小于36英寸×24英寸，3英亩以下场地平面图不小于1：600，3英亩或以上的场地不小于1：1200。

a. 一般信息。

（1）业主、申请人和所有者的姓名、地址、电话；

（2）准备时间，包括修正时间；

（3）比例尺；

（4）指北针；

（5）1 : 24000 英尺的区位图，含指北针；

（6）建筑师、工程师、测量员、景观建筑师或规划师的签名；

（7）地块和场地 100 英尺内的现状红线和规划红线、建筑轮廓线、构筑物、停车区域；

（8）所有街道的中心线和现有 / 规划的通行区域线；

（9）申请人所在地区与周边邻近地区的区划分区类别；

（10）总面积数据。

b. 物质特征。

（1）加速、减速、通过车道和路径；

（2）规划进出车道的位置、道路交叉口、车道位置、人行道和路缘；

（3）现状和规划的地上地下服务设施位置，包括：

ⓐ化学燃料储存容器；

ⓑ供水设施；

ⓒ下水道排污设施；

ⓓ雨水排水设施结构；

ⓔ所有地役权的描述。

（4）所有包含退台和院落的结构位置；

（5）符合规范的停车空间计算说明，车道及铺地类型；

（6）室外灯具位置和照明方式；

（7）现状和规划景观、截水沟、墙篱的位置和描述；

（8）工业垃圾与商业垃圾的收集点位置和景观屏蔽方法；

（9）变压器位置和景观屏蔽方法；

（10）专用道路或服务车道的位置；

（11）入口细节，包括标识牌位置和尺寸；

（12）指定防火线；

（13）其他相关物质空间特征。

c. 自然特征。

（1）地块土壤特点，要求至少达到美国土壤保护局或各县土壤调查的细节程度；

（2）等高线最大间距 2 英尺的现状地形图。场地内和场地周边各个方向 100 英尺的地形都应涵盖。坡度规划应包含最大间距 2 英尺的规划等高线，与现状等高线关联显示以清晰标示需要修改地形和坡度的地方；

（3）场地内外现状排水层和相关水体的位置及其海拔高度；

（4）现状湿地位置；

（5）自然资源特征的位置，包括林地和坡度超过 10%（1 英尺垂直距离 : 10 英尺水平距离 ）的区域。

d. 住宅开发的附加要求。

（1）每种单元类型床位密度计算；

（2）标示各单元类型和建筑中各单元的数量；

（3）规划车库的位置和细节；

（4）休闲空间的具体数量和位置。

e. 商业和工业开发的附加要求。

（1）装卸货物空间；

（2）总占地面积和可用面积；

（3）高峰时的员工总数。

3. 审查标准。审查场地规划时，规划委员会和市议会需要判断规划是否达到以下标准。

a. 规划符合初步场地规划以及区划条例的要求。

b. 提供了所有必要的信息。

c. 预期功能对周边邻里没有危害，保护公民的健康、安全、福利和城镇特色。

d. 主要干道和一般车道、服务性车道和停车区域之间有合适的关系。场地的每个部分和建筑物的每个方向都有路径可达。所有建筑物或建筑群的布局在各个方向应有紧急车辆通道可达。

e. 建筑的位置应使对居住者和周边的不利影响最小化。

f. 自然资源应最大限度地被保存下来，开发应以不伤害或毁坏湖泊、池塘、溪流、湿地、悬崖、土壤、地下水和林地等自然特征的方式进行。

g. 雨水收集系统和设施将保留自然排水特征

238

并尽可能增加场地的美感，同时不在实质上增加或减少自然的储水容量，包括湿地、水体或河道等，并避免可能增加场地内外洪水或水污染的改变。

h. 包括场地内的化粪系统在内的污水处理系统，将选址在尽可能不引起地表水或地下水质量下降的位置，同时符合本县和州的标准。

i. 含有危险性材料或废物、燃料、盐碱、化学物等的场地应在设计中避免污染性材料外溢或排放到地表水、地下水及邻近水体，同时符合本县和州的标准。

j. 包括草丛、树木、灌木和其他植被在内的景观应被用来保持和提升场地与区域的美感。

k. 规划的功能符合城市所有法规和适用的法律。

4. 规划委员会的作用。规划委员会应就通过、有条件通过或否定最终场地规划做出建议，时间期限是从规划委员会议提出场地规划开始的 60 天之内。如果申请人提出书面申请且规划委员会给予批准，时间期限可以适当延长。规划委员会可提议或要求最终规划方案做出修改以获得通过。在提交市议会之前，所有工程图纸和规划应通过城市工程部门，公共部门和消防部门的审查。

5. 市议会的作用。市议会应接收规划委员会的建议并决定通过或否定场地规划。

6. 许可的效力。最终场地规划许可保证了建筑建设许可的有效性，对于没有建筑或构筑物的用地则强化了区划的权威性。

附件：街外停车要求列表

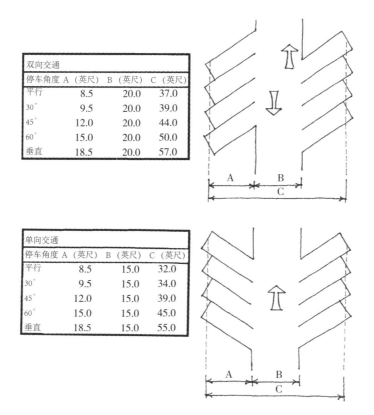

双向交通		
停车角度	A（英尺）	B（英尺）	C（英尺）
平行	8.5	20.0	37.0
30°	9.5	20.0	39.0
45°	12.0	20.0	44.0
60°	15.0	20.0	50.0
垂直	18.5	20.0	57.0

单向交通		
停车角度	A（英尺）	B（英尺）	C（英尺）
平行	8.5	15.0	32.0
30°	9.5	15.0	34.0
45°	12.0	15.0	39.0
60°	15.0	15.0	45.0
垂直	18.5	15.0	55.0

注："停车模式"表示停车空间的倾斜角度。单向或双向代表车道的宽度，即同时能承担单向行驶或双向行驶的交通。

用途	每个居住单元需要的停车空间数目
居住用途	
独户或双拼住宅	每户 2 车位
多户住宅	每户 2 车位，每 10 户增加 1 车位
老年住宅 / 与老人共住	每户 1 车位，每 10 户增加 1 车位，每 1 位从业者增加 1 车位
机构用途	
教堂	按主要集会时最大座位容量计算每 3 座 1 车位
私人会所和酒店	按符合消防和建筑规范前提下允许的最大客容量每 3 人 1 车位
医院	每 4 床位 1 车位 + 每位医生员工 1 车位 + 高峰时段每位员工 1 车位
康复之家，老人之家，儿童之家	每 5 床位 1 车位 + 每位医生员工 1 车位 + 高峰时段每位员工 1 车位
高中，贸易学校，大学或学院	每位教师 1 车位 + 每 10 个学生 1 车位 + 每位职工 1 车位
中小学	每位教师 1 车位 + 每 25 个学生 1 车位 + 每位职工 1 车位
儿童护理中心或托儿所	每 5 名学生 1 车位 + 每位职工 1 车位
日托中心	每位员工与 / 或护工 1 车位
体育馆、体育场、礼堂	按照最大座位容量计算每 4 座 1 车位
图书馆、博物馆	每 500 平方英尺占地面积 1 车位
一般商用	
除算作其他类型以外的零售商店	每 100 平方英尺占地面积 1 车位
超市、药店和其他自助服务式零售商店	每 150 平方英尺占地面积 1 车位
便利店和录像店	每 100 平方英尺占地面积 1 车位
已规划好的购物中心	15000 平方英尺以下的面积每 100 平方英尺占地面积 1 车位，超过 15000 平方英尺的部分每 150 平方英尺占地面积 1 车位
家具、工具、五金、家居用品店	每 100 平方英尺占地面积 1 车位 + 每名员工 1 车位
旅馆和汽车旅馆	每间客房 1 车位 + 每名员工 1 车位 + 附属用途如餐厅或酒吧需要的车位
快餐厅	每 125 平方英尺占地面积 1 车位 + 每名员工 1 车位
标准化餐厅	按照最大座位容量计算每 3 座 1 车位 + 每名员工 1 车位
酒馆和酒吧	符合消防和建筑规范前提下按照最大座位容量（快餐厅除外）计算每 3 人 1 车位 + 每名员工 1 车位
园艺品店、建材店	商业面积每 800 平方英尺 1 车位
电影院	按照最大座位容量计算每 4 座 1 车位 + 每名员工 1 车位
批发店、机械器具店和类似的用途	每 1000 平方英尺占地面积 1 车位 + 每名员工 1 车位
汽车相关	
汽车销售	展厅面积每 200 平方公尺 1 车位 + 每名员工 1 车位 + 每服务点 1 车位
汽修设施	每服务点 2 车位 + 每名员工 1 车位 + 每服务车辆 1 车位
加油站（无便利店）	每加油点 1 车位 + 每服务点 2 车位 + 每名员工 1 车位
加油站（含便利店）	每加油点 1 车位 + 每服务点 2 车位 + 每名员工 1 车位 + 用于零售和顾客服务的空间每 100 平方英尺占地面积 1 车位
洗车（自助式）	每清洗点 1 车位 + 每吸尘点 1 车位 + 每名员工 1 车位

240

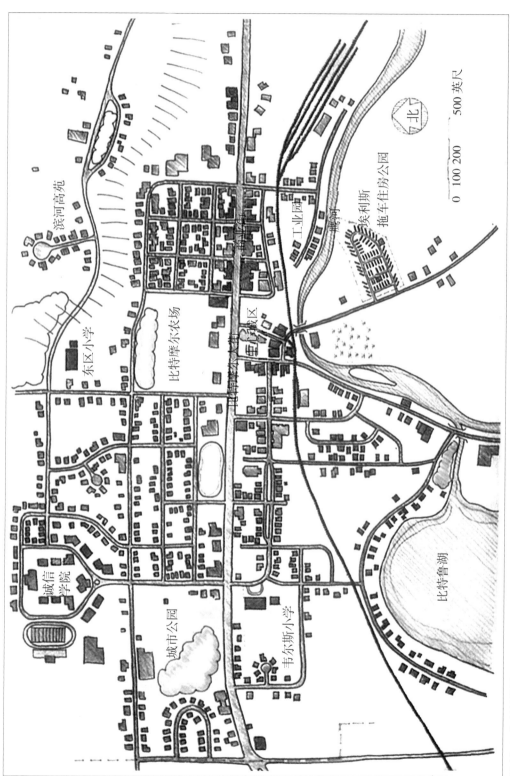

图 AD.1 江城的地图

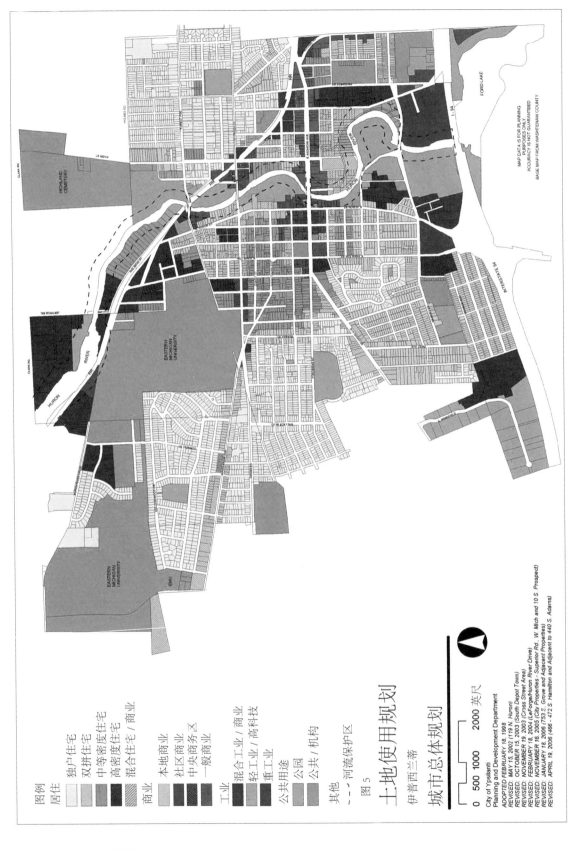

图例

居住
独户住宅
双拼住宅
中等密度住宅
高密度住宅
混合住宅/商业

商业
本地商业
社区商业
中央商务区
一般商业

工业
混合工业/商业
轻工业/高科技
重工业

公共用途
公园
公共/机构

其他
— — 河流保护区

图 5

土地使用规划

伊普西兰蒂

城市总体规划

0 500 1000   2000 英尺

City of Ypsilanti
Planning and Development Department

ADOPTED FEBRUARY 18, 1998
REVISED: MAY 15, 2002 (119 N. Huron)
REVISED: OCTOBER 15, 2003 (South Depot Town)
REVISED: NOVEMBER 19, 2003 (Cross Street Area)
REVISED: FEBRUARY 18, 2004 (LeForge/Huron River Drive)
REVISED: NOVEMBER 16, 2005 (City Properties - Superior Rd., W. Mich and 10 S. Prospect)
REVISED: JANUARY 18, 2006 (753 S. Grove and Adjacent Properties)
REVISED: APRIL 19, 2006 (466 - 472 S. Hamilton and Adjacent to 440 S. Adams)

图 AD.2 密歇根州伊普西兰蒂的土地使用规划图

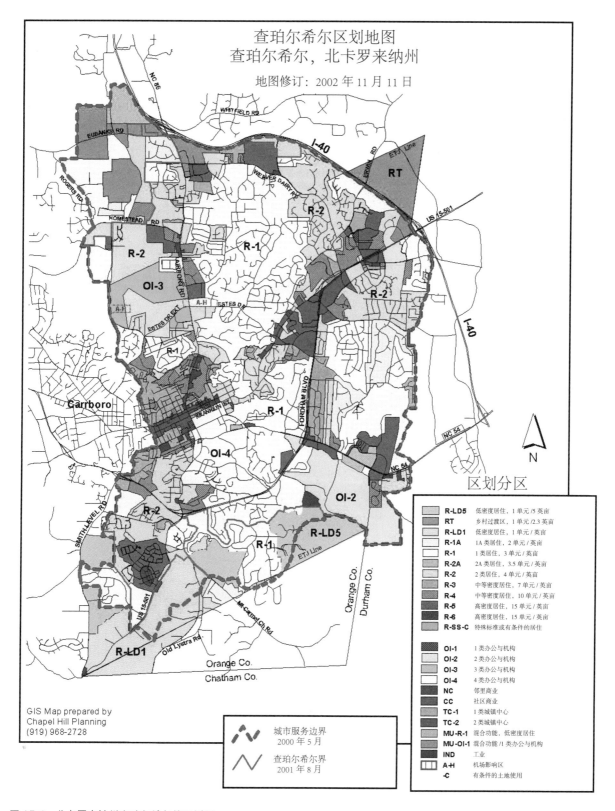

图 AD.3　北卡罗来纳州查珀尔希尔的区划图

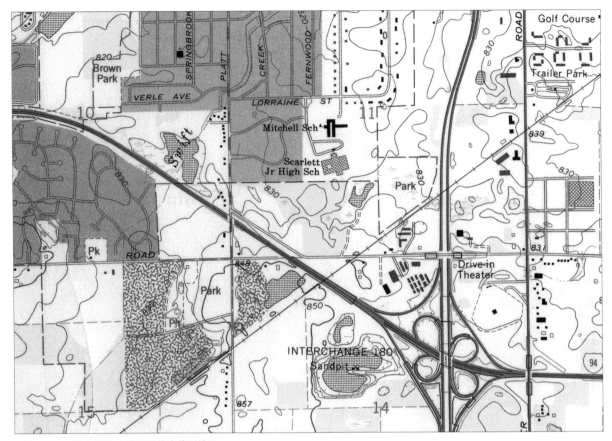

图 AD.4　密歇根州沃什特瑙县的方格网地图

注　释

第1章　规划实践

1 Marty Nemko, "Best Careers 2009: Urban Regional Planning," *U.S. News and World Report* (December 11, 2008), http://www.usnews,com/articles/business/best-careers/2008/12/11 (accessed June 3, 2009).

2 Tara Kalwarski, Daphne Mosher, Janet Paskin, and Donna Rosato, "50 Best Jobs in America," *Money* (April 12, 2006) http://money.cnn.com/magazines/moneymag/moneymag_archive/2006/05/01/8375749/index.htm (accessed June 3, 2009).

3 "Occupational Outlook Handbook, 2008-09 Edition," Bureau of Labor Statistics, U.S. Department of Labor, http://www.bls.gov/oco/ocos057.htm (accessed June 3, 2009).

4 Anya Kamenetz, "Ten Best Green Jobs for the Next Decade," *Fast Company*, http://www.fastcompany.com/articles/2009/01/best-green-jobs.html (accessed June 3, 2009).

5 *Green Careers Guide*, http://www.greencareersguide.com/Urban-Planner.html (accessed June 3, 2009).

6 "The Lexicon of New Urbanism," 1999 (draft document available from Duany Plater-Zyberk & Company, Miami, Florida).

7 *Encyclopedia Britannica* online, http://www.britannica.com/EBchecked/topic/619445/urban-planning (accessed June 3, 2009).

8 Ann Markusen, "Planning as Craft and as Philosophy," *The Profession of City Planning: Changes, Images, and Challenges, 1950–2000*, Lloyd Rodwin and Bishwapriya Sanyal, ed. (New Brunswick, NJ: Center for Urban Policy Research, Rutgers, 2000), 264 and 265.

9 W. Paul Farmer, "A Planning Agenda, Post 2009," *Planning* (June 2009): 3.

10 American Planning Association, "Salary Survey Summary," www.planning.org/salary/summary.htm (posted June 2008).

11 See http://www.acsp.org/org/links_to_planning_schools.htm for a list of accredited planning programs.

12 Excerpted from a letter written to students by Rodney C. Nanney, AICP, principal planner for Building Place Consultants.

13 M. Christine Boyer, *Dreaming the Rational City: The Myth of American City Planning* (Cambridge, MA: The MIT Press, 1986), 27.

14 Leonardo Vazquez, "Overcoming the Comfort of Powerlessness," *Planning* (May 23, 2005): 60.

第2章　规划的概念方法

1 Edmund Bacon, *Design of Cities* (New York: Viking Penguin Inc., 1967), 108 and 109.

2 John W. Reps, *The Making of Urban America* (Princeton, NJ: Princeton University Press, 1965), 297.

3 Ebenezer Howard, *Tomorrow: A Peaceful Path to Real Reform* (London: Routledge, 2003 edition).

4 Le Corbusier, *Towards a New Architecture* (Mineola, NY: Dover Publications, Inc. 1986, based on 1931 translation by John Rodker), 95.

5 Quoted in Rem Koolhaas, *Delirious New York: A Retroactive Manifesto for Manhattan* (New York: Monacelli Press, 1997), 267.

6 See, for example, Robert Caro, *The Power Broker: Robert Moses and the Fall of New York* (New York: Vintage, 1975) and Hilary Ballon and Kenneth Jackson, *Robert Moses and the Modern City: The Transformation of New York* (New York: W. W. Norton, 2008).

7 Excerpt from *The World That Moses Built*, produced by Edward Gray (Obenhaus Films, Inc. 1988).

8 Suzanne Stevens, "A Look Back: Planner Ed Bacon," *Architectural Record* (November 22, 2005): 36.

9 Jane Jacobs, *The Death and Life of the Great American City* (New York: Random House, Inc., 1961).

10 Ibid., p. 3.

11 Norman Krumholz and J. Forester, *Making Equity Planning Work* (Philadelphia: Temple University Press, 1990), 51.

12 Norman Krumholz and Pierre Clavel, *Reinventing Cities: Equity Planners Tell Their Stories* (Philadelphia: Temple University, 1994), 3.

13 Norman Krumholz, "A Retrospective View of Urban Planning Cleveland 1969–1979," *Journal of the American Planning Association* 48, no. 2 (1982): 163.

14 Quoted in Robert T. Grieves and Peter Stoler, "He Digs Downtown," *Time*, August 24, 1981. http://www.time.com/tine/magazine/article/0,9171,949385,00.html (accessed 24 December 2009).

246 15 John Friedmann, *Planning in the Public Domain: From Knowledge to Action* (Princeton, NJ: Princeton University Press, 1987), 38.

16 For an example of this approach, see Amy Gardner, "Tysons Plan Poised To Move Forward: Redevelopment's Scope, Pace Still Sticking Points," *Washington Post*, (August 12, 2008), www.washingtonpost.com/wp-dyn/content/article/2008/08/11/AR2008081102450.html (accessed September 24, 2009).

17 Tore Sager, "Teaching Planning Theory as Order or Fragments," *Journal of Planning Education and Research* 14,3 (Spring 1995): 172.

18 John Forester, "Judgment and the Cultivation of Appreciation in Policy-Making," *American Behavioral Scientist* 38, no. 1 (September 1994): 64.

19 Norman Krumholz, Janice Cogger, and John Linner, "Make No Big Plans . . . Planning in Cleveland in the 1970's," in Robert W. Burchell and George Sternlieb, *Planning Theory in the 1980's: A Search for Future Directions* (New Brunswick, NJ: Center for Urban Policy Research, Rutgers University, 1978), 39,

第 3 章　联邦、州、区域和地方层次上的规划职责范围

1 Marlow Vesterby and Kenneth S. Krupa, *Major Uses of Land in the United States, 1997* (Washington, D.C.: Resource Economics Division, Economic Research Service, U.S. Department of Agriculture. Statistical Bulletin No. 973), http://www.ers.usda.gov/publications/sb973/sb973.pdf (accessed July 7, 2009).

2 http://www.state.de.us/planning/aboutagency.html (accessed May 11, 2009).

3 Commission on Behavioral and Social Sciences and Education (CBASSE), "Governance and Opportunity in Metropolitan America," http://www.nap.edu/openbook.php?isbn=0309065534 (accessed April 12, 2010).

4 Myron Orfield, *American Metropolitics: The New Suburban Reality* (Washington, D.C.: The Brookings Institution Press, 2002), 107.

5 National Association of Regional Councils, "What Is a Regional Council?" http://narc.org/regional-councils-mpos/what-is-a-regional-council.html (accessed April 12, 2010).

6 The Riverdale City Planning Commission, Riverdale, Utah, http://www.riverdalecity.com/how_do_i/contact.htm (accessed September 24, 2009).

7 A good resource on the role of planning commissioners is: Albert Solnit, *The Job of the Planning Commissioner* (Chicago: APA Press, 1987).

8 Melvin Webber, "A Difference Paradigm for Planning" in *Planning Theory in the 1980s: Search for Future Directions* (New Brunswick, NJ: Rutgers University Center for Urban Policy Research, 1978), 157.

9 Clarence N. Stone, *Regime Politics: Governing Atlanta, 1946–1988* (Lawrence, KS: The University Press of Kansas, 1989), 3.

10 Quoted in Robert G. Dixon, Jr., "The Reapportionment Amendments and Direct Democracy," *State Government* (Spring 1965): 117.

11 Quoted in David Dillon, "Jane Jacobs: Eyes on the Street," *Preservation Magazine* 50, no. 1 (January/February, 1998): 39.

12 From notes taken at a presentation by Barbara Roelofs at the University of Michigan, 1983.

13 For more factors associated with email and Internet surveys, see Matthias Schonlau, Ronald D. Fricker, and Marc N. Elliott, *Conducting Research Surveys via E-mail and the Web* (Santa Monica, CA: Rand, 2002).

第 4 章　总体规划

1 Charles M. Haar, "The Master Plan: An Impermanent Constitution," *Law & Contemporary Problems: Urban Housing and Planning* 20, no. 3 (Summer 1955) (Durham, NC, Duke University School of Law): 353–418.

2 K. Dychtwald, *Age Wave: How the Most Important Trend Of Our Time Can Change Your Future* (New York: St. Martin's Press, 1990).

3 The model described here is a modification to a Small Area Forecast model developed in the 1970s by the Southeast Michigan Council of Governments.

4 Software commonly used for small area forecasting includes IMPLAN (www.implan.com), REMI (www.remi.com), and URBANSIM (www.urbansim.org).

5 2009 Fiscal Impact Committee Guidelines: Demographic, Economic, and Fiscal Assumptions and Forecasts (Loudoun County, Virginia, Loudoun County Board of Supervisors), 1.

6 Ibid, A-11.

7 For an excellent description of the elements of a comprehensive plan, refer to the Rhode Island "Handbook on the Local Comprehensive Plan" (Handbook No. 16, 2003) available online at http://www.planning.ri.gov/comp/handbook16.pdf.

8 Metropolitan Planning Organizations (MPOs) are agencies established to administer regional planning and funding for transportation projects.

9 Go to http://andoverma.gov/planning/ for the complete document

10 SWOT analysis was developed at the Stanford Research Institute.

第 5 章　规划师和城市设计的过程

1 J. Christopher Jones, *Design Methods: Seeds of Human Futures* (New York: Wiley-Interscience, 1970).

2. Christopher Alexander et al., *A New Theory of Urban Design* (New York: Oxford University Press, 1987), 2 and 3.

3 Randall Arendt et al., *Rural by Design: Maintaining Small Town Character* (Chicago: Planners' Press, 1994), 48–53.

4 Village of Riverside, "About Riverside," Riverside, Illinois, Web site, http://www.riverside.il.us/index.asp?Type=B_BASIC&SEC={DC4955B9-2DBD-4383-A011-14F34A625889}&DE=.

5 Quoted in Peter Hall, "The Turbulent Eighth Decade: Challenges to American City Planning," *Journal of the American Planning Association* 55, no. 3 (Summer 1989): 277.

6 Ibid.

7 John M. Levy, *Contemporary Urban Planning* (Englewood Cliffs, NJ: Prentice-Hall, Inc., 1994), 38.

8 Quoted in Robert A. Beauregard, "Without a Net: Modernist Planning and the Postmodern Abyss," *Journal of Planning Education and Research* 10, 3 (Fall 1991): 191.

9 For a fuller description of the development of the Chicago plan of 1909, see the Chicago Historical Society's Web site, "The Plan of Chicago," at http://www.encyclopedia.chicago-history.org/pages/10537.html.

10 Quoted in Kurt Andersen, "Oldfangled New Towns," *Time* (May 20, 1991): 52.

11 Christopher Alexander and Jenny Quillen, "The Vital Work of Andres Duany: A Commentary," at Pattern Language's Web site, www.patternlanguage.com/townplanning/duany.htm (accessed May 19, 2009).

12 Heidi Landecker, "Is New Urbanism Good for America?" *Architecture* (April 1996): 68.

13 William H. Whyte, "The Humble Street," *Historic Preservation* (January 1980): 34.

14 Clarence Arthur Perry, "The Neighborhood Unit," in *Regional Survey of New York and Its Environs, Volume VII: Neighborhood and Community Planning* (New York: Committee on Regional Plan of New York and Its Environs, 1929), 88.

15 Richard Gilbert and Catherine O'Brien, *Child- and Youth-Friendly Land-Use and Transport Planning Guidelines for British Columbia* (Centre for Sustainable Transportation, University of Winnepeg, Winnepeg, Manitoba, Canada: April 27, 2005), 25.

16 Andres Duany and Elizabeth Plater-Zyberk, *Lexicon of the New Urbanism* (draft, Miami, Florida: Duany Plater-Zyberk and Company, 1999).

17 Malcolm Wells, *Underground Designs* (Cherry Hill, NJ: Self-published, 1977), 72.

18 A description of Norfolk, Virginia's Pattern Book can be found at: http://www.norfolk.gov/comehome/norfolk_pattern_book.asp (accessed July 2, 2010).

19 City of Portland Bureau of Planning, "Central City Fundamental Design Guidelines" (April 1, 2001; updated November 8, 2003), 28.

20 *Downtown Plan Urban Design and Architectural Guidelines* (Scottsdale, AZ: City of Scottsdale Planning Resources, approved July 1986, updated March 2004), Preface.

21 Austin City Connection, "Downtown Austin Design Guidelines," City of Austin, Texas, official Web site: http://www.ci.austin.tx.us/downtown/downloads/dg060-072.pdf.

22 Bryan Lawson, *How Designers Think: The Design Process Demystified* (Burlington, MA: Architectural Press, Elsevier, 2005).

23 American Planning Association, "Planning Advisory Service MEMO," American Planning Association, Chicago, IL, August 1995.

24 Bruce Liedstrand, "Fundamentals of a Good City," at the Walkable Streets Web site: http://www.walkablestreets.com/city.htm.

第 6 章　城市规划和中心区复兴

1 Ferdinand Tönnies, *Community and Society (Gemeinschaft and Gesellschaft)* (Edison, NJ: Transaction Publishers, 1988; first published in German in 1887).

2 Willliam Alonso, *Location and Land Use: Toward a General Theory of Land Rent* (Cambridge, MA: Harvard University Press, 1965).

3 Joel Garreau, *Edge City* (New York: Doubleday, 1991).

4 Kevin Lynch, *The Image of the City* (Cambridge, MA: MIT Press, 1960).

5 Robert A. Peterson, ed., *The Future of U.S. Retailing* (New York: Quorum Books, 1991), 54 and 55.

6 Alan Trachtenberg, *The Incorporation of America* (New York: Hill and Wang, 1982), 130.

7 Information from the Mall of America Web site: www.mallofamerica.com.

8 Zenia Kotval and John R. Mullin, "When the Mall Comes to a Small Town: How to Shape Development with Carrots and Sticks," *Small Town* (September/October 1992): 21.

9 Gibbs Planning Group PowerPoint, July 17, 2008, http://alexandriava.gov/uploadedFiles/planning/info/landmark-van-dorn/LVD2008_07_17cmp.pdf (accessed October 10, 2009).

10 Brian J. L. Berry, "Commercial Structure and Commercial Blight," Research Paper No. 85, University of Chicago, Department of Geography, 1963, as found in Michael Pacione, *Urban Geography: A Global Perspective*, 2nd ed. (London: Taylor and Francis, 2001), 253.

11 Sprawl-Busters.com, "Charlotte, N.C. Planners Want Demolition Bond for Big Boxes," http://sprawl-busters.com/search.php?readstory=973 (accessed March 6, 2009).

12 Ibid.

13 Gertrude Stein, *Everybody's Autobiography* (Berkeley, CA: Exact Change [Small Press Distribution], 2004), 289.

14 Eugenie L. Birch, "Who Lives Downtown? in the Brookings Institution's *Living Cities Census Series*, November 2005, 1.

15 Richard Florida, *The Rise of the Creative Class: And How It's Transforming Work, Leisure, Community and Everyday Life* (New York: Basic Books, 2003).

16 Stephanie Ebbert, "Waterfront's Not Yet Feeling Like Home," *Boston Globe*, June 29, 2008, http://www.boston.com/news/local/articles/2008/06/29/waterfronts_not_yet_feeling_like_home.

17 This case study was researched and written by Eastern Michigan University graduate student Denise Pike.

18 City of Baltimore Department of Planning, *The Inner Harbor Book* (1984).

19 Baltimore Development Corporation, *Inner Harbor Coordinator Annual Report* (2008), 6.

20 City of Baltimore Department of Planning, *The Inner Harbor Book* (1984).

21 *Community Reinvestment Act of 1971* (rev. 1995, 2005), Public Law 95-128, title VIII, 91 Stat. 1147, 12 U.S.C. § 2901 et seq.

22 Ruth Simon and James R. Hagerty, "1 in 4 Borrowers Under Water." *Wall Street Journal*. (November 24, 2009): A1.

23 Wyoming Urban Renewal Code, "Chapter 9—Urban Renewal," Article 1 (Urban Development), http://legisweb.state.wy.us/statutes/titles/Title15/T15CH9.htm.

24 Mark Jenkins, "Bringing Retail Back Downtown," *Urban*

Land (June 1989): 2–5. See also the Washington, D.C., Zoning Ordinance, Section 1703, "Downtown Shopping District (Retail Core)."

25 Duane Desiderio is quoted in an article by Gurdon H. Buck, "The Latest Buzz in the Land Development Cocktail Parties: 'Smart Growth,' 'Urban Sprawl,' 'New Urbanism,' 'The Village Districts'" (Palm Beach, FL: American College of Real Estate Lawyers, Spring 1999), http://www.acrel.org/Documents/Seminars/a000013.pdf.

26 Metro Regional Government, "Urban growth boundary," http://www.metro-region.org/index.cfm/go/by.web/id/277 (accessed April 17, 2009).

第 7 章 住房

1 U.S. Bureau of the Census, http://www.census.gov/hhes/www/income/histinc/h11AR.html and http://www.census.gov/statab/hist/HS-12.pdf.

2 Alex F. Schwartz, Housing Policy in the United States: An Introduction (New York: Routledge, 2006), 1.

3 From Barry Checkoway and Carl V. Patton, The Metropolitan Midwest: Policy Problems and Prospects for Change (Champaign, IL: University of Illinois Press, 1991), 238.

4 Robert L. Green, The Urban Challenge: Poverty and Race (Chicago: Follett, 1977), 179.

5 Paul Knox, Urban Social Geography: An Introduction (New York: John Wiley & Sons, Inc., 1987), 223.

6 U.S. Census Bureau, "Current Population Survey: POV01: Age and Sex of All People, Family Members and Unrelated Individuals Iterated by Income-to-Poverty Ratio and Race: 2007," http://www.census.gov/hhes/www/macro/032008/pov/new01_100_01.htm.

7 Martin Kasindorf, "Nation Taking a New Look at Homelessness, Solutions," USA Today (October 12, 2005): A1.

8 Dennis Culhane, "Not Always What They Seem," The Economist (October 20, 2007): 46.

9 Kurt Anderson, "Spiffing Up the Urban Heritage," Time (November 23, 1987): 79.

10 Sacramento Regional Research Institute, "The Economic Benefits of Housing in California," (Sacramento, CA: Sacramento Regional Research Institute, 2008), 5.

11 Section written by Jill Morgan, Winnetka, Illinois, planner.

第 8 章 历史保护与规划

1 Penn Central Transportation Company v. City of New York. 438 U.S. 104, 98 S. Ct. 2646 (1978).

2 For examples of such studies, see Robin M. Keichenko, N. Edward Coulson, and David Listokin, "Historic Preservation and Residential Property Values: An Analysis of Texas Cities," Urban Studies 38, no. 11, (2001): 1973–1987; and Amy Facca, "An Introduction to Preservation Planning," http://www.plannersweb.com/wfiles/w191.html (accessed January 16, 2010).

3 Donovan Rypkema, "Economics, Sustainability, and Historic Preservation," National Trust Conference, Portland, Oregon, October 1, 2005.

4 Robert M. Ward and Norman Tyler, "Integrating Historic Preservation Plans with Comprehensive Plans," Planning (October 2005): 24.

5 Planning Advisory Service Report 450, "Preparing a Historic Preservation Plan," (American Planning Association, Chicago, Illinois, March 1994).

6 Eric Damian Kelly and Barbara Becker, Community Planning: An Introduction to the Comprehensive Plan (Washington, D.C.: Island Press, 2000), 5.

7 Christopher Duerksen, A Handbook of Historic Preservation Law (Naperville, IL: Conservation Foundation, 1983), 70.

8 The Secretary of the Interior's Standards for Rehabilitation (Washington, D.C.: National Park Service Technical Preservation Services, 1990), http://www.nps.gov/history/hps/TPS/tax/rhb/stand.htm.

9 Quoted in Coltsville Historic District, James C. O'Connell, National Historic Landmark Nomination, United States Department of the Interior, National Park Service, Washington, D.C., July 25, 2006, 19.

10 United Nations 96th General Assembly Plenary Meeting, Report of the World Commission on Environment and Development (42/187), December 11, 1987, 1.

11 Carl Elephante, "The Greenest Building Is . . . One That Is Already Built," Forum Journal (May 25, 2007): 1.

第 9 章 地方经济发展

1 Josh Bivens, Updated Employment Multipliers for the U.S. Economy (2003) (Washington DC: Economic Policy Institute, 2003), 3.

2 The following material appears as revised and adopted by the Local Government Commission, 1997. From "Ahwahnee Principles for Economic Development: Smart Growth: Economic Development for the 21st Century: A Set of Principles for Building Prosperous and Livable Communities," http://www.lgc.org/ahwahnee/econ_principles.html (accessed March 17, 2009).

3 Richard Florida, The Rise of the Creative Class: And How It's Transforming Work, Leisure, Community and Everyday Life (New York: Basic Books, 2002).

4 Daniel Shefer and Lisa Kaess, "Evaluation Methods in Urban and Regional Planning: Theory and Practice" in Evaluation Methods for Urban and Regional Plans: Essays in Memory of Morris (Moshe) Hill, ed. Daniel Shefer and Henk Voogd (London: Pion Limited, 1990), 99.

5 Ian Bracken, Urban Planning Methods: Research and Policy Analysis (New York: Methuen, 1981), 74–79.

6 This Cross-Impact Analysis Chart is based on an example in a book by Thomas S. Lyons and Roger E. Hamlin, Creating an Economic Development Action Plan: A Guide for Development Professionals (Westport, CT: Praeger Publishers, 2001), 147–154.

7 Fritz W. Wagner, Timothy E. Joder, and Anthony J. Mumphrey Jr., Urban Revitalization: Policies and Programs (Thousand Oaks, CA: Sage Publications, Inc., 1995), 203 and 204.

8 U.S. Small Business Administration Office of Advocacy,

"Small Business Profile: United States," http://www.sba.gov/advo/research/profiles/07us.pdf.

9 University of Michigan, NBIA, Ohio University, and Southern Technology Council, *Business Incubation Works* (Athens, OH: National Business Incubation Association, 1997).

10 National Business Incubation Association, "Business Incubation FAQ," http://www.nbia.org/resource_center/bus_inc_facts/index.php (accessed March 21, 2009).

11 Elizabeth Hockerman, "The Business of Summerfest," BizTimes. com (May 25, 2007), http://www.biztimes.com/news/2007/5/25/the-business-of-summerfest (accessed March 20, 2009).

12 A. J. Maldonado, "Survey Shows US Tourism Driven by Casino Gambling," Online Casino Advisory, http://www.onlinecasinoadvisory.com/casino-news/land/survey-shows-casino-gambling-economically-important-42815.htm (accessed June 18, 2009).

13 Joanne Ditmer, "Gambling: A Tiger by the Tail," *Historic Preservation News* (August 1990): 1.

14 Tim Velder, "Deadwood Marks 20 Years of Bets," *Lawrence County Journal* (September 19, 2009): http://www.rapidcityjournal.com/news/local/top-stories/article_c02ec7bb-8a0d-5405-87e6-27f36378ecca.html (accessed October 27, 2009).

15 Ditmer, "Gambling: A Tiger by the Tail."

16 Velder, "Deadwood marks 20 years of bets."

17 Dave Zirin, "The Doming of America," CommonDreams.org, http://www.commondreams.org/archive/2007/07/08/2384/ (accessed March 20, 2009).

18 Dennis Coates and Brad R. Humphreys, "The Stadium Gambit and Local Economic Development," *Regulation* 23, no. 2 (2000): 18.

19 Community Planning & Economic Development: Business Assistance & Finance (sidebar menu on Business Development Services page of the City of Minneapolis's Web page), http://www.ci.minneapolis.mn.us/cped/business_development_home.asp (accessed March 20, 2009).

20 University of Wisconsin Center for Community and Economic Development, Community and Economic Development Tool Box, http://www2.uwsuper.edu/cedpt/index.htm (accessed October 27, 2009).

第 10 章　交通规划

1 See U.S. Census Bureau, "American Community Survey," for latest data on commuting times, http://www.census.gov/population/www/socdemo/journey.html (accessed April 16, 2010).

2 Lewis Mumford, *The City in History: Its Origins, Its Transformations, and Its Prospects* (New York: Harcourt, Brace and World, Inc., 1961), 486, 509–512.

3 Wilfred Owens, "Automotive Transportation: Trends and Problems," *Land Economics* 26, no. 2 (May 1950): 204 and 205.

4 Steve LeBlanc, "On Dec. 31, It's Official: Boston's Big Dig Will Be Done," *washingtonpost.com*, December 26, 2007, http://www.washingtonpost.com/wp-dyn/content/article/2007/12/25/AR2007122500600.html?nav=hcmoduletmv (accessed March 22, 2009).

5 Martin Gottlieb, "Conversations/Fred Kent; One Who Would Like to See Most Architects Hit the Road," *The New York Times*, March 28, 1993, sec. 4, p. 7.

6 Derived from discussion on Cyburbia, http://www.cyburbia.org/forums/showthread.php?t=36546 (accessed January 26, 2010); City of Ferndale, Michigan, Parking Structure Feasibility Study, June 2009, http://www.ferndale-mi.com/Government/ParkingStructureFeasibilityStudy.pdf.

7 Derived from information at "Shared Parking: Sharing Parking Facilities Among Multiple Users," *TDM Encyclopedia* (Victoria Transport Policy Institute, July 22, 2008), http://www.vtpi.org/tdm/tdm89.htm.

8 U.S. Census Bureau, *Journey to Work 2000*, http://www.census.gov/prod/2004pubs/c2kbr-33.pdf (Washington DC: U.S. Government Printing Office, 2004), 3.

9 American Public Transit Association, Public Transit Ridership Report, Third Quarter 2009, http://www.apta.com/resources/statistics/Documents/Ridership/2009_Q4_ridership_APTA.pdf (accessed April 16, 2010).

10 Bikeways manual for Metropolitan Providence, Rhode Island: "Metropolitan Providence Bicycle Facilities Site Assessment Project" (PARE Project No. 02175.00, April 25, 2005), 8.

11 "Maryland Panel Issues Report on Enhancing Pedestrian Safety," *The Urban Transportation Monitor*, February 8, 2002, 3, 7.

12 Carol Sullivan, "Form and Function in Downtown Revitalization," Doctor of Architecture dissertation, The University of Michigan, 1986, 1.

13 "Sustainable Seattle," Sustainable Seattle, http://www.sustainableseattle.org/Programs/SUNI/researchingconditions/Streetlevelresearch/pedestriancounts/ (accessed May 22, 2009).

14 John Ritter, "Americans Discover Charms of Living Near Mass Transit," *USA Today*, November 18, 2004, http://www.usatoday.com/news/nation/2004-11-08-transit-cover_x.htm (accessed September 22, 2009).

15 Peter Calthorpe, *The Next American Metropolis: Ecology, Community, and the American Dream* 3rd ed, (New York: Princeton Architectural Press, 1995), 56.

16 Metropolitan Transit Development Board, "Designing for Transit," San Diego, CA, July 1993, 3.

17 Joel S. Hirschhorn and Paul Souza, "New Community Design to the Rescue: Fulfilling Another American Dream" (Washington, D.C., National Governors Association, 2001), 79.

18 James Corless, "Safe Routes to School," Surface Transportation Policy Project, www.transact.org (accessed May 22, 2009).

第 11 章　环境规划

1 The information on NEPA, EA, and EIS is based on information from: http//www.fema.gov/plan/ehp/ehplaws/nepa.shtm (accessed December 15, 2009).

2 Oregon Department of Transportation and Washington State Department of Transportation, "Columbia River Crossing Draft Environmental Impact Statement" (May 21, 2008), http://www.columbiarivercrossing.com/FileLibrary/DraftEIS/DraftEISTableofContents.pdf (accessed November 15, 2009).

3 Information on the Chesapeake Bay Program submitted by Joseph A. Stevens of Stevens, Phillips & McCann, Centreville, Maryland, an environmental law specialist with offices in Maryland and Maine (September 2007).

4 "Our Common Future," a report of the World Commission on Environment and Development, 1987. Published as Annex to General Assembly document A/42/427, Development and International Co-operation: Environment, August 2, 1987. Retrieved November 14, 2007.

5 American Farmland Trust newsletter, Washington, DC, Spring 2007.

第 12 章　乡村和城乡过渡地区土地使用规划

1 Ruben N. Lubowski, Marlow Vesterby, Shawn Bucholtz, Alba Baez, and Michael J. Roberts, "Major Uses of Land in the United States, 2002," in *Economic Information Bulletin No. EIB-14* (Washington, DC, U.S. Department of Agriculture Economic Research Service, May 2006), i.

2 "The High Costs of Sprawl," *Sacramento Business Journal*, November 14, 2005. Posted on Walkable Streets' Web site, http://www.walkablestreets.com/sprawl2.htm (accessed June 2, 2009).

3 Robert W. Burchell et al., *Sprawl Costs: Economic Impacts of Unchecked Development* (Washington, D.C.: Island Press, 2005).

4 For readers interested in the history, we recommend Conrad Richter's *The Awakening Land*, a trilogy originally published in 1940, reprinted by Ohio University Press in 1991.

5 Ian McHarg, *Design with Nature* (Hoboken, NJ: reprint, John Wiley and Sons, Inc., 1995).

6 Milo Robinson, "A History of Spatial Data Coordination," May 2008, 4. http://www.fgdc.gov/ngac/a-history-of-spatial-data-coordination.pdf (accessed November 8, 2009) and "Introduction: GIS—for Executives," part 2, http://www.richmondgov.com/departments/dit/docs/GISWebContent.pdf (accessed November 8, 2009).

7 Quote by Robert Samborski, executive director of Geospatial Information and Technology Association, from Ed Brock, "Report Shows Trends in GIS Technology Use," *American City & County* online, June 1, 2008.

8 This example, "Open Space Evaluation & Prioritization: Utilizing Geographic Information System Technology," was developed in 2003 for Van Buren Township, Wayne County, Michigan, by the Institute for Geographic Research and Education (IGRE) at Eastern Michigan University. It was prepared by Chris Lehr of Nativescape and Mike Dueweke of IGRE.

第 13 章　土地使用控制的演化

1 John Locke, *The Second Treatise of Civil Government*, ed. J. W. Goug (1690; reprint, Oxford: Basil Blackwell, 1948), 62, 69.

2 *Charles River Bridge v. Warren Bridge*, 36 U.S. (11 Pet.) 420, 548 (1837).

3 Alan A. Lew, "Geography: USA," http://www.geog.nau.edu/ courses/alew/ggr346/text/chapters/ch3.html (accessed May 26, 2008).

4 John W. Reps, *The Making of Urban America* (Princeton, NJ: Princeton University Press, 1965), 217.

5 *Journals of the Continental Congress* 375 (1785).

6 Reps, *The Making of Urban America*, pp. 216 and 217.

7 Advisory Committee on Zoning, *Zoning Primer* (Washington, D.C.: Department of Commerce, 1922), 1.

8 Richard F. Babcock, *The Zoning Game: Municipal Practices and Policies* (Madison, WI: University of Wisconsin Press, 1966), 115.

9 *Village of Euclid v. Ambler Realty Co.*, 272 U.S. 365 (1926). *Nectow v. Cambridge*, 277 U.S. 183 (1928).

10 Babcock, *The Zoning Game*, p. 4.

11 *Simon v. Town of Needham*, 42 NE2d 516 Mass. (1942), and *Dundee Realty Co. v. City of Omaha*, 13 NW2d 634 Neb. (1944).

12 *Golden v. Planning Board of the Town of Ramapo*, 285 N.E.2nd 291 (1972) (New York State Court of Appeals).

13 *Southern Burlington County N.A.A.C.P. v. Mount Laurel Township*, 67 N.J. 151 (1975).

14 Peter Marcuse, "Who/What Decides What Planners Do?" *Journal of the American Planning Association* (Winter 1989): 79–81.

第 14 章　区划与其他土地使用管制措施

1 R. Robert Linowes and Don T. Allensworth, *The Politics of Land Use: Planning, Zoning and the Private Developer* (Santa Barbara, CA: Praeger Publishers, Inc., 1974), 61.

2 *Kelo v. City of New London*, 545 U.S. 469 (2005).

3 Quoted in Justin Gelfand, "Say Goodbye to Hollywood," http://www.castlecoalition.org/index.php?option=com_content&task=view&id=132 (accessed May 28, 2009).

4 Margot Roosevelt, "This Land Is My Land," *Time* (November 6, 2006), http://www.time.com/time/magazine/article/0,9171,1552023,00.html (accessed May 29, 2009).

5 *Pennsylvania Coal Co. v. Mahon*, 260 U.S. 393 (1922).

6 Ivers v. Utah Department of Transportation, 154 P.3d 802 (Utah 2007); Regency Outdoor Advertising, Inc. v. City of Los Angeles, 39 Cal.4th 507, 46 Cal. Rptr.3d 742, 139 P.3d 119 (2006).

7 *Penn Central Transportation Company v. City of New York*, 438 U.S. 104, 98 S.Ct. 2646 (1978).

8 *Penn Central Transportation Company v. City of New York*.

9 *Tahoe-Sierra Preservation Council, Inc. et al. v. Tahoe Regional Planning Agency et al.* 535 U.S. 302 (2002).

10 Other significant takings cases include:
Nectow v. Cambridge, 277 U.S. 183 (1928).
Kaiser Aetna v. United States, 444 U.S. 164 (1979).
Agins v. City of Tiburon, 447 U.S. 255 (1980).
San Diego Gas & Electric v. City of San Diego, 450 U.S. 621 (1981).
Williamson County Regional Planning Commission v. Hamilton Bank, 473 U.S. 172 (1985).

251 *MacDonald, Sommer & Frates v. County of Yolo*, 477 U.S. 340 (1986).

Keystone Bituminous Coal Association v. DeBenedictis 480 U.S. 470 (1987).

First English Evangelical Lutheran Church v. County of Los Angeles, 482 U.S. 304 (1987).

Concrete Pipe and Products v. Construction Laborers Pension Trust for Southern California, 113 S.Ct. 2264 (1993).

Dolan v. City of Tigard, 114 S.Ct. 2309 (1994)

Palazzolo v. Rhode Island, 533 U.S. 606 (2001).

11 *Lucas v. South Carolina Coastal Council*, 112 S.Ct. 2886 (1992).

12 *Baker v. City of Milwaukie (Oregon)* 533 P.2d 772 (1975).

13 Richard F. Babcock, *The Zoning Game: Municipal Practices and Policies* (Cambridge, MA: Lincoln Institute of Land Policy, 1966), 3.

14 Jane Jacobs, *The Death and Life of Great American Cities* (New York: Random House, 1961), 150.

15 jhttp://canandaigua.govoffice.com/index.asp?Type=B_BASIC&SEC={476DBD96-4AF5-483B-9F7A-BAE9D3E81E30, (accessed May 29, 2009)

16 *State ex rel. Zupancic v. Schimenz*, 46 Wis.2d 22, 174 N.W.2d 533 (1970).

17 Quoted in Miller Canfield, "Miller Canfield and McKenna Associates Announce Contract Zoning Seminar," http://www.millercanfield.com/news-284.html (accessed May 29, 2009).

18 "Definition of a Form-Based Code," Form-Based Code Institute., http://www.formbasedcodes.org/definition.html (accessed March 7, 2010).

19 Edward M. Bassett, *Zoning: The Laws, Administration and Court Decisions the First Twenty-Five Years* (Manchester, NH: Ayer Company Publishers, 1936), 70.

20 *Church of Jesus Christ of Latter-Day Saints v. Jefferson County*, 741 F. Supp. 1522, 1534 (N.D.) Ala. 1990; and Roman P. Storzer and Anthony R. Picarello, Jr., "The Religious Land Use and Institutionalized Persons Act of 2000: A Constitutional Response to Unconstitutional Zoning Practices," http://www.becketfund.org/files/861488fc5325be844c5d284f1c341956.pdf 932 (accessed May 29, 2009).

21 Religious Land Use and Institutionalized Persons Act (RLU-IPA), 42 U.S.C. §§2000cc, et seq.

22 Utah County Community Development, "Utah County Land Use Ordinance," (updated 5 April 2007), http://www.co.utah.ut.us/apps/WebLink/Dept/COMDEV/LandUseOrdinance_3.pdf (accessed May 29, 2009), 142-3.

23 Maine Coast Heritage Trust, "Property Taxes," http://www.mcht.org/land_protection/options/property_taxes/ (accessed May 29, 2009).

第 15 章　土地细分、场地规划及场地规划审查

1 Advisory Committee on City Planning and Zoning of the U.S. Department of Commerce, *Standard City Planning Enabling Act 14* (Washington, D.C.: U.S. Department of Commerce, 1928), 27.

2 Rock Springs, Wyoming, Subdivision Ordinances Web page, http://www.rswy.net/egov/gallery/1531256763351703.jpg (accessed March 20, 2010).

第 16 章　资产改善计划与地方政府融资

1 Graphic based on CIP for Chapel Hill, Capital Program,, Town to Chapel Hill, http://townhall.townofchapelhill.org/agendas/2009/05/06/1/15_capital.pdf (accessed June 6, 2009).

2 Florida Legislative Committee on Intergovernmental Relations, "Florida Impact Fee Review Task Force: Final Report and Recommendations," February 1, 2006. www.floridalcir.gov/UserContent/docs/File/taskforce/011806draftreport.pdf (accessed September 22, 2009).

3 Phil Gordon, "Tax Incentives for Retailers No Magic Bullet," *The Arizona Republic*, August 2, 2004, http://mail.planetizen.com/node/13971 (accessed May 31, 2009).

4 The concept of site-value taxation was introduced in Henry George, *Progress and Poverty* (1897; New York: Cosimo Classics, 2006 reprint).

5 Arthur C. Nelson and Mitch Moody, Executive Summary of *Paying for Prosperity: Impact Fees and Job Growth* (Washington, DC: Brookings Institution, June 2003), http://www.brookings.edu/reports/2003/06metropolitanpolicy_nelson.aspx (accessed July 7, 2009).

6 Mayor Stephen Goldsmith, "New Hope for the Cities," *Civic Bulletin*, No. 5 (June 1996). http://www.manhattan-institute.org/html/cb_5.htm (accessed July 7, 2009).

7 Joel Garreau, *Edge City* (New York: Doubleday, 1991), 185.

专业术语

Advocacy（Equity）Planning 倡导式规划：公众参与和再分配政策作为规划过程的一部分。

Aerial Photographs 航拍照片：由专业航拍公司拍摄，描绘地球表面土地覆盖情况的照片。

Agglomeration 聚集 / 集聚：各种土地利用活动集中在一起，由于彼此邻近的区位而受益。

Aggregate Data 综合数据：整体收集而不是分成各部分提供的数据信息。

Arterial Roads 主干路：为大量交通流量设计的主要通过性道路，但并不作为高速路或州际公路使用。

Baroque Planning 巴洛克式规划：强调由宏伟的建筑、林荫大道形成重要轴线、中心广场和开敞空间，以及其他古典设计要素的城市发展模式。

Blight 废弃：被忽视、荒废或基本没有利用的建筑物或街坊。

Brownfield 棕地：环境受到污染、在重新利用之前需要整治修复的场地。

Built-Out Analysis 扩建分析：一种定量技术，根据土地利用类型估计地块未来增长的最大容许值，从而帮助确定其基础设施服务的潜在需求量。

Business Improvement District 商业改善区：一种指定区，该区域中的商业地产所有者组成协会，收取一定的会员费，以此购买一些政府通常并不提供的额外服务。

Business Incubator 企业孵化器：一种拥有独立办公室或小隔间的建筑或共享服务，它们的主要用户是受到政策帮助、正处于发展初期的小型初创企业。

Capital Impriment Plan/Program（CIP）资产改善计划：地方政府的规划，指示未来年度预算在大型建设活动上的分配。

Census Tract 人口普查区：美国人口普查局划定的地理单元，用于收集统计数据。

Central Business District 中央商务区：通常是社区的核心地点；承载了商业和服务功能的中心区。

Charrette 专家会议：为了形成社区设计蓝图的协作性团体活动。

City Beautiful 城市美化运动：由 1893 年芝加哥世界博览会发起的一项城市设计运动，主要强调城市规划对大型古典风格公共建筑、开敞空间和景观设计的关注。

City Efficient（City Functional）城市实用运动：将城市规划关注重点从设计转向实施工程、基础设施、经济和土地利用法规的运动。

Cluster Development 簇群开发：划分大型地块并将其中的建筑布置得比较紧凑，从而留出未来禁止建设的开敞空间。

Cohort Survival Forecasting 群组预测：通过生育率、死亡率和移民数据预测人口的统计计算方法。

Cohousing 合作住房：一种居民拥有自己的住宅，但共用某些常见公共设施的社区。

Commercial Strip 商业带：商业用途的长条形

区域，紧邻主路发展而具备便利的停车设施和可达性。

Community Development Block Grant（CDBG）社区发展整体补助拨款：提供给社区自行决定其用途的联邦资金。

Comprehensive Plan Or Master Plan 总体规划：政府采用的用于指导未来发展决策的官方文件。

Concurrency 并行规定：地方规定，在为新开发活动发放建设许可之前，要求配置基础设施。

Conditional Use Zoning 有条件使用分区：一种区划用地类型，要求在开发项目获得许可之前特别说明某些具体的土地利用问题，也叫做特殊使用分区 Special Use Zoing。

Condominiums 场地共管：一种法定土地所有权，涉及购买公共房产中的特定部分，这一部分被"公共区域"所包围，这些公共区域是房产所有者集体中每一个成员都可以使用的。

Connector Road 连接路 / 辅路：服务于主干道的辅助性道路。

Consolidated Metropolitan Government 大都市联合政府：地方政府的若干部门在一个区域性的政府统筹下工作。

Contract Zoning 契约性区划：一种法定文件，减少了政府对于开发活动的规定，反过来需要开发者提供额外的公共利益，又见 Incentive Zoning 激励性区划。

Council Of Governments（COG）政府委员会：一些区县和小型管理主体在一个独立机构之下联合起来，这一机构作为区域规划组织，也为地方成员提供一些其他公共服务。

Demographic 人口统计学：对人口数据的分析。

Design 设计：包含着创造性或美学方面内容的规划。

Destination Business 目的型商业：一种能够刺激人们仅为了其吸引力而前往的经济活动。

Downtown Development Authority（DDA）市

中心开发局：一种准政府性主体，为了促进划定区域——往往是中心城——之内的重建或开发项目而建立。

Due Process 合法程序：一种法定程序，用以保障市民在政府主体或法院采取行动之前的知情权。

Easement 地役权：一份公文，陈述了财产权通过志愿捐赠从私人转移给政府或非营利组织，通常会伴随着房产所有者财务上的收益，可能还包括另一个房产所有者提供的房产使用权或通过权。

Edge City 边缘城市：在大城市周边，沿着主要交通节点产生的具有可识别特征的城市化地区，它们最初通常不具有自主法定地位或边界。

Egress 出口：为停车场或建筑提供安全外出通道而设计建造的出口。

Eminent Domain 土地征用权：允许政府为了公共利益、在仅给予所有者一定补偿的情况下征用私人房产的法律条款。

Enterprise Zone 经济开发区：通过特别激励政策来吸引开发活动和经济扩张的特定区域，往往提供税收优惠或放松管制。

Environmental Assessment 环境评估：一种必需的政府报告，陈述自然环境状态以及项目的影响。

Environmental Impact Statement（EIS）环境影响报告：一种必需的联邦报告或州报告，引述重要发展提议项目对环境的影响。

Equity Planning 平等规划：见倡导式规划。

Euclidean Zoning 欧几里得式区划：一种主要土地利用类型的区划等级，居住用途（限制级最高的区域）位于金字塔的顶端，允许其处在商业区域；居住和商业用途允许处在工业区域（限制级最低的区域）；也叫作金字塔式区划。

Exclusive Agriculture Zoning 排他性农业分区：规定建立的禁止非农业开发活动的区域。

Express Permitting 快速许可：政府部门彼此

合作以加快开发许可过程。

Federal Mandates 联邦强制责任 / 联邦授权： 联邦政府要求低等级政府必须颁布某些政策的规定，往往不提供财政拨款，不执行则会受到处罚。

Fifth Amendment 宪法第五修正案： 宪法人权法案的一部分，规定了不能为了公共用途而在仅对所有者提供补偿的情况下征用私人房产。

Final Site Plan 最终场地规划： 对初步场地规划的修正，是建设开始前政府审核的必需条件。

Fiscal Impact Analysis 财政影响分析： 关于新开发活动及其相关人口需求的政府支出/收益评估。

Floodplain 洪泛区： 临近河道的平原，其土壤含水，并且遭受周期性的洪涝问题。

Floor Area 建筑面积： 建筑各楼层墙面围合的面积总和。

Floor Area Ratio（FAR）容积率： 规定地块土地利用强度的一个区划指标，是某建筑的总建筑面积除以其占地面积得到的一个带小数点的数字。

Form-Based Codes 形态规范： 一类用地规定，这类规定更强调物质空间设计以及和周边环境的协调，而不是土地利用类型。

Fourteenth Amendment 宪法第十四修正案： 宪法的一部分，将正当法律程序和同等保护权延伸至每一个公民，并确保所有涉及私人房产所有者的政府行为都是合理且公正的。

Freedom Of Information Act（FOIA）信息自由法案： 通过提供申请程序，允许公民获取政府信息的法案。

Garden Cities 田园城市： 在大城市周边的新城，设计融合了在城市和在乡村居住的优点。

Gated Community 门禁社区： 一种有围墙的居住区，设置特定位置的安全入口，限制非业主进入。

General Fund 普通基金 / 通用基金： 政府单位的主要储蓄账户，以税收为抵押，用于经批准的开支。

Gentrification 绅士化： 城市邻里街坊的复兴，往往由私人部门主导并带来地区空间品质的显著提升，但会由于高企的房地产价格而导致原有居民被替换。

Geographic Information System 地理信息系统： 互动式计算机软件，能够使用重叠地图演示并使用数据库进行图解和分析。

Goals 目标： 仔细斟酌用词的通用性陈述，用来表达一个社区对其未来的愿望设想。

Greenfeild 未开发地区： 尚未用于开发的开敞空间。

Ground Floor Coverage（GFC）建筑占地率： 建筑物占用的地面面积除以地块总面积，是区划指标的一部分。

Growth Management 增长管理： 一些政府规定，通过引导开发活动的选址和建设强度来避免蔓延现象。

Historic Districts 历史地区： 地理范围，通过划定并管理历史建筑周边建设活动来保护历史资源。

Homeless 无家可归者： 一个包含大量人口的隐形团体，他们没有住房，往往在照看机构、荒废建筑或街头巷尾过夜。

Homeowners Association 业主协会： 居住在街区的居民选举产生的管理主体，监督和实施街区内部土地利用的相关规定。

Impact Fee 影响费： 开发者获得建筑许可时要交的费用，用来支付由于该项目导致的场地外的资本支出。

Incentive Zoning 激励性区划： 见契约性规划 Contract Zoning。

Inclusionary Zoning 包容性区划： 住宅开发项目，要求在全部住宅中提供一定比例的住宅给中低收入家庭或个人。

Infreastructure 基础设施： 社区的功能性组成部分，比如街道和给排水管道。

Ingress 入口： 进入停车场或建筑的入口，为了安全进出而设计建造。

Interurban 城际铁路：一种大运量轻轨线路，联系不同城市，主要从1900年代到1930年代流行。

Land Assembly 土地合并：很多小地块合并成一个单一产权的大地块，以实施大型开发项目。

Local Streets And Roads 支路/地方街道：道路等级中最低的一级，将本地交通与次干路和主干路相连接。

Long Lots 长条地块：一种每个地块都面对水道的法国聚落肌理；历史上地块被分割成了进深长、面宽窄的小地块，这样使得每一个新的土地所有者都能够得到临水界面。

Main Street Program 主街计划：国家历史保护信托基金会赞助的一个项目，为了修复旧商业建筑和复兴市中心传统街区而建立。

Manufactured Housing 预制住宅：房屋或房屋的一部分是在场地以外的工厂中生产之后运输到住宅所在地的。

Masterplan 总体规划：见 Comprehensive Plan。

Metes And Bounds 四至边界：一套基于本地公认的自然参照点与其他参照点之间相对距离和相对方位的测绘系统。

Mil 厘计税率：每千美元应征税额的房产价值征收一美元。

Mixed-Use Development 混合功能开发：在单个的开发项目中融合各种各样的土地利用类型。

New Urbanism 新城市主义：在旧城的价值和空间结构基础上规划新社区，也叫作新传统城市主义 Neotraditional Urbanism。

Non-Conforming Use 不符合区划要求的土地使用：在新的区划条例禁止之前就已经存在的土地使用，法律上不受新规定限制（被允许）。

Objective 目标：准备实现规划目标（Goals）的行动声明。

Overlay District 附加区划地区：一种额外的区划要求，适用于一定的地理范围但并不改变原有

的基本分区。

Performance Guarantee 履约担保：第三方账户保存的开发者资金或其他财务保障，在开发者完成场地规划的全部义务之前由政府持有。

Performance Zoning 绩效区划：一种区划条例，根据开发影响或强度等作出规定，地块可具有灵活用途，而不是像传统区划那样规定一系列许可的土地利用类型，

Permeability 透水性：液体通过土壤剖面的速率。

Phase 1 Environmental Assessment 第一阶段环境评估：对场地环境状况的初步考察，以决定是否需要进一步的环境调查。

Phase 2 Environmental Assessment 第二阶段环境评估：如果第一阶段研究表明存在可能的环境问题，政府或土地所有者要求进行更详尽的调查。

Phase 3 Environmental Assessment 第三阶段环境评估：当第二阶段发现环境问题确实存在时，要求制定详尽的修复方案。

Planned Unit Development（PUD）规划单元开发：一种区划类别，提供一定的灵活性和可能的混合土地利用类型，也可能涉及分期开发。

Planning Commission 规划委员会：一个政府机构，监督和协助社区的规划人员并向民选官员提出建议。

Preliminary Site Plan 初步场地规划：区划法所要求的，开发项目总平面图规划中的一个正式的初步阶段。

Privatization 私有化：雇佣私人部门承包商去完成公共部门的义务责任。

Public Hearing 公开听证会：政府部门或其私人顾问方召集举行的一个会议，从中实现市民的投入。

Purchase Of Development Rights（PDR）开发权购买：在政府或非营利组织监督下，从房产所有者手中获得开发的权利。

Pyramid Zoning 金字塔式区划：见 Euclidean Zoning 欧几里得式区划。

Quarter Zoning1/4—1/4 区划：一个农业开发密度标准，限制每 40 英亩用地可以有一个居住单元，或者说 640 英亩"地块"的 1/16。

Regional Planning 区域规划：地方政府集体有责任制定超越各自政治管辖范围的未来发展规划。

Revenue Bonds 收益债券：向财政项目出售的债券，能够为社区带来收益。

Septic System 化粪系统/污水处理系统：一种地下的独立运行单元，用来在没有下水道的地方为建筑物处理人类排泄物。

Setback 退线：一种区划条例，规定了建筑物与前后左右用地红线的最小距离。

Site Plan 场地规划：有比例的图纸及图例标注，描绘了开发项目中建筑物和设施的位置和安排。

Site Plan Review 场地规划审查：规划人员对总平面图各项要素进行仔细检查，以确认是否所有的规划要素都符合当地法规要求。

Site Value Taxation 土地价值税：20 世纪初的税收政策，对未充分利用的土地设置更高税率，对改善土地的开发活动设置低税率，以此打击对土地的不充分利用和投机倒把行为（也叫作单一税 Single Tax，双重税制 Two-Tiered Taxation，以及土地价值税 Land Value Taxation）。

Sliding Scale Zoning 浮动增减区划：要求许可开发的面积等比升高（与传统区划条例中每英亩固定单元数相区别）。

Smart Growth 精明增长：避免蔓延的政策，往往强调和提倡新的传统城市价值、紧凑的土地利用、步行友好以及公共交通。

Soil Survey 土壤调查：联邦政府土壤专家制定的土壤特征地图。

Special Use Zoning 特殊使用分区：见 Conditional Use Zoning 有条件使用分区。

Sprawl 蔓延：城市外围地区未经规划或规划很简略的城市增长，使得基础设施延伸到了低密度建设区、农业用地和开敞空间。

State Historic Preservation Office（SHPO）国家历史保护办公室：执行 1966 年《国家历史保护法》规定职能的国家级机构。

Strategy 策略：一个实现目标的特定方法；见 Goals 及 Objectives 目标。

Strengths，Weaknesses，Opportunities & Threats（Swot）优势，劣势，机会，威胁（态势分析法）：一种分析工具，使得一个团队能够依据内部因素和外部因素评估对社区来说什么是好的、什么是坏的。

Subarea Plan 分区规划：用来引导社区某一部分发展的文件或报告；可能是总体规划的一部分。

Subdivision Plat 土地细分图：一张说明大地块如何划分成小地块的地图。

Sustainability 可持续性：关注土地和水域如何开发才能够为子孙后代保护其品质的途径。

Tactical Planning 策略型规划：一种关注短期需求和可能性的规划方法，主要说明规划解决方式的主体、内容、方式、时间、地点以及成本；见与传统规划的对比。

Taking 剥夺：剥夺私人产权，且不提供合理补偿的政府条例。

Tax Abatement 减税：政府在某段时间内为了鼓励新经济机会或扩大原有经济机会而对房产税进行调整。

Tax Increment Financing（TIF）税收增额筹资：一种广泛运用的经济工具，提升特定地区的房产税收入，并将增加的全部房产税收入用于该地区的改善工作。

Tear-Down Home 拆除的住房：为了拆除而购买的住房，目的是在原址上重新建造更高级的住房。

Tenement Laws 出租房法案：19 世纪的建立的法案，在拥挤的城市居住建筑中，为房东以及其他群租者建立关于健康、安全和福利保障方面的最低标准。

TIGER（Topologically Integrated Geographic Encoding and Referencing）拓扑集成地理编码和参照：由美国人口普查局开发的数字化地图数据。

Topographic Maps 地形图：美国地质调查制作的大比例尺地图，主要反映地表的形态和文化特征 Cultural Features。

Traditional/Rational Planning 传统 / 理性规划：一种基于目标研究、分析技术、定量科学的规划方法。

Transfer of Development Rights（TDR）开发权转移：根据地方政府条例，允许产权所有人将他 / 她的开发权售予私人开发者，由此该开发者被允许在其他地块的开发中超越区划要求的开发强度。

Transit-Oriented Development（TOD）交通导向开发：在大型交通枢纽周边地区进行的高强度、混合功能的开发。

Transportation Model 交通模型：用于预测未来交通需求的数据收集和分析方法。

Trend Analysis 趋势分析：基于历史对未来趋势的外推。

Urban Growth Boundary（UGB）城市增长边界：通过政府间协议建立的一条边界，用来限制基础设施建设并控制城市周边未来开发活动的扩张。

Urban Homesteading 城市旧房改造与返迁计划：一个政府项目，允许个人以很低的价格或免费获得被收归公共产权的房屋，同时他们需要依据建筑法规对建筑进行修缮。

Urban Renewal 城市改造：1949 年住房法的一部分，开始拆除不合标准的建筑，并帮助个人购买更好的住房。

Variance 变动调整：区划条例中稍微放松的条款，用以避免不必要的困难。

Visioning 构想：规划早期阶段的一个过程，市民和规划师共同确定空间、经济和社会方面的长期目标。

Walkable Communities 可步行社区：规划强调紧凑布局、混合功能开发、不依赖小汽车出行的社区。

Watershed 流域：某条河流经的地区。

Wetland 湿地：每年部分时间浸润在水中的土地，导致其土壤含水，且植被能够忍耐长时间积水。

Zoning 区划：关于土地利用和相关开发要求的官方规定，用于实施总体规划。

Zoning Board of Appeals/Adjustments（ZBA）区划调整委员会：社区内的一个指定机构，作为具体区划问题的裁决机构。

Zoning Ordinance 区划条例：带有文本和图则、被官员用来系统管理土地利用和开发活动的文件。

缩写和首字母缩略词

A/EA/E A/E/C Architecture Engineering and Contracting industry 建筑工程与承包业

AFT American Farmland Trust 美国农地信托

AICP American Institute of Certified Planners 美国注册规划师协会

APA American Planning Association 美国规划协会

ACSP Association of Collegiate Schools of Planning 规划院校联盟

BID Business Improvement District 商业改善区

BLM Bureau of Land Management 国家土地管理局

CAD Computer-Aided Design 计算机辅助设计

CBD Central Business District 中央商务区

CIP Community Improvement Program 社区改善计划

CDBG Community Development Block Grant 社区开发综合补助计划

COG Council of Governments 政府议会

CIP Capital Improvements Program 资产改善计划

DDA Downtown Development Authority 城市中心区开发局

DOT Department of Transportation 交通部

EA Environmental Assessment 环境评估

EIS Environmental Impact Statement 环境影响声明

EPA Environmental Protection Agency 环境保护

管理机构

FAR Floor Area Ratio 容积率

FEMA Federal Emergency Management Agency 联邦紧急情况管理机构

FHA Federal Housing Administration 联邦住房管理局

FOIA Freedom of Information Act《信息自由法案》

FONSI Finding of No Significant Impact 没有发现重大影响

FTA Federal Transportation Administration 联邦公交管理处

FTZ Foreign Trade Zones 外贸区

GFC Ground Floor Coverage 底层覆盖

GIS Geographic Information System (or Science) 地理信息系统

HOP Housing Opportunities Program 住房机会项目计划

HUD U.S.Department of Housing and Urban Development 住房和城市发展部

IDA Intensely Developed Area 高强度开发地区

LDA Limited Development Area 有限开发地区

LRV Light Rail Vehicles 轻轨电车

MPO Metropolitan Planning Organization 大都市规划组织

NAICS North American Industry Classification System 北美工业分类系统

NALS National Agricultural Land Study 国家农

业用地研究

NEPA National Environmental Policy Act of 1969 国家环境政策法

NOAA National Oceanic and Atmospheric Administration 国家海洋和大气管理局

NPS National Park Service 国家公园管理局

NWS National Weather Service 国家气象局

PAB Planning Accreditation Board 国家规划评审委员会

PDR Purchase of Development Rights 开发权购买

PFA Priority Funding Areas 优先资助区域

PILOP Payment in Lieu of Parking 替代停车付款

PILOT Payment in Lieu of Taxes 替代税收付款

PUD Planned Urban Development 规划单元开发

RCA Resource Conservation Area 资源保护区

RCRA Resource Conservation Recovery Act《联邦资源保护和恢复法》

RFP Request for Proposal 建议申请

RFQ Request for Qualifications 证书竞标

RLUIPA Religious Land Use and Institutionalized Persons Act《宗教土地使用和收容人员法》

R/UDAT（"roo-dat"）Rural/Urban Design Assistance Team 城乡规划设计协助团队

SBA Small Business Administration 小型企业管理处

SCPEA Standard City Planning Enabling Act《城市规划标准授权法案》

SHPO State Historic Preservation Office 国家历史保护办公室

SWOT Strengths，Weaknesses，Opportunities，and Threats 优势，劣势，机会，威胁，态势分析法

TDR Transfer of Development Rights 开发权转移

THPO Tribal Historic Preservation Office 原住民历史保护办公室

TIF Tax-Increment Financing 税收增额筹资

TIGER Topologically Integrated Geographic Encoding and Referencing 拓扑集成地理编码和参照

TOD Transit-oriented Developments 交通导向开发

TMS Transportation Modeling System 交通建模系统

UDAG Urban Development Action Grant 城市发展行动拨款

UGB Urban Growth Boundary 城市增长边界

ZBA Zoning Board of Appeals（or Adjustments）区划仲裁委员会

练习列表

选读文献

以下选读文献，按照由近及远的时间顺序，分主题列表。

规划实践

Local Planning: Contemporary Principles and Practice (Washington, D.C.: International City/County Management Association, 2009)

John M. Levy, *Contemporary Urban Planning* (Englewood Cliffs, New Jersey: Prentice Hall, 2008)

J. Barry Cullingworth, *Planning in the USA: Policies, Issues, and Processes* (New York: Routledge, 2008)

Thomas L. Daniels, John H. Keller, Mark B. Lapping, and Katherine Daniels, *The Small Town Planning Handbook (Third edition)* (Chicago: Planners Press, American Planning Association, 2007)

Roger Waldon, *Planners and Politics: Helping Communities Make Decisions* (Chicago: Planners Press, American Planning Association, 2007)

Elisabeth M. Hamlin, Priscilla Geigis, and Linda Silka (editors), *Preserving and Enhancing Communities: A Guide for Citizens, Planners, and Policymakers* (Amherst, Massachusetts: University of Massachusetts Press, 2007)

Philip R. Berke and David R. Godschalk, *Urban Land Use Planning (Fifth Edition)* (Champaign, Illinois: University of Illinois Press, 2006)

Charles Hoch, Linda C. Dalton, and Frank S. So (editors), *The Practice of Local Government Planning* (Washington, D.C., International City/County Management Association, 2000)

Paul C. Zucker, *What Your Planning Professors Forgot to Tell You: 117 Lessons Every Planner Should Know* (Chicago: Planners Press, American Planning Association, 1999)

Albert Solnit, Charles Reed, Duncan, and Peggy Glassford, *The Job of the Practicing Planner* (Chicago: Planners Press, American Planning Association, 1988)

规划历史

Richard T. LeGates and Frederic Stout, *The City Reader* (New York: Routledge, 2007)

Erik Larson, *The Devil in the White City: Murder, Magic, and Madness at the Fair that Changed America* (New York: Crown Publishers, 2004)

Andro Linklater, *Measuring America* (New York: Penguin Group, 2003)

Alexander Garvin, *The American City: What Works and What Doesn't* (New York City: McGraw-Hill Professional, 2002)

Peter Hall, *Cities of Tomorrow: An Intellectual History of Urban Planning and Design in the Twentieth Century* (Cambridge, Massachusetts: Blackwell Publishers Inc., 1996)

Jay M. Stein (editor), *Classic Readings in Urban Planning: An Introduction,* (New York City: McGraw-Hill, 1995)

Spiro Kostof, *The City Shaped: Urban Patterns and Meanings Through History* (Boston: Little, Brown and Company, 1991)

Robert A. Caro, *The Power Broker: Robert Moses and the Fall of New York* (New York City: Vintage Books, 1974)

Jane Jacobs, *The Death and Life of Great American Cities* (New York: Random House, 1961)

Lewis Mumford, *The City in History: Its Origins, Its Transformations, and Its Prospects* (New York City: Harcourt, Brace & World, 1961)

总体规划

Eric Damian Kelly and Barbara Becker, *Community Planning: An Introduction to the Comprehensive Plan* (Washington, D.C.: Island Press, 2000)

Daniel H. Burnham and Edward H. Bennett, *Plan of Chicago,* (reprint, New York: Da Capo Press, 1970)

城市设计

Frederick R. Steiner and Kent Butler, *Planning and Urban Design Standards* (Hoboken, New Jersey: John Wiley and Sons, 2007)

Urban Design Associates, *The Urban Design Handbook: Techniques and Working Methods* (New York City: W.W. Norton, 2003)

Peter Calthorpe, *The Next American Metropolis: Ecology, Community, and the American Dream* (New York City: Princeton Architectural Press, 1995)

Allan B. Jacobs, *Great Streets* (Cambridge, Massachusetts: The MIT Press, 1995)

259　Peter Katz, *The New Urbanism: Toward an Architecture of Community* (New York: McGraw-Hill Professional, 1993)

Kevin Lynch, *Good City Form* (Cambridge, Massachusetts: The MIT Press, 1981)

Christopher Alexander, Sara Ishikawa, and Murray Silverstein, *A Pattern Language: Towns, Buildings, Construction* (New York: Oxford University Press, 1977)

Edmund Bacon, *Design of Cities* (New York: The Viking Press, 1967)

Kevin Lynch, *The Image of the City* (Cambridge, Massachusetts: MIT Press, 1960)

中心区复兴

Charles C. Bohl, *Place Making* (Washington, D.C.: Urban Land Institute, 2002)

William H. Whyte, *City: Rediscovering the Center* (New York: Doubleday, 1988)

历史保护

Norman Tyler, Ted J. Ligibel, and Ilene R. Tyler, *Historic Preservation: An Introduction to Its History, Principles and Practices* (New York: W.W. Norton, 2009)

Donovan D. Rypkema, *The Economics of Historic Preservation: A Community Leader's Guide* (Washington, D.C.: National Trust for Historic Preservation, 2005)

经济发展

Edward J. Blakely and Ted K. Bradshaw, *Planning Local Economic Development: Analysis and Practice* (Thousand Oaks, California: Sage Publications, 2002)

Thomas S. Lyons and Roger E. Hamlin, *Creating an Economic Development Action Plan* (Westport, Connecticut: Praeger, 2001)

环境规划

John Randolph, *Environmental Land Use Planning and Management* (Washington, D.C.: Island Press, 2003)

Ian McHarg, *Design With Nature* (Hoboken, New Jersey: John Wiley and Sons, 1995)

Frederic O. Sargent, et al., *Rural Environmental Planning for Sustainable Communities* (Washington, D.C.: Island Press, 1991)

R. Gene Brooks, *Site Planning: Environment, Process, and Development* (Englewood Cliffs, New Jersey: Prentice Hall, 1988)

Harlow C. Landphair and John L. Motloch, *Site Reconnaissance and Engineering: An Introduction for Architects, Landscape Architects, and Planners* (New York: Elsevier, 1985)

乡村和城乡过渡地区土地使用规划

Kenneth T. Jackson, *Crabgrass Frontier: The Suburbanization of the United States* (New York: Oxford University Press, 2009)

Jonathan Barnett (Editor), *Smart Growth in a Changing World* (Chicago: Planners Press, American Planning Association, 2007)

Howard Frumkin, Lawrence Frank, and Richard Jackson, *Urban Sprawl and Public Health: Designing, Planning and Buildings for Healthy Communities* (Washington, D.C.: Island Press, 2004)

Andres Duany, Elizabeth Plater-Zyberk, and Jeff Speck, *Suburban Nation: The Rise of Sprawl and the Decline of the American Dream* (New York: North Point Press, MacMillan, 2001)

Randall Arendt, Elizabeth A. Brabec, Harry L. Dodson, and Christine Reid, *Rural by Design: Maintaining Small Town Character* (Chicago, Illinois: Planners Press, American Planning Association, 1994)

James Howard Kunstler, *The Geography of Nowhere: The Rise and Decline of America's Man-Made Landscape* (New York: Simon & Schuster, 1993)

Joel Garreau, *Edge City* (New York: Doubleday, 1991)

Mark P. Lapping, Thomas L. Daniels, and John W. Keller, *Rural Planning & Development in the United States* (New York: Guilford Publications, 1984)

区划和土地使用管制措施

Donald L. Elliott, *A Better Way to Zone: Ten Principles to Create More Livable Cities* (Washington, D.C.: Island Press, 2008)

Jonathan Levine, *Zoned Out: Regulation, Markets and Choices in Transportation and Metropolitan Land Use* (Washington, D.C.: RFF Press, 2005)

Rutherford H. Platt, *Land Use and Society: Geography, Law, and Public Policy* (Washington, D.C.: Island Press, 2004)

Charles A. Lerable, *Preparing a Conventional Zoning Ordinance* (Chicago: American Planning Association, Planning Advisory Service, 1995)

图表来源

感谢下列人员和组织允许作者在本书中使用其照片和图示。所有未在以下列表中标注的图片作者均为 Norman Tyler。

导论

图 0.1 Randy Fox

第 1 章　规划实践

图 1.2 Alfonso Robinson for HatCityBLOG，www.hatcityblog.com

第 2 章　规划的概念方法

图 2.1 Marco Martinelli，www.marcomartinelli.it

图 2.2 Library of Congress

图 2.3 Robert Cameron，Cameron and Company

图 2.4 From The Dream City: A Portfolio of Photographic Views of the World's Columbian Exposition（St.Louis，Missouri: N.D.Thompson Publishing Co.，1893）

图 2.5 Emilio Mercado

图 2.6 Australia Department of Home and Territories

图 2.7 Ebenezer Howard，Tomorrow: A Peaceful Path to Real Reform

图 2.8 Copyright 2009 Artists Rights Society（ARS），New York/ADAG Paris/FLC

图 2.9 Copyright 2009 Frank Lloyd Wright Foundation，Scottsdale，AZ/Artists Rights Society（ARS），NY

图 2.11 After a drawing by Alice Constance Austin

第 3 章　联邦、州、区域和地方层次上的规划职责范围

图 3.1 Bureau of Land Management

图 3.2 Minnesota Metropolitan Council

图 3.3 TARCOG（Top of Alabama Regional Council of Governments）

图 3.4 Jassmit，Wikipedia Commons，http://commons.wikimediaorg/wild/File:Downtown_indy_from_parking_garage_ zoom.PG

图 3.5 Sammamish，Washington，City Council

图 3.6 Sarah Rutter，photographer

图 3.8 James Schafer AICP

图 3.10 City of Reading，Pennsylvania

图 3.12 Richard Schwartz

第 4 章　总体规划

图 4.2 Based on data from the U.S.Census Bureau

图 4.3 Based on data from the U.S.Census Bureau

图 4.4 Based on data from the U.S.Census Bureau

图 4.5 Based on data from the U.S.Census Bureau

图 4.6 U.S.Department of Commerce，Economics and Statistics Administration

图 4.7 ESRI Corporation

图 4.10 Loudoun County，Virginia，government

图 4.11 Loudoun County，Virginia，government

图 4.14 Alan J.Sorensen AICP，President，Planit

Main Street，Inc.

第 5 章 规划师和城市设计的过程

第 6 章 城市规划和中心区复兴

第 7 章 住房

第 8 章 历史保护与规划

第 9 章 地方经济发展

第 10 章 交通规划

261

索 引

以斜体数字标注的页码适用于插图。

（索引条目后数字为原书页码，即本书边码）

Z